中等职业教育国家规划教材

全国中等职业教育教材审定委员会审定

电机

（第三版）

电厂及变电站电气运行专业

主　　编　叶水音
责任主审　宗　伟
审　　稿　杨学勤　林宪枢

中国电力出版社
CHINA ELECTRIC POWER PRESS

内 容 提 要

本书为中等职业教育国家规划教材。

本教材是根据教育部《关于全面推进素质教育深化中等职业教育教学改革的意见》中对教材的编写要求编写的。

本书共分四个模块，包括变压器、同步电机、异步电机、直流电机。

全书各环节的要求、目的明确，条理清晰，论述严谨，文字通顺，便于教学和自学，并精选了一些有助于建立概念、掌握方法、联系实际的例题分列于各单元中。每单元之后有练习题，便于检测学习的效果。

本书可作为中等职业学校（普通中专、成人中专、技工学校、职业高中）教材，也可作为职工培训用书，同时可供相关技术人员参考。

图书在版编目（CIP）数据

电机/叶水音主编．—3 版．—北京：中国电力出版社，2013.11
中等职业教育国家规划教材
ISBN 978-7-5123-4719-9

Ⅰ.①电…　Ⅱ.①叶…　Ⅲ.①电机学-中等专业学校-教材　Ⅳ.①TM3

中国版本图书馆 CIP 数据核字（2013）第 160478 号

中国电力出版社出版、发行
（北京市东城区北京站西街 19 号　100005　http://www.cepp.sgcc.com.cn）
航远印刷有限公司印刷
各地新华书店经售

＊

2002 年 1 月第一版
2013 年 11 月第三版　2013 年 11 月北京第十七次印刷
787 毫米×1092 毫米　16 开本　13.75 印张　333 千字
定价 **23.00** 元

电力中等职业教育国家规划教材

编 委 会

中等职业教育国家规划教材

出 版 说 明

为了贯彻《中共中央国务院关于深化教育改革全面推进素质教育的决定》精神，落实《面向 21 世纪教育振兴行动计划》中提出的职业教育课程改革和教材建设规划，根据教育部关于《中等职业教育国家规划教材申报、立项及管理意见》（教职成 [2001] 1 号）的精神，我们组织力量对实现中等职业教育培养目标和保证基本教学规格起保障作用的德育课程、文化基础课程、专业技术基础课程和 80 个重点建设专业主干课程的教材进行了规划和编写，从 2001 年秋季开学起，国家规划教材将陆续提供给各类中等职业学校选用。

国家规划教材是根据教育部最新颁布的德育课程、文化基础课程、专业技术基础课程和 80 个重点建设专业主干课程的教学大纲（课程教学基本要求）编写，并经全国中等职业教育教材审定委员会审定。新教材全面贯彻素质教育思想，从社会发展对高素质劳动者和中初级专门人才需要的实际出发，注重对学生的创新精神和实践能力的培养。新教材在理论体系、组织结构和阐述方法等方面均作了一些新的尝试。新教材实行一纲多本，努力为教材选用提供比较和选择，满足不同学制、不同专业和不同办学条件的教学需要。

希望各地、各部门积极推广和选用国家规划教材，并在使用过程中，注意总结经验，及时提出修改意见和建议，使之不断完善和提高。

教育部职业教育与成人教育司

二〇〇一年十月

前　言

　　《电机》是教育部 80 个重点建设专业主干课程之一，是根据教育部最新颁布的中等职业学校电厂及变电站电气运行专业"电机"课程教学大纲编写的。

　　本书以培养学生的创新精神和实践能力为重点，以培养在生产、服务、技术和管理第一线工作的高素质劳动者和中初级专门人才为目标。教材的内容适应劳动就业、教育发展和构建人才成长"立交桥"的需要，使学生通过学习具体有综合职业能力、继续学习的能力和适应职业变化的能力。

　　本书是根据国家教育部制定的"中等职业学校电厂及变电站电气运行专业电机学课程教学大纲"的要求编写的。编写内容着重阐述物理概念，尽量联系电力生产实践，力求克服以往教材内容存在"三偏"的缺点，做到重点突出，并在编写体例上尽可能改变过去教材过于注重学科系统性、完整性的倾向、采用模块结构，并以"课题"的方式阐述电机学的基本内容。

　　本书可作为中等职业学校（普通中专、成人中专、技工学校、职业高中）教材，也可作为职工培训用书或供电厂及变电站电气运行人员参考。

　　本书 2002 年 1 月首版，由泉州电力学校叶水音高级讲师担任主编，江西电力职业教育中心邹珺老师、泉州电力学校李启煌老师参编。

　　本书于 2005 年 12 月第二版，由福建电力职业技术学院叶水音高级讲师担任主编，福建电力职业技术学院李启煌老师、福建电力职业技术学院叶晓红老师参加修订和编写。

　　经过十年的教学实践，并征集多方的意见，本书于 2013 年 5 月重编第三版，由福建电力职业技术学院叶水音高级讲师担任主编，并修改同步电机部分，福建电力职业技术学院李启煌副教授负责修改异步电机和直流电机部分，福建电力职业技术学院叶晓红高级讲师负责改编变压器部分。

　　本书第一、二、三版均由保定电力职业技术学院刘景峰副教授担任主审。本书在编写过程中得到同行们的大力支持和帮助，在此谨致谢意。

　　由于编者水平有限，书中可能有不少缺点和错误，欢迎读者批评指正。

编　者

2013 年 5 月

目　　录

绪　　论

本书以课题的形式讨论电力系统中常用的变压器、同步电机、异步电机和直流电机的基本结构、基本原理和运行性能。

下面简单介绍电机在国民经济中特别是在电力系统中的作用、电机工业的发展以及电机学的特点。

一、电机在电力系统中的作用

电能是现代最主要的能源。在发电厂中，发电机由汽轮机、水轮机或内燃机驱动，将机械能转换成电能。为了经济地传输和分配电能，采用变压器升高电压，再将电能输送到远距离的用电地区，然后再经过变压器降低电压，供用户使用。

随着我国现代化事业的发展，各种不同类型的电机在工农业、国防、文教、医疗以及日常生活中的应用越来越广泛。

二、电机制造工业的发展简况

电机的发展是从 19 世纪初开始的，1821 年法拉第进行通电导体在磁场中产生电磁力的实验，发现了电动机的作用原理之后，又在 1831 年提出了电磁感应定律，从而奠定了发电机的理论基础。经过近两个世纪的发展，目前电机的制造技术已相当完善，电机应用也十分普遍，其类型也相当齐全。电机种类虽然繁多，但大致可归纳为：

$$
\text{电机}\begin{cases} \text{变压器} \\ \text{旋转电机}\begin{cases} \text{直流电机} \\ \text{交流电机}\begin{cases} \text{异步电机} \\ \text{同步电机} \end{cases} \end{cases} \end{cases}
$$

上述各类电机就其工作原理来说，都是建立在电磁感应定律和电磁力定律之上的。电机一般采用良好的导磁材料和导电材料制成相应的磁路和电路系统，用以进行电磁感应和产生电磁力，从而产生电磁功率和电磁转矩，达到转换和传递能量的目的。

随着科学技术和电力工业的不断发展，电机制造工艺目前已发展到相当完善的阶段。电机的容量也不断地增大，这已成为电机制造工业的重要趋势。

电机的体积、质量、所需材料、损耗和造价等与电机本身的容量并不成正比关系。机组容量越大，单位容量所用材料、损耗和造价就越低，综合管理的经济效益也越高。单机容量的不断提高是与导磁、导电和绝缘材料的改进，以及电机冷却技术的进步紧密相关的。电机的冷却方式已由外冷发展到内冷，相继制成了使用空气、氢气和水等不同冷却介质的发电机。值得提出的是，定子和转子导体内部都采用的水冷技术（简称双水内冷），是我国首先研发成功的，以后不少国家也相继采用。

我国电机制造工业的发展是十分迅速的，1970 年研制成了 330kV、360MVA 的大型电力变压器，1972 年制造了 300MW 双水内冷汽轮发电机。目前我国已能制造 550MVA、500kV 的变压器和 600MW 汽轮发电机。随着国民经济的迅速发展，我国电机制造工业即将进入世界先进行列。

三、电机学的特点

电机学中的问题，既有单相的又有三相的，既有电的又有磁的，既有时间的又有空间的，既有正弦的又有非正弦的，既有对称又有不对称的，既有饱和又有不饱和的，既有静止的又有旋转的，既有稳态的又有暂态的，等等。为了突出主要矛盾通常采用忽略次要因素，作某些假定的处理方法，使思路更加清晰，物理概念更加明确。

中等职业学校电力类的电机学的内容主要是结合电机的结构，介绍各类电机的基本原理，分析其内部的电磁关系和规律，并作定性或定量的分析，着重突出物理概念，并以稳态运行为主。

四、本教材的特点和教学方法

本教材以"课题"的形式介绍各类电机的基本结构和运行理论，改变过去中等职业教育"学科体系"的教学模式。可根据专业、职业的需要有针对性地选择有关的"课题"，体现了实用原则，尽量避免学科系统化的倾向，教学中注意删繁就简，简化某些推导和论证。注意技能的培养，将讲授、实习、实验作为学好本课程的三个必不可少的方面。

五、铁磁材料的基本特性

（一）铁磁材料的磁滞回线与基本磁化曲线

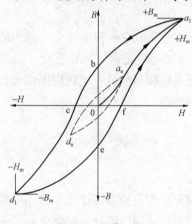

图 0-1 磁滞回线

铁磁材料包括铁、钴、镍及其合金，在电机和电器中作为导磁的铁芯。当其在线圈中受到反复磁化和去磁的作用，磁场强度（亦称磁化力）H 往复地在一个正的最大值（$+H_m$）和一个负的最大值（$-H_m$）之间变化，如图 0-1 所示。

工程实用中，通常就 B 与 H 的函数关系，取不同的 H_m 值，得到若干个对称于坐标原点的磁滞回线，由各回线的顶点确定不同 H_m 相应的 B_m 值，将这些点连接起来，就是铁磁材料的基本磁化曲线，简称为"B-H 曲线"。工程上把铁磁材料的 B-H 曲线作为电机理论分析和设计计算的依据。由于该曲线在坐标的第一、三象限中都是对称的，通常只取第一象限的这一段来表征铁磁材料的磁化特性。

（二）铁磁材料具有下述四个共同特性

（1）磁滞性。从图 0-1 可以看出对应同一磁场强度 H 值，在去磁过程中的磁通密度 B，比磁化过程中的磁通密度 B 要大一些。如果要达到同一 B 值，还需要去磁再多一点。可见，磁通密度 B 的变化滞后磁场强度 H 的变化。铁磁材料具有的这种特点，称为"磁滞现象"。在图 0-1 中 0b 段叫"剩余磁通"，简称剩磁 B_r。使 B 值达零时的 H 值称"矫顽力"，用符号 H_c 表示，为图 0-1 中的 0c 段。B_r 和 H_c 是铁磁材料的两个重要参数。

按磁滞回线形状的不同，铁磁材料又可分为软磁材料和硬磁材料两大类。磁滞回线窄，剩磁 B_r 和矫顽力 H_c 都小的材料称为软磁材料，如铸铁、钢、硅钢片等。软磁材料的磁导率较高，可用以制造电机和变压器铁芯。磁滞回线宽，B_r 和 H_c 都大的材料称为硬磁材料，硬磁材料有铁氧体、铝镍钴和稀土三大类，其中稀土永磁材料是近年发展的新材料，其 B_r、H_c 和 B_m、H_m 都很大，是一种性能优异的永磁材料。采用稀土永磁材料研制永磁电机是电机学科当前的发展方向之一。

（2）饱和性。图 0-2 曲线 1 为任一铁磁材料的 B-H 曲线，可粗略地分为三段，设最初磁化是从剩磁为零开始，随 H 的增加 B 缓慢上升，如图 0-2 中 0a 段所示。之后，随 H 的增加 B 值便迅速增加，B 与 H 近似成正比关系变化，如图 0-2 中 ab 段所示。再以后，随着 H 的增加 B 的增加又缓慢下来，如图 0-2 中的 bc 段。过 c 点以后，H 再增加，B 值增加得越来越小，出现了所谓的饱和现象。如图 0-2 中的曲线 2 所示，与各段相应的磁导率 μ_{Fe}（$\mu_{Fe}=B/H$）也随 H 的变化而变化。在不饱和段内，随 H 的增加而增加，在饱和段内，则随 H 的增加而减小。对于结构和尺寸相同，但铁磁材料不同的磁路达到磁饱和段所需要的磁场强度 H 值亦不相同，如图 0-3 所示。

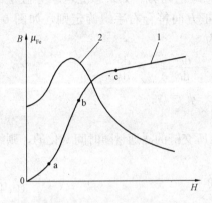

图 0-2　铁磁材料的磁化曲线
和 μ_{Fe} 随 H 变化的曲线
1—磁化曲线；2—μ_{Fe} 随 H 变化的曲线

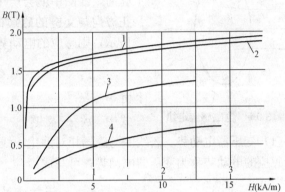

图 0-3　不同材料的 B-H 曲线
1—电枢用硅钢片；2—高电阻硅钢片；3—锻钢；4—铸铁

（3）高导磁性。试验表明所有非铁磁材料（如铝、铜等）的磁导率都接近真空的磁导率 μ_0，而对于电机中常用的导磁材料，其磁导率 $\mu_{Fe}=(2000\sim6000)\mu_0$。因此，在同样大小的励磁电流下，铁芯线圈中的磁通比空心线圈的磁通大得多。

（4）铁磁性材料的铁损耗。带铁芯的交流线圈中，除线圈电阻上的功率损耗（称为铜损耗）外，处于反复磁化下的铁芯中也要产生功率损耗，该损耗以发热的方式表现出来，成为铁磁损耗（简称铁损耗）。铁损耗是由磁滞现象及涡流作用产生的（前者产生磁滞损耗，后者产生涡流损耗）。

六、分析电机原理常用的基本定律

1. 全电流定律

如图 0-4 所示，设空间有多根载流导体，导体中的电流分别为 i_1、i_2、$i_3\cdots$，则沿任何闭合路径 L，磁场强度 $\overline{H}$ 的线积分 $\oint_L \overline{H}\mathrm{d}\overline{l}$ 等于该闭合回路包围的所有导体电流的代数和，即

$$\oint_L \overline{H}\mathrm{d}\overline{l} = i_1 + i_2 + i_3 + \cdots = \sum i \qquad (0\text{-}1)$$

全电流定律在电机原理的研究中，应用很频繁，是各类电机的磁路计算基础。根据电机和变压器磁路均由多段组成的特点，式

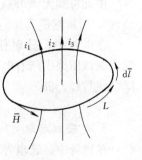

图 0-4　全电流定律

(0-1) 可写成

$$\sum_1^n H_k L_k = \sum I = NI \qquad (0\text{-}2)$$

式中　H_k——第 k 段磁路的磁场强度，A/m；

　　　L_k——第 k 段磁路的平均长度，m；

　　　NI——磁动势，安匝。

2. 电磁感应定律

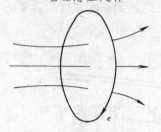

设磁场中有一 N 匝的线圈，当线圈交链的磁通 ϕ 发生变化时，线圈中就会产生感应电动势。如果感应电动势假定的正方向与交链的磁通的正方向符合右手螺旋定则，如图 0-5 所示，则感应的电动势为

$$e = -\frac{\mathrm{d}\psi}{\mathrm{d}t} = -N\frac{\mathrm{d}\phi}{\mathrm{d}t} \qquad (0\text{-}3)$$

其中

$$\psi = N\phi$$

图 0-5　电磁感应定律

式中　ψ——磁链。

（1）变压器电动势。若线圈与磁场相对静止，线圈所交链的磁通量随时间变化的，则线圈所感应的电动势称为变压器电动势，可写成

$$e = -\frac{\mathrm{d}\psi}{\mathrm{d}t} = -N\frac{\mathrm{d}\phi}{\mathrm{d}t} \qquad (0\text{-}4)$$

（2）切割电动势。若磁场是恒定的（如直流励磁磁场），导体切割该磁场产生的感应电动势，称为切割电动势（或称为速度电动势）；如果导体切割磁场的方向与磁场垂直，则其大小为

$$e = BLv \qquad (0\text{-}5)$$

式中　v——导体切割磁场的速度，m/s；

　　　L——导体在磁场中的有效长度，m。

切割电动势的方向，可以用右手定则确定，如图 0-6 所示。

3. 节点电流定律

在电路中的任一节点，各支路电流的代数和为零，即

$$\sum i = 0 \qquad (0\text{-}6)$$

由此可知流入节点的电流之和等于流出节点的电流之和。

4. 回路电压定律

在电路中，针对任一回路，沿任意选定的方向环巡一周，则该回路中所有电动势的代数和等于该回路中所有电压降的代数和，即

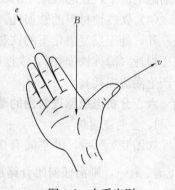

图 0-6　右手定则

$$\sum e = \sum u \qquad (0\text{-}7)$$

5. 电磁力定律

在磁场中，通电导体将受到电磁力的作用，如果导体与磁场相互垂直，则导体受到的电磁力为

$$F_{em} = BLi \qquad (0\text{-}8)$$

式中　F_{em}——导体受到的电磁力，N；

　　　　B——磁通密度，T；

　　　　L——处在磁场中的导体有效长度，m；

　　　　i——导体中的电流，A。

电磁力的方向可以用左手定则确定，如图 0-7 所示。

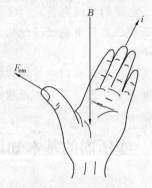

图 0-7　左手定则

变 压 器

变压器是一种静止电器，它利用电磁感应原理，将一种电压、电流的交流电能变为同频率的另一种电压、电流的交流电能。

在电力系统中，利用升压变压器将电能经济地输送到用电地区，再用降压变压器将电压降低，以供用户使用。

变压器有许多种类，在国民经济各部门中得到广泛应用，本模块主要讲述在电力系统中作输、配电用的电力变压器，其基本原理也适用于其他类型变压器。

第一单元　变压器的基本知识和结构

本单元主要介绍变压器的基本原理、主要部件及铭牌。

课题一　基本原理

变压器的基本原理如图 1-1 所示，由图可见，变压器的两个互相绝缘且匝数不等的绕组，套装在由良好导磁材料制成的闭合铁芯上，其中一个绕组接到交流电源，另一个绕组接负载。接交流电源的绕组称为一次绕组，也称为一次侧；接负载的绕组称二次绕组，也称二次侧。

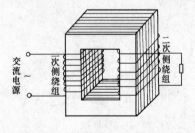

图 1-1　变压器基本原理图

当一次绕组接到交流电源时，一次绕组中流过交流电流，并在铁芯中产生交变磁通，其频率与电源电压频率相同。铁芯中的磁通同时交链一、二次绕组，根据电磁感应定律，一、二次绕组中分别感应出相同频率的电动势，二次侧绕组接上用电设备，便有电能输出，实现了电能的传递。

一、二次绕组中感应电动势的大小正比于各自的匝数，同时也近似等于各自侧的电压。只要一、二次绕组匝数不等，便可使一、二次侧具有不同的电动势和电压。变压器就是利用一、二次绕组匝数不等实现变压的。

变压器在传递电能的过程中，一、二次侧的电功率基本相等。当两侧电压不等时，两侧电流势必不等，高压侧的电流小，低压侧的电流大，故变压器在改变电压的同时，也改变了电流。

课题二　变压器的分类

为了适应不同的使用目的和工作条件，变压器有许多种类型，且各种类型的变压器在结构和性能上差异很大。

变压器有许多种分类方法。

(1) 按用途分，主要有电力变压器、调压变压器、仪用互感器、矿用变压器、试验用变压器及特殊变压器（如整流变压器、电焊变压器、脉冲变压器等）。

(2) 按绕组数目分，有双绕组变压器、三绕组变压器、自耦变压器。

(3) 按铁芯结构分，有芯式变压器、组式变压器。

(4) 按冷却方式分，有干式变压器、油浸式变压器。

一般，8000～63 000kVA 的变压器称为大型变压器，90 000kVA 及以上的变压器称为特大型变压器。中小型变压器一般按习惯，没有准确的界限。

课题三 变压器的基本结构

变压器中的最主要部件是铁芯和绕组，铁芯和绕组装配在一起称为器身。油浸式变压器的器身放在油箱里，油箱中注满了变压器油。油箱外装有散热器，油箱上部还装有储油柜、安全气道、套管等。图 1-2 是变压器结构示意图，图 1-3 是变压器器身结构示意图。

下面主要介绍变压器的结构部件。

一、铁芯

铁芯是变压器中耦合磁通的主磁路，应采用磁导率高、磁滞和涡流损耗小的铁磁性材料。目前，变压器铁芯大都由单片厚为 0.35mm 和 0.5mm、表面涂有绝缘漆的硅钢片叠装而成。随着新材料和新工艺的发展，目前已研制出以非晶态金属为材料的非晶合金铁芯和成型卷片式铁芯。前者具有较高的饱和磁感应强度、低矫顽力、超低损耗、低励磁电流和良好的温度稳定性；后者使铁芯牢固，在短路情况下，铁芯不松动，确保变压器噪声极低，涌流冲击很小，空载电流、空载损耗、铁芯发热量大幅下降，是铁芯发展的趋势，目前在电力变压器 S11-M 系列得到广泛使用。

铁芯由硅钢片叠装成型时，要用交错式叠片法，使相邻层的接缝处错开，如图 1-4 所示。

叠装成型后的铁芯，分为铁芯柱和铁轭两部分。铁芯柱上套装一、二次绕组，上下铁轭将铁芯柱连接起来，形成闭合的主磁路。图 1-5 表示铁芯经绑扎、紧固后的情况。变压器铁芯有芯式、壳式、渐开线式和成型卷片式等多种形式。

二、绕组

绕组是变压器传递交流电能的电路部分，常用包有绝缘材料的铜或铝导线绕制而成。

为了使绕组便于制造且具有良好的机械性能，一般将绕组做成圆筒形。高压绕组的匝数多、导线细，低压绕组的匝数少、导线粗。

高、低压绕组同心地套装在铁芯柱上，低压绕组靠近铁芯柱，高压绕组再套在低压绕组外面，高、低压绕组之间以及绕组与铁芯柱之间要可靠地绝缘。

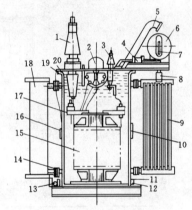

图 1-2 变压器结构示意图

1—高压套管；2—分接开关；3—低压套管；4—气体继电器；5—安全气道（防爆管）；6—油枕（储油柜）；7—油位计；8—呼吸器（吸湿器）；9—散热器；10—铭牌；11—接地螺栓；12—油样活门；13—放油阀门；14—阀门；15—绕组；16—信号温度计；17—铁芯；18—净油器；19—油箱；20—变压器油

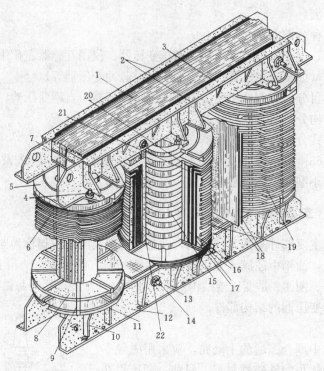

图 1-3 变压器器身结构示意图

1—铁轭；2—上夹件；3—上夹件绝缘；4—压钉；5—绝缘纸圈；6—连接片；7—方铁；
8—下铁轭绝缘；9—平衡绝缘；10—下夹件加强筋；11—下夹件上肢板；12—下夹件下
肢板；13—下夹件腹板；14—铁轭螺杆；15—铁芯柱；16—绝缘纸筒；17—油隙撑条；
18—相间隔板；19—高压绕组；20—角环；21—静电环；22—低压绕组

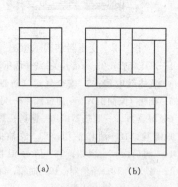

图 1-4 变压器铁芯的交叠装配
（a）单相变压器；（b）三相变压器

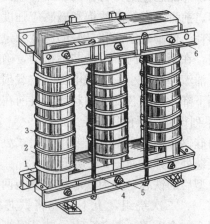

图 1-5 内铁型三相三柱式变压器铁芯

1—下夹件；2—铁芯柱；3—铁柱绑扎；4—拉
螺杆；5—铁轭螺杆；6—上夹件

为了适应不同容量与电压等级的需要，变压器绕组有多种形式，如圆筒式、螺旋式、连续式和纠结式等，如图1-6所示。

三、油箱及变压器油

油浸式变压器的器身，放在充满变压器油的油箱中。油箱用钢板焊成，为了增强冷却效果，油箱壁上焊有散热管或装设散热器。

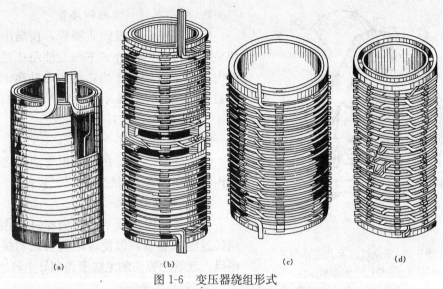

图 1-6 变压器绕组形式

（a）圆筒式；（b）螺旋式；（c）连续式；（d）纠结式

小容量变压器，采用揭开箱盖起吊器身的普通油箱；大容量变压器器身的质量大，起吊困难，多采用钟罩式油箱，即把上节油箱吊起，器身及下节油箱固定不动。

变压器油为矿物油，由石油分馏而得。其作用：一是油的绝缘性能比空气好，可以提高绕组的绝缘强度；二是通过油箱中油的对流作用或强迫油循环流动，使绕组及铁芯中因功率损耗而产生的热量得到散逸，起冷却作用。

四、其他附件

1. 储油柜（或称油枕）

储油柜装在油箱的上部，用连通管与油箱接通，储油柜中储油量一般为油箱中总油量的8%～10%。

储油柜能容纳油箱中因温度升高而膨胀的变压器油，并限制变压器油与空气的接触面积，减少油受潮和氧化的程度。此外，通过储油柜注入变压器油，还可防止气泡进入变压器内。

储油柜中装有吸湿器，使储油柜上部的空气通过吸湿器与外界空气相通。吸湿器内装有硅胶等吸附剂，用以过滤吸入储油柜内空气中的杂质和水分。图 1-7 为储油柜的构造示意图。

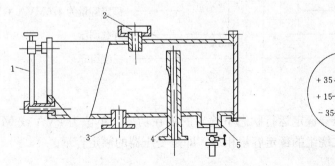

图 1-7 储油柜的构造示意图

1—油位计；2—注油孔；3—气体继电器连通管的法兰；4—呼吸器连通管；5—集污盒

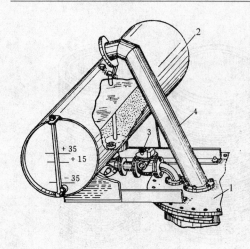

图 1-8　安全气道及其连接图

1—油箱；2—储油柜；

3—气体继电器；4—安全气道

2．安全气道（或称防爆管）

安全气道是一根钢质圆管，顶端出口封有一块玻璃或酚醛薄膜片，下部与油箱连通。当变压器内部发生故障时，油箱内压力升高，油和气体冲破玻璃或酚醛薄膜片向外喷出，以免油箱破裂。图 1-8 为安全气道及其连接图。

3．气体继电器

气体继电器安装在储油柜与油箱之间的连通管内，是变压器内部故障的保护装置。

4．绝缘套管

变压器的引出线从油箱内穿过油箱盖时，必须经过绝缘套管，以使带电的引线和接地的油箱绝缘。套管由瓷质的绝缘套筒和导电杆组成。

5．调压装置

为调节变压器的输出电压，可改变高压绕组的匝数，进行小范围内调压。

一般在高压绕组某个部位（如中性点、中部或端部）引出若干个抽头，并将这些抽头连接在可切换的分接开关上。

课题四　变压器的铭牌数据

每台变压器都在醒目的位置上装有一个铭牌，上面标明了变压器的型号和额定值。所谓额定值，是指制造厂按照国家标准，对变压器正常使用时的有关参数所作的限额规定。在额定值下运行，可保证变压器长期可靠地工作，并具有优良性能。

一、型号

变压器型号由字母和数字两部分组成，字母代表变压器的基本结构特点，数字代表额定容量（kVA）和高压侧的额定电压（kV）。例如：

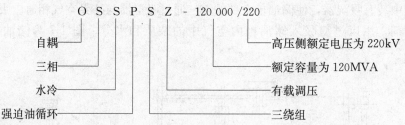

二、额定值

1．额定容量 S_N

额定容量是指变压器额定运行状态下输出的视在功率，单位为 kVA 或 MVA。对于双绕组变压器，一、二次绕组的额定容量相等，即是变压器的额定容量。

2．额定电压 U_{1N}/U_{2N}

U_{1N} 为一次侧额定电压。U_{2N} 为二次侧额定电压，是指当一次侧接额定电压而二次侧空载（开路）时的电压，单位为 kV。三相变压器额定电压是指线电压。

3. 额定电流 I_{1N}/I_{2N}

I_{1N} 和 I_{2N} 是根据额定容量、额定电压分别计算出来的一、二次侧电流，单位为 A。对于三相变压器，额定电流是指线电流。一、二次侧额定电流可用下式计算：

单相变压器

$$I_{1N} = \frac{S_N}{U_{1N}}$$

$$I_{2N} = \frac{S_N}{U_{2N}}$$

三相变压器

$$I_{1N} = \frac{S_N}{\sqrt{3}U_{1N}}$$

$$I_{2N} = \frac{S_N}{\sqrt{3}U_{2N}}$$

4. 额定频率 f_N

我国规定电力系统的额定频率为 50Hz。

除上述额定值外，铭牌上还标明了温升、联结组、阻抗电压等。

 单元小结

（1）电力变压器是依据电磁感应定律进行交流电能传递的静止电器。它是利用一、二次绕组匝数不等而实现变压的；但一、二次侧的频率是相同的，等于电源的频率。

（2）变压器的基本结构部件是铁芯和绕组。铁芯用导磁性能良好的铁磁性材料制成，一、二次绕组套装在铁芯柱上，它们之间没有电的连接，只有电磁耦合。

（3）变压器铭牌上的额定值，是正确、安全、可靠地使用变压器的依据。对于三相变压器，额定电压及额定电流均指线电压和线电流。

 **习 题**

1. 简述变压器的基本工作原理，为何能改变电压？
2. 变压器一、二次侧电压不相等时，电流是否相等？为什么？
3. 将变压器接在直流电源上能工作吗？为什么？
4. 变压器有哪些主要结构部件？各部分有何作用？
5. 一台单相变压器，$S_N = 50\text{kVA}$，$U_{1N}/U_{2N} = 10/0.23\text{kV}$，试求一、二次侧额定电流。
6. 一台单相变压器，$S_N = 1000\text{kVA}$，$U_{1N}/U_{2N} = 35/6.3\text{kV}$，Yd（Y/△）联结，试求一、二次侧额定电流及额定相电流。

第二单元 变压器的运行原理

本单元讲述变压器空载、负载运行时的物理状况，分析各物理量和它们之间的关系，从而建立变压器的基本方程式、等值电路和相量图，继而讲述变压器的空载、短路试验，最后讨论变压器的运行特性，即电压变化率和效率。

在变压器运行分析中，以一次侧电压保持不变为前提，即认为一次侧绕组所接电压，也就是一次侧电压具有额定频率、额定数值和正弦波形，且三相对称。

本单元以单相降压变压器为例，所得结论完全适用于三相变压器在对称负载下运行时的情况。

课题一　变压器的空载运行

变压器一次绕组接额定频率、额定电压的交流电源，二次绕组开路时的运行状态称为空载运行。

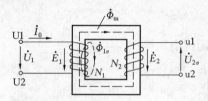

图 1-9　单相变压器空载运行时的示意图

一、变压器空载运行时的一般物理状况

图 1-9 为单相降压变压器空载运行时的示意图。U1—U2 端接入额定频率的额定电压 $\dot{U}_1$，二次绕组 u1—u2 端开路。

当一次绕组接交流电压为 $\dot{U}_1$ 的电源时，一次绕组便有空载电流 $\dot{I}_0$ 流过。$\dot{I}_0$ 建立空载磁动势 $\dot{F}_0 = \dot{I}_0 N_1$，该磁动势产生空载磁通。为便于研究问题，将磁通等效地分成两部分，如图 1-9 所示。一部分磁通 $\dot{\Phi}_m$ 沿铁芯闭合，同时交链一、二次绕组，称为主磁通；另一部分磁通 $\dot{\Phi}_{1\sigma}$ 主要沿非铁磁材料（变压器油或空气）闭合，仅与一次绕组交链，称为一次绕组漏磁通。根据电磁感应定律可知，交变的磁通分别在一、二次绕组感应出电动势 $\dot{E}_1$ 和 $\dot{E}_2$；漏磁通在一次绕组感应出漏电动势 $\dot{E}_{1\sigma}$。

此外，空载电流还在一次绕组电阻 r_1 上形成一很小的电阻压降 $\dot{I}_0 r_1$。

归纳起来，变压器空载时，各物理量之间的关系可表示如下：

$$\dot{U}_1 \rightarrow \dot{I}_0 \rightarrow \dot{F}_0 = \dot{I}_0 N_1 \begin{cases} \dot{\Phi}_m \begin{cases} \dot{E}_1 \\ \dot{E}_2 \end{cases} \\ \dot{\Phi}_{1\sigma} \rightarrow \dot{E}_{1\sigma} \\ \dot{I}_0 r_1 \end{cases}$$

二、正方向的选定

为了正确表达变压器中各物理量之间的数量及其相位关系，必须首先规定各物理量的正方向。表示电磁关系的基本方程式、相量图和等值电路，应以选定的正方向为基础。按惯例选定变压器各物理量的正方向如图 1-9 所示，说明如下。

（1）选定电源电压 $\dot{U}_1$ 的正方向由 U1 端指向 U2 端，空载电流 $\dot{I}_0$ 正方向与 $\dot{U}_1$ 一致，即 $\dot{I}_0$ 由 U1 端流经一次绕组至 U2 端。这相当于把一次绕组看作交流电源的负载，采用了所谓"负载"惯例，当 $\dot{U}_1$、$\dot{I}_0$ 同时为正或同时为负时，表示电源向变压器一次绕组输入电功率。

（2）按 $\dot{I}_0$ 的正方向以及一次绕组的绕向，根据右手螺旋定则，确定主磁通 $\dot{\Phi}_m$ 及一次绕组漏磁通 $\dot{\Phi}_{1\sigma}$ 的正方向。

（3）按主磁通 $\dot{\Phi}_m$ 的正方向以及一、二次绕组的绕向，根据右手螺旋定则，确定一、二次绕组的 $\dot{E}_1$、$\dot{E}_2$ 以及一次绕组漏电动势 $\dot{E}_{1\sigma}$ 的正方向。

（4）把二次绕组电动势 $\dot{E}_2$ 视为电源电动势，当 u1—u2 端接上负载时，二次侧电流 $\dot{I}_2$ 的正方向与 $\dot{E}_2$ 的正方向一致，而负载端电压 $\dot{U}_2$ 的正方向与 $\dot{I}_2$ 正方向一致（详见图 1-13）。这相当于将二次绕组看作交流电源，采用了所谓"电源"惯例。当 $\dot{I}_2$、$\dot{U}_2$ 同时为正或同时为负时，表示变压器二次绕组向负载端输出电功率。

三、空载时的物理量

1. 空载电流

空载电流有两个作用：一是建立空载时的磁场，即主磁通 $\dot{\Phi}_m$ 和一次绕组漏磁通 $\dot{\Phi}_{1\sigma}$；二是补偿空载时变压器内部的有功功率损耗。所以，相应地也可以认为空载电流由无功分量和有功分量两部分组成，前者用来产生空载时的磁场，后者对应于有功功率损耗。在电力变压器中，空载电流的无功分量远大于有功分量，因此空载电流基本上属于无功性质的电流，通常称为励磁电流。

空载电流的数值不大，约为额定电流的 1％～10％。一般，变压器的容量越大，空载电流的百分数越小。

空载电流的波形取决于铁芯主磁路的饱和程度。当变压器接额定电压时，铁芯通常在近于饱和的情况下工作。由于外施电压为正弦波形，则主磁通亦为正弦波曲线 $\phi=f(t)$，利用非线性的铁芯磁化曲线 $\phi=f(i_0)$，由图解法求得空载电流曲线 $i_0=f(t)$，其波形为尖顶波，如图 1-10 所示。

通常用一个等效正弦波空载电流代替实际的尖顶波空载电流，这时便可用相量 $\dot{I}_0$ 表示空载电流。将 $\dot{I}_0$ 分解为无功分量 $\dot{I}_\mu$ 和有功分量 $\dot{I}_{Fe}$。$\dot{I}_\mu$ 与主磁通 $\dot{\Phi}_m$ 同相位，$\dot{I}_{Fe}$ 超前主磁通 $\dot{\Phi}_m$ 的角度为 90°，故 $\dot{I}_0$ 超前 $\dot{\Phi}_m$ 一个铁耗角 α。

2. 空载磁动势 $\dot{F}_0$

空载磁动势 $\dot{F}_0$ 是指一次空载电流 $\dot{I}_0$ 建立的磁动势，$\dot{F}_0=\dot{I}_0 N_1$。它产生主磁通 $\dot{\Phi}_m$ 和一部分与一次绕组自身交链的漏磁通 $\dot{\Phi}_{1\sigma}$。变压器空载运行时，仅有这一空载磁动势产生磁场。而空载磁场实际分布情况

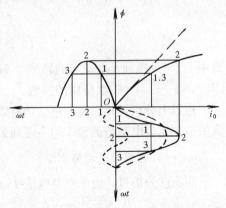

图 1-10　磁路饱和时的空载电流波形

是很复杂的，为了便于分析，根据磁通所经磁路的不同等效地成主磁通和漏磁通两部分，以便把非线性问题和线性问题分别处理。

3. 主磁通 Φ_m

由于铁芯材料具有良好的导磁性能，所以沿铁芯主磁路闭合，同时交链一、二次绕组的

主磁通 Φ_m 占总磁通的绝大部分。又因铁芯具有饱和特性，主磁通磁路的磁阻不是常数，致使主磁通与励磁的空载电流之间为非线性关系。主磁通 Φ_m 同时交链一、二次绕组，其分别感应出电动势 $\dot{E}_1$ 和 $\dot{E}_2$。二次绕组电动势 $\dot{E}_2$ 相当于负载的电源，这说明通过主磁通的耦合作用，变压器实现了能量的传递。

4. 一、二次绕组感应电动势 $\dot{E}_1$、$\dot{E}_2$

设主磁通按正弦规律变化，即

$$\phi = \Phi_m \sin\omega t \qquad (1-1)$$

其中，$\omega = 2\pi f$。

在所规定正方向的前提下，感应电动势的瞬时值为

$$e_1 = -N_1 \frac{\mathrm{d}\phi}{\mathrm{d}t} = -N_1\omega\Phi_m\cos\omega t = N_1\omega\Phi_m\sin(\omega t - 90°) \qquad (1-2)$$

$$e_2 = -N_2 \frac{\mathrm{d}\phi}{\mathrm{d}t} = -N_2\omega\Phi_m\cos\omega t = N_2\omega\Phi_m\sin(\omega t - 90°) \qquad (1-3)$$

感应电动势的有效值为

$$E_1 = \frac{N_1\omega\Phi_m}{\sqrt{2}} = \frac{2\pi}{\sqrt{2}}fN_1\Phi_m = 4.44fN_1\Phi_m \qquad (1-4)$$

$$E_2 = \frac{N_2\omega\Phi_m}{\sqrt{2}} = \frac{2\pi}{\sqrt{2}}fN_2\Phi_m = 4.44fN_2\Phi_m \qquad (1-5)$$

$\dot{E}_1$、$\dot{E}_2$ 和 $\dot{\Phi}_m$ 的关系用复数形式表示为

$$\dot{E}_1 = -\mathrm{j}4.44fN_1\dot{\Phi}_m \qquad (1-6)$$

$$\dot{E}_2 = -\mathrm{j}4.44fN_2\dot{\Phi}_m \qquad (1-7)$$

式中　f——磁通及电动势的频率，Hz；

N_1、N_2——一、二次绕组的匝数。

由以上分析可知，感应电动势有效值的大小分别与主磁通的频率、绕组匝数及主磁通最大值成正比；电动势的频率与主磁通频率相同；电动势相位滞后主磁通 $90°$。

5. 一次绕组漏电动势 $\dot{E}_{1\sigma}$

前面已分析过，由于空载电流 $\dot{I}_0$ 流过一次绕组，产生磁动势 $\dot{F}_0$ 继而产生漏磁通 $\dot{\Phi}_{1\sigma}$，又由漏磁通在一次绕组中感应出漏电动势 $\dot{E}_{1\sigma}$ 的物理过程，考虑到漏磁场是通过非铁磁材料闭合的，磁路不存在磁饱和性质，是线性磁路。也就是说，在空载电流 $\dot{I}_0$ 与一次漏电动势 $\dot{E}_{1\sigma}$ 之间存在着线性关系。因此，常常把漏电动势看作电流在一个电抗上的电压降，即

$$\dot{E}_{1\sigma} = -\mathrm{j}\dot{I}_0 x_1 \qquad (1-8)$$

式（1-8）中的比例系数 x_1，反映了一次侧漏磁场的存在和该漏磁场对一次侧电路的影响，故称为一次漏电抗。

6. 空载损耗 p_0

变压器空载时，输出功率为零，但要从电源中吸取一小部分有功功率，用来补偿变压器内部的功率损耗。这部分功率变为热能散逸出去，称为空载损耗，用 p_0 表示。

空载损耗包括两部分：一部分是一次绕组空载铜损耗 p_{Cu}，$p_{Cu} = I_0^2 r_1$；另一部分是铁损耗 p_{Fe}，是交变磁通在铁芯中引起的磁滞损耗和涡流损耗。

空载电流 $\dot{I}_0$ 很小，r_1 也很小，铜损耗可忽略不计，故可认为空载损耗近似等于铁损耗，即

$$p_0 \approx p_{Fe} \tag{1-9}$$

空载损耗占额定容量的 $0.2\% \sim 1\%$。这一数值并不大，但因为电力变压器在电力系统中用量很大，且常年连接于电网上，所以减少空载损耗具有重要的经济意义。

最近，研制采用铁硼系列非晶态合金材料制作铁芯，空载损耗可降低 75% 左右，因此硅钢片有被取代的趋势。

四、空载时的基本方程式

基本方程式不但表明了有关物理量之间的数学关系，也表述了重要的物理概念。

1. 一次侧的电动势方程式

按图 1-9 中各物理量的方向，根据基尔霍夫第二定律，可得

$$\dot{U}_1 = -\dot{E}_1 - \dot{E}_{1\sigma} + \dot{I}_0 r_1 = -\dot{E}_1 + \dot{I}_0 r_1 + j\dot{I}_0 x_1 = -\dot{E}_1 + \dot{I}_0 Z_1 \tag{1-10}$$

$$Z_1 = r_1 + j x_1$$

式中　Z_1——一次绕组漏阻抗，为常数。

式（1-10）表明，空载时外施电压 $\dot{U}_1$ 与一次绕组内的反电动势 $\dot{E}_1$ 和漏阻抗压降 $\dot{I}_0 Z_1$ 相平衡。

前已述及，空载电流 $\dot{I}_0$ 在一次绕组产生的漏磁通 $\dot{\Phi}_{1\sigma}$ 感应出了漏电动势 $\dot{E}_{1\sigma}$，在数值上可看作是空载电流在漏电抗 x_1 上的压降。同理，空载电流 $\dot{I}_0$ 产生的主磁通 $\dot{\Phi}_m$ 在一次绕组感应出电动势 $\dot{E}_1$ 的作用，也可类似地用一个电路参数来处理。考虑到主磁通 $\dot{\Phi}_m$ 在铁芯将引起铁损耗，故不能单纯地引入一个电抗，而应引入一个阻抗 Z_m。这样便把 $\dot{E}_1$ 和 $\dot{I}_0$ 联系起来，这时 $\dot{E}_1$ 的作用可看作 $\dot{I}_0$ 在 Z_m 上的阻抗压降，即

$$-\dot{E}_1 = \dot{I}_0 Z_m = \dot{I}_0 (r_m + j x_m) \tag{1-11}$$

$$Z_m = r_m + j x_m$$

$$p_{Fe} = I_0^2 r_m$$

式中　Z_m——励磁阻抗；

　　　x_m——励磁电抗，对应于主磁通的电抗；

　　　r_m——励磁电阻，对应于铁损耗的等值电阻。

2. 二次侧的电动势方程式

由于二次绕组没有电流，因此有

$$\dot{U}_{20}=\dot{E}_2 \tag{1-12}$$

3. 主磁通与电源电压的关系

由式（1-8）可知，$\dot{I}_0 Z_1$ 很小，可忽略不计，这时 $\dot{U}_1=-\dot{E}_1$，其有效值为

$$U_1 \approx E_1 = 4.44 f N_1 \Phi_m \tag{1-13}$$

式（1-13）表明，在忽略一次绕组漏阻抗压降的情况下，当 f、N_1 为常数时，铁芯中主磁通的最大值与电源电压成正比。当电源电压 U_1 一定时，Φ_m 亦为常数，这一概念对分析变压器运行十分重要。

4. 变比

常用变比来衡量变压器一、二次侧电压变换的幅度。变比是指一、二次侧相电动势之比，用 k 表示，即

$$k=\frac{E_1}{E_2}=\frac{N_1}{N_2}\approx\frac{U_1}{U_2} \tag{1-14}$$

对于三相变压器，在已知额定电压（线电压）的情况下，求变比 k 必须换算成额定相电压之比。例如：

Yd（Y/△）三相变压器　$k=\dfrac{U_{1N}}{\sqrt{3}U_{2N}}$

Dy（△/Y）三相变压器　$k=\dfrac{\sqrt{3}U_{1N}}{U_{2N}}$

归纳上述分析，可得出变压器空载运行时的基本方程式为

$$\left.\begin{array}{l}\dot{U}_1=-\dot{E}_1+\dot{I}_0 Z_1 \\[2mm] \dot{U}_{20}=\dot{E}_2 \\[2mm] -\dot{E}_1=\dot{I}_0 Z_m \end{array}\right\} \tag{1-15}$$

此外，还有两个重要表达式，分别为

$$U_1 \approx E_1 = 4.44 f N_1 \Phi_m$$

$$k=\frac{E_1}{E_2}=\frac{N_1}{N_2}\approx\frac{U_1}{U_2}$$

当 f、N_1 确定时，主磁通 Φ_m 的大小基本上由外加电压 U_1 的大小所决定，而与磁路的性质和尺寸无关。

五、空载时的等值电路

变压器空载运行时，电路问题和磁路问题相互联系在一起，如果能将这一内在联系用纯电路形式直接表示出来，则变压器运行的分析将大为简化，等值电路就是从这一观点出发来建立的。

将式（1-11）代入式（1-10）得

$$\dot{U}_1=\dot{I}_0 Z_m+\dot{I}_0 Z_1=\dot{I}_0\ (Z_m+Z_1) \tag{1-16}$$

由式(1-16)可得变压器空载时的等值电路,如图 1-11 所示。可见,变压器空载等值电路由两个阻抗串联而成,一个是一次绕组漏阻抗 $Z_1 = r_1 + jx_1$,另一个是励磁阻抗 $Z_m = r_m + jx_m$。等值电路接入电源电压 $\dot{U}_1$,流过空载电流 $\dot{I}_0$。上述各物理量均为相值。

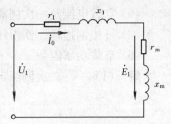

图 1-11 变压器空载时的等值电路

对等值电路分析如下:

(1) 一次绕组漏阻抗 $Z_1 = r_1 + jx_1$,是常数。

(2) 励磁阻抗 $Z_m = r_m + jx_m$ 不是常数,r_m 和 x_m 随主磁路饱和程度的增加而减少。这是因为励磁电抗 x_m 是对应于主磁通 $\dot{\Phi}_m$ 的电抗。由于主磁路为非线性磁路,主磁通 $\dot{\Phi}_m$ 与建立它的励磁电流 $\dot{I}_0$ 之间为非线性关系,所以主磁路的磁阻不是常数,磁路越饱和,磁阻越大,x_m 越小。

通常,电源电压 $\dot{U}_1$ 可认为不变,则主磁通基本不变,铁芯主磁路的饱和程度也近于不变,故 Z_m 可认为不变。

(3) 由于空载运行时铁损耗 p_{Fe} 远大于铜损耗 p_{Cu},所以 $r_m \gg r_1$;由于主磁通 $\dot{\Phi}_m$ 远大于一次绕组漏磁通 $\dot{\Phi}_{1\sigma}$,所以 $x_m \gg x_1$。故在近似分析中可忽略 r_1 和 x_1。

(4) 从等值电路中看出,励磁电流 $\dot{I}_0$ 的大小主要取决于励磁阻抗 Z_m。从变压器运行的角度,希望励磁电流小些,因而要采用高导磁率的铁芯材料,以增大 Z_m,减少 I_0,从而提高变压器的效率和功率因数。

六、空载时的相量图

相量图能直观地反映变压器各物理量之间的相位关系,在分析问题时也常被采用。变压器空载运行时的相量图如图 1-12 所示。

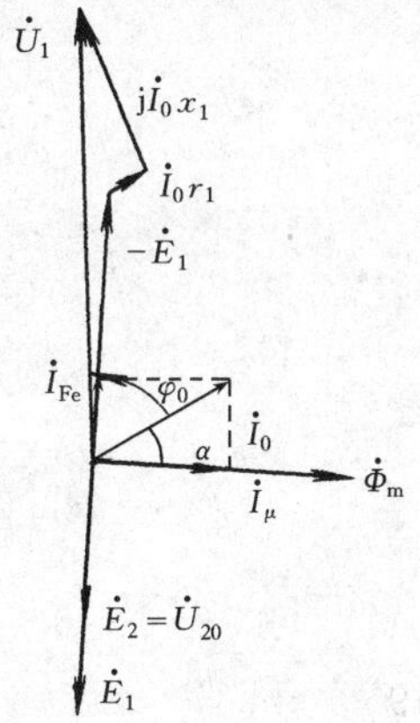

作图步骤如下:

(1) 在横坐标上作出主磁通 $\dot{\Phi}_m$,并作为参考相量;

(2) 根据式 (1-6),式 (1-7) 作出电动势 $\dot{E}_1$ 和 $\dot{E}_2$,它们均滞后 $\dot{\Phi}_m 90°$;

(3) 空载电流 $\dot{I}_0$ 的无功分量 $\dot{I}_\mu$ 和 $\dot{\Phi}_m$ 同相位,作空载电流 $\dot{I}_0$ 的有功分量 $\dot{I}_{Fe}$ 超前 $\dot{\Phi}_m 90°$,并合成 $\dot{I}_0$;

(4) 由 $\dot{U}_1 = -\dot{E}_1 + \dot{I}_0 r_1 + j\dot{I}_0 x_1$,依次作出 $-\dot{E}_1$、$\dot{I}_0 r_1$、$j\dot{I}_0 x_1$,叠加得 $\dot{U}_1$。

$\dot{U}_1$ 和 $\dot{I}_0$ 之间的相位角 φ_0,为变压器空载时的功率因数角。

一般 $I_{Fe} \ll I_\mu$,故 $\varphi_0 \approx 90°$,即空载时功率因数 $\cos\varphi_0$ 很低。

为了看清相量图,图中相量 $\dot{I}_0 r_1$ 及 $j\dot{I}_0 x_1$ 被有意地放大了。

图 1-12 变压器空载时的相量图

【例 1-1】 一台三相变压器,$S_N = 31\ 500 kVA$,$U_{1N}/U_{2N} = 110/10.5 kV$,Yd(Y/△)接法;一次绕组一相的 $r_1 = 1.21\Omega$,$x_1 = 14.45\Omega$,$r_m = 1439.3\Omega$,$x_m = 14\ 161.3\Omega$,试求:

(1) 一、二次侧额定电流;

(2) 变比;

（3）空载电流及一次侧额定电流的百分比；

（4）每相铜损耗、铁损耗及三相的铜损耗、铁损耗；

（5）空载功率因数。

解　（1）一、二次侧额定电流

$$I_{1N}=\frac{S_N}{\sqrt{3}U_{1N}}=\frac{31\ 500\times10^3}{\sqrt{3}\times110\times10^3}=165.3\ (\text{A})$$

$$I_{2N}=\frac{S_N}{\sqrt{3}U_{2N}}=\frac{31\ 500\times10^3}{\sqrt{3}\times10.5\times10^3}=1732\ (\text{A})$$

（2）变比。

用额定相电压之比表示，即

$$k=\frac{U_{1N}}{\sqrt{3}U_{2N}}=\frac{110\times10^3}{\sqrt{3}\times10.5\times10^3}=6.05$$

（3）空载电流及一次侧额定电流的百分比。

利用空载时等值电路，由相电压计算出每相空载电流为

$$\begin{aligned}I_2&=\frac{U_{1N}}{\sqrt{3}\times\sqrt{(r_1+r_m)^2+(x_1+x_m)^2}}\\&=\frac{110\times10^3}{\sqrt{3}\times\sqrt{(1.21+1439.3)^2+(14.45+14\ 161.3)^2}}\\&=4.46\ (\text{A})\end{aligned}$$

由于变压器一次绕组Y接法，一次侧相电流等于线电流，故空载电流占一次侧额定电流的百分比为

$$\frac{I_0}{I_{1N}}=\frac{4.46}{165.3}=0.027=2.7\%$$

（4）铜损耗和铁损耗。

每相铜损耗 $I_0^2 r_1=4.46^2\times1.21=24.07\ (\text{W})$

三相铜损耗 $p_{Cu}=3I_0^2 r_1=3\times24.07=72.21\ (\text{W})$

每相铁损耗 $I_0^2 r_m=4.46^2\times1439.3=28\ 629.9\ (\text{W})$

三相铁损耗 $p_{Fe}=3I_0^2 r_m=3\times28\ 629.9=85\ 889.7\ (\text{W})$

可见 $p_{Fe}\gg p_{Cu}$。

（5）功率因数

$$\varphi_0=\tan^{-1}\frac{x_m+x_1}{r_m+r_1}=\tan^{-1}\frac{14\ 161.3+14.5}{1439+1.21}=84.19°$$

$$\cos\varphi_0=\cos84.19°=0.1$$

可见，变压器空载运行时功率因数很低。

课题二　变压器的负载运行

变压器一次绕组接额定频率、额定电压的交流电源，二次绕组接上负载，二次侧有电流流过的运行状态，称为变压器的负载运行。

一、负载运行时的物理状况

图 1-13 是单相变压器负载运行示意图。一次绕组与空载运行时一样，仍接额定频率、额定电压的交流电源。二次绕组所接的负载阻抗用 Z_L 表示。各物理量正方向如前所述。

变压器空载运行时，二次侧电流为零，一次侧只流过较小的空载电流 $\dot{I}_0$，建立空载磁动势 $\dot{F}_0 = \dot{I}_0 N_1$，作用在铁芯磁路上产生主磁通 $\dot{\Phi}_m$。主磁通在一、二次绕组分别感应出电动势 $\dot{E}_1$ 和 $\dot{E}_2$。电源电压与一次绕组反电动势 $-\dot{E}_1$ 和一次绕组漏阻抗压降 $\dot{I}_0 Z_1$ 相平衡，此时变压器处于空载运行时的电磁平衡状态。

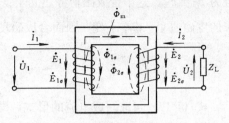

图 1-13 变压器负载运行的示意图

当二次绕组接上负载，二次侧流过电流 $\dot{I}_2$，建立二次侧磁动势 $\dot{F}_2 = \dot{I}_2 N_2$，这个磁动势也作用在铁芯的主磁路上。根据楞次定律，$\dot{F}_2$ 对主磁场有去磁作用，企图改变主磁通 $\dot{\Phi}_m$。前已述及，由于外加电源电压 U_1 不变，主磁通 $\dot{\Phi}_m$ 近似保持不变。所以当二次侧磁动势 $\dot{F}_2$ 出现时，一次侧电流必须由 $\dot{I}_0$ 变为 $\dot{I}_1$，一次侧磁动势即从 $\dot{F}_0$ 变为 $\dot{F}_1 = \dot{I}_1 N_1$，其中所增加的那部分磁动势，用来平衡二次侧的作用，以维持主磁通不变，此时变压器处于负载运行时新的电磁平衡状态。

负载运行时，$\dot{F}_1$ 和 $\dot{F}_2$ 除了共同建立铁芯中的主磁通 $\dot{\Phi}_m$ 以外，还分别产生交链各自绕组的漏磁通 $\dot{\Phi}_{1\sigma}$ 和 $\dot{\Phi}_{2\sigma}$，并分别在一、二次绕组感应出漏电动势 $\dot{E}_{1\sigma}$ 和 $\dot{E}_{2\sigma}$。同样可以用漏电抗压降的形式来表示一次绕组漏电动势 $\dot{E}_{1\sigma} = -j\dot{I}_1 x_1$，二次绕组漏电动势 $\dot{E}_{2\sigma} = -j\dot{I}_2 x_2$，其中 x_2 称为二次绕组漏电抗，对应于漏磁通 $\dot{\Phi}_{2\sigma}$。x_2 反映漏磁通 $\dot{\Phi}_{2\sigma}$ 的作用，也是常数。

此外，一、二次绕组电流 $\dot{I}_1$、$\dot{I}_2$ 还分别产生电阻压降 $\dot{I}_1 r_1$ 和 $\dot{I}_2 r_2$。

上述各物理量之间的关系可表示如下：

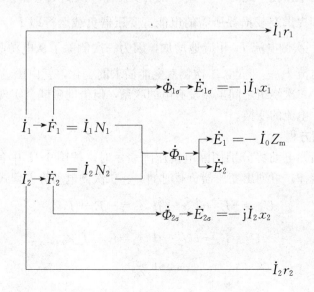

二、磁动势平衡方程式

根据图 1-13 中 $\dot{I}_1$、$\dot{I}_2$ 正方向以及绕组的绕向，负载时作用于铁芯主磁路上的合成磁动势为 $\dot{F}_1+\dot{F}_2$，这个合成磁动势建立了铁芯中的主磁通 $\dot{\Phi}_m$。由于变压器从空载到负载，铁芯中的主磁通 $\dot{\Phi}_m$ 基本不变，因而合成磁动势基本上就是空载时的磁动势 $\dot{F}_0$，即

$$\left.\begin{array}{r}\dot{F}_1+\dot{F}_2=\dot{F}_0 \\ \text{或} \\ \dot{F}_1=\dot{F}_0+(-\dot{F}_2)\end{array}\right\} \tag{1-17}$$

式（1-17）可改写成电流的形式，即

$$\dot{I}_1 N_1=\dot{I}_0 N_1+(-\dot{I}_2 N_2)$$

两边同时除以 N_1 得

$$\dot{I}_1=\dot{I}_0+(-\frac{\dot{I}_2}{k})=\dot{I}_0+\dot{I}_{1L} \tag{1-18}$$

$$\dot{I}_{1L}=-\frac{\dot{I}_2}{k}$$

式中 $\dot{I}_{1L}$——一次侧电流的负载分量。

式（1-17）称为磁动势平衡方程式，式（1-18）称为电流形式的磁动势平衡方程式，两式的实质是一致的。

磁动势平衡方程式表示一、二次侧电路的相互影响的依存关系，也说明了能量的传递关系。

由式（1-17）可看出，一次侧磁动势 $\dot{F}_1$ 中包含了两个分量：一个是 $\dot{F}_0$，用来产生主磁通 $\dot{\Phi}_m$；另一个是 $-\dot{F}_2$，即与二次侧磁动势大小相等、方向相反，用来平衡二次侧磁动势 $\dot{F}_2$ 的影响，从而维持主磁通不变。

式（1-18）说明一、二次侧能量传递的关系，当变压器空载运行（即 $\dot{I}_2=0$）时，二次侧没有功率输出和功率损耗，此时 $\dot{I}_1=\dot{I}_0$，说明变压器一次侧从电源吸取不大的空载电流，用于建立空载磁场和提供空载损耗所需的电能。变压器负载运行即 $\dot{I}_2\neq0$ 时，二次侧电流 $\dot{I}_2$ 的增加必然引起一次侧电流 $\dot{I}_1$ 相应地增加，因为一次侧除了从电源吸取 $\dot{I}_0$ 以外，还要吸取一个负载分量电流 $\dot{I}_{1L}$。于是，二次侧对电能需求的变化，就由磁动势平衡关系反映到一次侧。变压器一、二次绕组之间虽然没有电的联系，但借助磁耦合实现了一、二次绕组间的能量传递和电压、电流的变换。

三、电动势平衡方程

当一、二次绕组漏电动势分别用漏电抗压降表示时，按图 1-13 中各物理量的正方向，根据基尔霍夫第二定律，可列出变压器负载时的一、二次侧电动势方程式

$$\dot{U}_1=-\dot{E}_1+\dot{I}_1 r_1+\mathrm{j}\dot{I}_1 x_1=-\dot{E}_1+\dot{I}_1 Z_1 \tag{1-19}$$

$$\dot{U}_2=\dot{E}_2-\dot{I}_2 r_2-\mathrm{j}\dot{I}_2 x_2=\dot{E}_2-\dot{I}_2 Z_2 \tag{1-20}$$

$$\dot{U}_2=\dot{I}_2 Z_L \tag{1-21}$$

$$Z_2 = r_2 + jx_2$$

$$Z_L = r_L + jx_L$$

式中　Z_2——二次绕组漏阻抗；

　　　　Z_L——负载阻抗。

四、折算

变压器负载运行时的基本方程式可归纳为

$$\left.\begin{array}{l} \dot{U}_1 = -\dot{E}_1 + \dot{I}_1 r_1 + j\dot{I}_1 x_1 = -\dot{E}_1 + \dot{I}_1 Z_1 \\[2mm] \dot{U}_2 = \dot{E}_2 - \dot{I}_2 r_2 - j\dot{I}_2 x_2 = \dot{E}_2 - \dot{I}_2 Z_2 \\[2mm] \dot{I}_1 = \dot{I}_0 + \left(-\dfrac{\dot{I}_2}{k}\right) \\[3mm] \dot{U}_2 = \dot{I}_2 Z_L \\[2mm] -\dot{E}_1 = \dot{I}_0 Z_m \\[2mm] \dot{E}_1 = k\dot{E}_2 \end{array}\right\} \qquad (1\text{-}22)$$

利用上述基本方程式可以对变压器运行状态进行计算，但是由于一、二次绕组匝数不等（$N_1 \neq N_2$），且基本方程式是求解复数的联立方程组，实际运算相当复杂困难，特别是作相量图更为困难。这里介绍一种常用的分析变压器的方法——折算法，用它可以得到较简单的等值电路和一些变压器的参数，便于对变压器进行分析计算。

在变压器中，一次侧和二次侧虽没有直接的电的联系，但有磁的联系。从磁动势平衡关系中可以看出，二次绕组的负载电流是通过它的磁动势 $\dot{F}_2$ 来影响一次绕组电流的。如果将二次侧的匝数 N_2 和电流 I_2 换成另一匝数和电流值，只要仍保持二次侧磁动势 $\dot{F}_2$ 不变，那么，从一次侧来观察二次侧的作用是完全一样的，即仍有同样的功率送给二次绕组。这种保持绕组磁动势不变而假想改变它的匝数与电流的方法是折算法的依据。

在变压器中，常常把实际的变压器一、二次绕组的匝数变换为同一匝数，这样变压器的变比等于1，可使变压器的计算大为简化。对于降压变压器，一般是将二次绕组的匝数变换为一次绕组的匝数，在二次侧物理量符号的右上角加上"′"表示为该量的折算值。但折算不能改变变压器的电磁关系，为此有以下的折算原则：折算前后，二次侧的磁动势以及二次侧各部分的功率不能改变。只有这样，才能使折算前后变压器的主磁通、漏磁通的数量和空间分布保持不变，才能使一次侧仍从电源中吸取同样大小的功率并传递到二次侧，即折算对一次侧各物理量毫无影响，因而不会改变变压器的电磁关系本质。

根据折算原则，可以导出二次侧各物理量的实际值与折算值的关系。

1. 电动势的折算

根据折算前后二次侧磁动势不变的原则，故知主磁通不变；又因二次绕组匝数与一次绕组的匝数相等，可得

$$\dot{E}'_2 = \dot{E}_1 = k\dot{E}_2 \qquad (1\text{-}23)$$

2. 电流的折算

同理，根据折算前后二次侧磁动势不变的原则，可得

$$\dot{I}'_2 N_1 = \dot{I}_2 N_2$$

即

$$\dot{I}'_2 = \dot{I}_2 \frac{N_2}{N_1} = \frac{\dot{I}_2}{k} \tag{1-24}$$

3. 阻抗的折算

根据折算前后二次绕组电阻上所消耗的铜损耗不变的原则，可得

$$I'^2_2 r'_2 = I^2_2 r_2$$

即

$$r'_2 = k^2 r_2 \tag{1-25}$$

同理，根据折算前后二次绕组漏电抗上所消耗的无功功率不变的原则，可得

$$x'_2 = k^2 x_2 \tag{1-26}$$

4. 负载阻抗的折算

根据折算前后视在功率不变的原则，可得

$$I'^2_2 Z'_L = I^2_2 Z_L$$

即

$$Z'_2 = k^2 Z_L \tag{1-27}$$

5. 二次侧电压的折算

$$U'_2 I'_2 = U_2 I_2$$

即

$$U'_2 = \frac{I_2}{I'_2} U_2 = k U_2 \tag{1-28}$$

综上所述，将低压侧各物理量折算到高压侧时，凡单位是 V（伏特）的物理量折算值等于原值乘以变比 k，凡单位为 A（安培）的物理量折算值等于原值除以变比 k，凡单位为 Ω（欧姆）的物理量折算值等于原值乘以变比 k^2。

五、负载时的基本方程式

通过折算，变压器负载时的基本方程式组为

$$\left. \begin{array}{l}
\dot{U}_1 = -\dot{E}_1 + \dot{I}_1 r_1 + \mathrm{j}\dot{I}_1 x_1 = -\dot{E}_1 + \dot{I}_1 Z_1 \\[8pt]
\dot{U}'_2 = \dot{E}'_2 - \dot{I}'_2 r'_2 - \mathrm{j}\dot{I}'_2 x'_2 = \dot{E}'_2 - \dot{I}'_2 Z'_2 \\[8pt]
\dot{I}_1 = \dot{I}_0 + (-\dot{I}'_2) \\[8pt]
\dot{U}'_2 = \dot{I}'_2 Z'_L \\[8pt]
-\dot{E}_1 = \dot{I}_0 (r_m + \mathrm{j}x_m) = \dot{I}_0 Z_m \\[8pt]
\dot{E}_1 = \dot{E}'_2
\end{array} \right\} \tag{1-29}$$

六、负载时的等值电路

1．T 形等值电路

根据折算后的变压器一、二次侧电动势平衡方程式，可分别画出一、二次侧的等值电路如图 1-14（a）所示。由于 $\dot{E}_1 = \dot{E}'_2$，故包含这两个电动势的电路可以合并为一条支路，在这条支路中只有一个电动势 $\dot{E}_1 = \dot{E}'_2$。由 $\dot{I}_1 = \dot{I}_0 + (-\dot{I}'_2)$ 可见，流经这条支路的电流为 $\dot{I}_0$，如图 1-14（b）所示。根据 $-\dot{E}_1 = \dot{I}_0 (r_m + x_m) = \dot{I}_0 Z_m$，将电动势用励磁阻抗上的压降表示，则得到 T 形等值电路，如图 1-14（c）所示。

2．近似等值电路

T 形等值电路含有串联和并联电路，复数运算较为麻烦。由于 $Z_m \gg Z_1$，可将 $Z_m = r_m + \mathrm{j}x_m$ 支路移到电源端，得到近似等值电路，如图 1-15 所示。近似等值电路有一定的误差，但可使计算简化。在工程允许的情况下，可以使用近似等值电路。

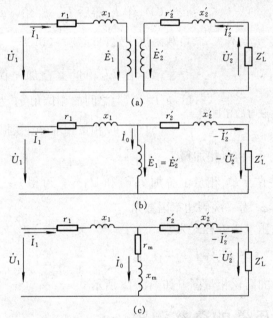

图 1-14　变压器负载运行时等值电路的变换过程

3．简化等值电路

变压器的空载电流较小，在有些计算中可忽略不计，即在 T 形等值电路中去掉励磁阻抗 Z_m 支路，从而得到更为简单的串联电路，称为简化等值电路，如图 1-16 所示。

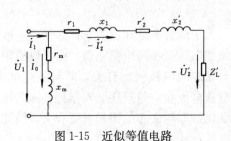

图 1-15　近似等值电路

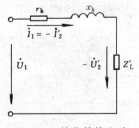

图 1-16　简化等值电路

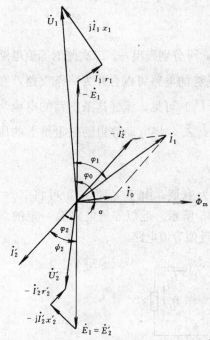

图 1-17 变压器带感性负载时的相量图

图 1-16 中 r_k 称为短路电阻，$r_k=r_1+r_2'$；x_k 称为短路电抗，$x_k=x_1+x_2'$；z_k 称为短路阻抗，$Z_k=r_k+jx_k=Z_1+Z_2'$。可见，短路阻抗是折算后一、二次侧漏阻抗之和，其数值很小，且为常数。

七、相量图

变压器一般带感性负载，感性负载时的变压器相量图如图 1-17 所示。

如果已知变压器负载运行时的有关物理量及参数，作相量图的步骤如下：

（1）在横坐标上作主磁通 $\dot{\Phi}_m$，并作为参考相量；

（2）作 $\dot{E}_1=\dot{E}_2'$，滞后 $\dot{\Phi}_m 90°$；

（3）作 $\dot{I}_2'$ 滞后 $\dot{E}_2'$ ψ_2 角，ψ_2 由二次绕组漏阻抗和负载阻抗决定，即 $\psi_2=\tan^{-1}\dfrac{x_L+x_2}{r_L+r_2}$；

（4）在 $\dot{E}_2'$ 相量上叠加 $-j\dot{I}_2' x_2'$ 和 $-\dot{I}_2' r_2'$，可得 $\dot{U}_2'$。$\dot{I}_2'$ 和 $\dot{U}_2'$ 之间的相位角 φ_2 为二次侧功率因数角；

（5）作 $\dot{I}_0$ 相量超前 $\dot{\Phi}_m$ 铁损耗角 α，$\alpha=\tan^{-1}\dfrac{r_m}{x_m}$；

（6）作出 $-\dot{I}_2'$，与 $\dot{I}_0$ 相量相加得 $\dot{I}_1$；

（7）作出 $-\dot{E}_1$，并在 $-\dot{E}_1$ 相量上叠加 $\dot{I}_1 r_1$ 和 $j\dot{I}_1 x_1$，可得 $\dot{U}_1$。$\dot{I}_1$ 与 $\dot{U}_1$ 之间的相位角 φ_1 为一次侧功率因数角。

简化等值电路的电压平衡方程式为

$$\dot{U}_1=-\dot{U}_2'+\dot{I}_1 r_k+j\dot{I}_1 x_k$$

可据此作出感性负载时的简化相量图，如图 1-18 所示。

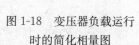

图 1-18 变压器负载运行时的简化相量图

课题三　变压器的参数测定

解基本方程式，画等值电路及作相量图必须要知道变压器的各阻抗参数。对已经制造出来的变压器，可通过空载试验和负载试验测定参数。

一、空载试验

空载试验可测定励磁阻抗 Z_m、铁芯损耗 p_0、空载电流 I_0 及变比 k。图 1-19 是单相变压器空载试验原理接线图。

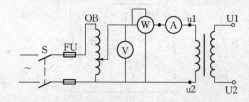

图 1-19　单相变压器空载试验原理接线图

为了试验安全和仪表选择方便，一般在低压侧施加电压而在高压侧空载。由于励磁阻抗的数值与铁芯的饱和程度有关，即与外施电压有关，且空载电流和空载损耗（铁损耗）随电压的大小而变化，即与铁芯的饱和程度有关，因此应取额定电压点计算励磁阻抗值。

试验仪表的读数为 U_{20}、U_{1N}、I_0、p_0，根据空载等值电路，并忽略很小的 r_1、x_1，可计算出励磁阻抗和变比 k，即

$$\left.\begin{array}{l} Z_m = \dfrac{U_{1N}}{I_0} \\[3mm] r_m = \dfrac{p_0}{I_0^2} \\[3mm] x_m = \sqrt{Z_m^2 - r_m^2} \end{array}\right\} \tag{1-30}$$

$$k = \dfrac{U_{20}}{U_{1N}} \tag{1-31}$$

式中　k——高压侧对低压侧的变比。

由于空载试验是在低压侧施加电源电压，所以测得的励磁参数是低压侧的数值，如果需要得到高压侧的数值，还必须进行折算，即乘以 k^2。

二、负载试验

通过负载试验可测定短路阻抗 Z_k、阻抗电压 u_k 及负载损耗 p_k。图 1-20 是单相变压器负载试验原理接线图。

为了便于测量，负载试验一般将变压器高压侧经调压器接入试验电源，而低压侧短路。由简化等值电路可知，当变压器二次侧短路时，仅有很小的短路电抗限制短路电流。为了避免试验电流过大，外加试验电压必须降低，一般应降低至试验电流为额定电流或小于额定电流。

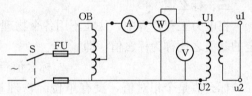

图 1-20　单相变压器负载试验原理接线图

仪表的读数为 u_k、I_k 和 p_k，根据二次侧短路时的简化等值电路，可计算出短路阻抗为

$$\left.\begin{array}{l} Z_k = \dfrac{U_k}{I_k} \\[3mm] r_k = \dfrac{p_k}{I_k^2} \\[3mm] x_k = \sqrt{Z_k^2 - r_k^2} \end{array}\right\} \tag{1-32}$$

在 T 形等值电路中，一般可认为 $r_1 = r_2' = \dfrac{r_k}{2}$，$x_1 = x_2' = \dfrac{x_k}{2}$。

由于电阻与温度有关，按国家标准，应将试验温度下的 r_k 和 x_k 换算到 75℃ 时的值，对于铜线变压器按下式换算

$$\left.\begin{array}{l} r_{k(75℃)} = \dfrac{235+75}{235+\theta} r_k \\[3mm] Z_{k(75℃)} = \sqrt{r_{k(75℃)}^2 + x_k^2} \end{array}\right\} \tag{1-33}$$

式中　θ——试验时的环境温度。

对铝线变压器，式（1-33）中的常数 235 应改为 225。

阻抗电压 u_k 是指额定电流在 $Z_{k(75℃)}$ 上的阻抗电压降占额定电压的百分比，阻抗电压有电阻电压 u_{kr} 和电抗电压 u_{kx} 两个分量，分别按下式计算

$$u_k = \frac{I_{1N} Z_{k(75℃)}}{U_{1N}} \times 100\%$$

$$u_{kr} = \frac{I_{1N} r_{k(75℃)}}{U_{1N}} \times 100\%$$ (1-34)

$$u_{kx} = \frac{I_{1N} x_k}{U_{1N}} \times 100\%$$

阻抗电压是变压器的重要参数之一。从正常运行角度来看，希望它小一些，即变压器的漏抗压降小一些，使二次侧电压随负载变化的波动程度也小一些；而从限制短路电流的角度来看，又希望它大一些。一般中小型变压器的阻抗电压为 4%～10.5%，大型变压器为 12.5%～17.5%。

变压器负载试验时，由于二次侧短路，因此无功输出、输入功率全部变成功率损耗，称为负载损耗。负载损耗包括铜损耗和铁损耗，但作负载试验时，外加试验电压很低，主磁通大大低于正常运行的数值，铁损耗很小，可以忽略不计，可以认为负载损耗是指额定电流在 $r_{k(75℃)}$ 上的铜损耗，即

$$p_{kN} = I_{1N}^2 r_{k(75℃)}$$ (1-35)

式（1-35）为一相的负载损耗，三相总的负载损耗需乘以 3。

三、标幺值

在电力工程计算中，往往不用各个物理量的实际值，而是用实际值与同一单位的某一选定的基值之比称为标幺值，即

$$标幺值 = 实际值/基值$$

标幺值是个相对值，没有单位。物理量的标幺值，用原来符号的右下角加 "*" 号表示。

1. 基值的选择

在电机中，通常取各物理量的额定值作为基值，具体选择如下：

（1）线电流、线电压的基值，选额定线值；相电流、相电压的基值，选额定相值。

（2）电阻、电抗、阻抗共用一个基值，这些都是一相的值，故阻抗基值 Z_b 应是额定相电压 U_{Nph} 与额定相电流 I_{Nph} 之比，即

$$Z_b = \frac{U_{Nph}}{I_{Nph}}$$

（3）有功功率、无功功率、视在功率共用一个基值，以额定视在功率为基值；单相功率的基值为 $I_{Nph} U_{Nph}$，三相功率的基值为 $3 I_{Nph} U_{Nph}$（或 $\sqrt{3} U_N I_N$）。

（4）变压器有高、低压侧之分，各物理量的基值，应选择本侧的额定值。

2. 标幺值的特点

（1）额定电压、额定电流、额定视在功率的标幺值为 1。

（2）变压器各物理量在本侧取标幺值和折算到另一侧取标幺值，两者相等，例如

$$U_{2*} = \frac{U_2}{U_{2N}} = \frac{kU_2}{kU_{2N}} = \frac{U_2'}{U_{1N}} = U_{2*}'$$

（3）某些物理量的标幺值具有相同的数值，例如

$$Z_{k*} = \frac{Z_k}{\dfrac{U_{1N}}{I_{1N}}} = \frac{I_{1N} Z_k}{U_{1N}} = u_{k*}$$

同理

$$r_{k*} = u_{kr*}$$

$$x_{k*} = u_{kx*}$$

顺便指出，在变压器的分析与计算中，常用负载系数这一概念，用 β 表示，其定义为 $\beta = \dfrac{I_1}{I_{1N}} = \dfrac{I_2}{I_{2N}} = \dfrac{S_1}{S_N} = \dfrac{S_2}{S_{2N}}$，可见 $\beta = I_{1*} = I_{2*} = S_{1*} = S_{2*}$。

(4) 标幺值乘以 100 可得到以同样基值表示的百分值，同理，百分值除以 100 也可得到相对应的标幺值。例如，$u_k = 5.5\%$ 时，其标幺值为 $U_{k*} = 0.055$。

【例 1-2】 一台三相变压器 $S = 260\,000\text{kVA}$，50Hz，Yd（Y/△）接法，绕组为铜线绕组 $U_{1N}/U_{2N} = 242/15.75\text{kV}$。试验数据见表 1-1（试验环境温度 $\theta = 25℃$）。

表 1-1 试 验 数 据

试验名称	线电流（A）	线电压（V）	三相功率（W）	备 注
空载试验	92	15.75×10^3	232×10^3	电源加在低压侧
负载试验	620.3	33.88×10^3	1460×10^3	电源加在低压侧

试求：(1) 折算到高压侧 T 形等值电路中各阻抗的实际值；(2) 各阻抗的标幺值；(3) 画出 T 形等值电路；(4) 阻抗电压及其两个分量；(5) 三相额定负载损耗。

解 (1) 折算到高压侧 T 形等值电路各阻抗的实际值，一、二次额定相值及变比为

$$U_{1Nph} = \frac{U_{1N}}{\sqrt{3}} = \frac{242 \times 10^3}{\sqrt{3}} = 139\,722.9 \text{ (V)}$$

$$I_{1Nph} = I_{1N} = \frac{S_N}{\sqrt{3}U_{1N}} = \frac{260\,000 \times 10^3}{\sqrt{3} \times 242 \times 10^3} = 620.3 \text{ (A)}$$

$$U_{2Nph} = U_{2N} = 15\,750 \text{ (V)}$$

$$I_{2Nph} = \frac{I_{2N}}{\sqrt{3}} = \frac{S_N}{\sqrt{3} \times \sqrt{3}U_{2N}} = \frac{260\,000 \times 10^3}{\sqrt{3} \times \sqrt{3} \times 15.75 \times 10^3} = 5502.6 \text{ (A)}$$

$$k = \frac{U_{1Nph}}{U_{2Nph}} = \frac{1\,397\,22.9}{15\,750} = 8.871$$

将空载试验数据化为一相的值为

$$U_0 = U_{2Nph} = 15\,750\text{V}$$

$$I_0 = \frac{92}{\sqrt{3}} = 53.12 \text{ (A)}$$

$$p_0 = \frac{232}{3} \times 10^3 = 77\,333.3 \text{ (W)}$$

将负载试验数据化为一相的值为

$$U_k = \frac{33.88}{\sqrt{3}} \times 10^3 = 19\,561.2 \text{ (V)}$$

$$I_k = I_{1Nph} = 620.3\text{A}$$

$$p_k = \frac{1460}{3} \times 10^3 = 486\,666.7 \text{ (W)}$$

以空载试验数据的相值，计算励磁阻抗的实际值并折算到高压侧为

$$Z_{\mathrm{m}}=k^2\frac{U_0}{I_0}=8.871^2\times\frac{15\ 750}{53.12}=23\ 232.84\ (\Omega)$$

$$r_{\mathrm{m}}=k^2\frac{p_0}{I_0^2}=8.871^2\times\frac{77\ 333.3}{53.12^2}=2156.73\ (\Omega)$$

$$x_{\mathrm{m}}=\sqrt{z_{\mathrm{m}}^2-r_{\mathrm{m}}^2}=\sqrt{23\ 332.84^2-2156.73^2}=23\ 232.95\ (\Omega)$$

以负载试验数据的相值，计算短路阻抗的实际值并换算到75℃值分别为

$$Z_{\mathrm{k}}=\frac{U_{\mathrm{k}}}{I_{\mathrm{k}}}=\frac{19\ 561.2}{620.3}=31.53\ (\Omega)$$

$$r_{\mathrm{k}}=\frac{p_{\mathrm{k}}}{I_{\mathrm{k}}^2}=\frac{486\ 666.7}{620.3^2}=1.265\ (\Omega)$$

$$x_{\mathrm{k}}=\sqrt{Z_{\mathrm{k}}^2-r_{\mathrm{k}}^2}=\sqrt{31.53^2-1.265^2}=31.5\ (\Omega)$$

$$r_{\mathrm{k}(75℃)}=\frac{235+75}{235+25}\times1.265=1.5\ (\Omega)$$

$$Z_{\mathrm{k}(75℃)}=\sqrt{1.5^2+31.5^2}=31.535\ (\Omega)$$

（2）各阻抗的标幺值。

高压侧阻抗基值为

$$Z_{\mathrm{lb}}=\frac{U_{1\mathrm{Nph}}}{I_{1\mathrm{Nph}}}=\frac{139\ 722.9}{620.3}=225.3\ (\Omega)$$

则

$$Z_{\mathrm{m}*}=\frac{z_{\mathrm{m}}}{Z_{\mathrm{lb}}}=\frac{23\ 332.84}{225.3}=103.58$$

$$r_{\mathrm{m}*}=\frac{r_{\mathrm{m}}}{Z_{\mathrm{lb}}}=\frac{2156.73}{225.3}=9.57$$

$$x_{\mathrm{m}*}=\sqrt{103.58^2-9.57^2}=103.14$$

$$Z_{\mathrm{k}*(75℃)}=\frac{Z_{\mathrm{k}(75℃)}}{Z_{\mathrm{lb}}}=\frac{31.535}{225.3}=0.14$$

$$r_{\mathrm{k}*(75℃)}=\frac{r_{\mathrm{k}(75℃)}}{Z_{\mathrm{lb}}}=\frac{1.5}{225.3}=0.006\ 7$$

$$x_{\mathrm{k}*}=\sqrt{0.14^2-0.006\ 7^2}=0.139\ 8$$

高、低压侧漏阻抗标幺值为

$$r_{1*}=r'_{2*}=\frac{r_{\mathrm{k}*}}{2}=\frac{0.006\ 7}{2}=0.003\ 35$$

$$x_{1*}=x'_{2*}=\frac{x_{\mathrm{k}*}}{2}=\frac{0.139\ 8}{2}=0.069\ 9$$

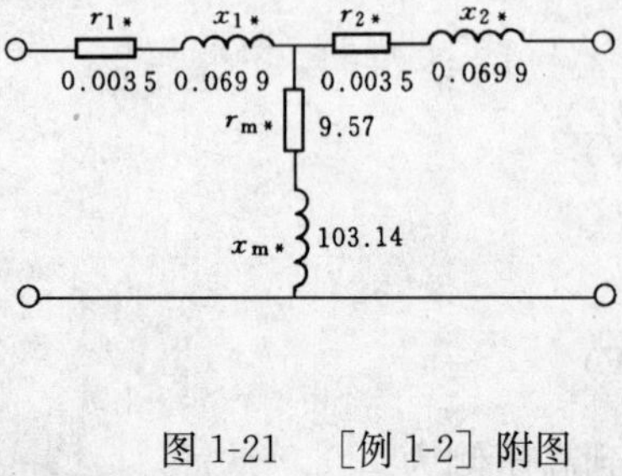

（3）用标幺值表示的 T 形等值电路，如图 1-21 所示。

（4）阻抗电压及其两个分量为

$$u_{\mathrm{k}}=\frac{I_{1\mathrm{Nph}}Z_{\mathrm{k}(75℃)}}{U_{1\mathrm{Nph}}}\times100\%=\frac{620.3\times31.535}{139\ 722.9}\times100\%=14\%$$

图 1-21　[例 1-2] 附图

$$u_{\mathrm{kr}}=\frac{I_{1\mathrm{Nph}}r_{\mathrm{k}(75℃)}}{U_{1\mathrm{Nph}}}\times100\%=\frac{620.3\times1.5}{139\ 722.9}\times100\%=0.67\%$$

$$u_{kx}=\frac{I_{1Nph}x_{k(75℃)}}{U_{1Nph}}\times100\%=\frac{620.3\times31.5}{139\,722.9}\times100\%=13.98\%$$

（5）三相额定负载损耗。

$$p_{kN}=3I_{1Nph}^2r_{k(75℃)}=3\times620.3^2\times1.5=1731.53\ (kW)$$

课 题 四　运行特性

变压器带负载运行时，主要的性能有两个：一是二次侧电压随负载变化的关系即外特性，二是效率随负载变化的关系即效率特性。外特性通常用电压变化率来表示二次侧电压的变化程度，反映变压器供电电压的质量指标；效率特性则用效率来反映变压器运行时的经济指标。现分别说明这两个运行性能指标。

一、电压变化率

电压变化率是指当变压器的一次侧接在额定频率和额定电压的电源时，二次侧额定电压与二次侧带负载时的实际电压之差的标幺值，用 ΔU 表示，即

$$\Delta U=\frac{U_{2N}-U_2}{U_{2N}}=1-U_{2*} \tag{1-36}$$

工程上采用的计算公式，可由变压器简化相量图导出

$$\Delta U=\beta\,(r_{k*}\cos\varphi_2+X_{k*}\sin\varphi_2) \tag{1-37}$$

若求额定负载时的电压变化率，可令式（1-37）中 $\beta=1$。

式（1-37）说明，变压器的电压变化率，与变压器漏阻抗的标幺值的大小、负载的大小及负载的性质有关。当变压器带感性负载时，φ_2 为正值，ΔU 为正值，说明二次侧实际电压 U_2 低于二次侧额定电压 U_{2N}；当变压器带容性负载时，φ_2 为负值，$\sin\varphi_2$ 为负值，当 $|X_{k*}\sin\varphi_2|>r_{k*}\cos\varphi_2$ 时，ΔU 为负值，此时二次侧实际电压 U_2 高于二次侧额定电压 U_{2N}。

由上述分析可知，变压器在运行时，二次侧电压将随负载的变化而变化。如果变化范围太大，将给用户带来不利影响，因此必须进行电压调整，一般电压变化率为 5%。电力变压器一般采用改变高压绕组匝数的办法来调节二次侧电压，称为分接头调压。高压绕组抽头，常有 ±5%～±2.5% 两种。分接开关又分为两类：一种是要在断电状态下才能操作的分接开关，称为无励磁分接开关；另一种在变压器带电时也能操作，称为有载分接开关。相应的变压器也就分为无励磁调压变压器和有载调压变压器两种。有载调压变压器由于在调压过程中无需断电，已得到了越来越广泛的应用。目前，人们正研究一种新型的无触点静止式有载调压装置，这种装置将使有载调压更为可靠、安全。

二、效率

变压器在传递功率的过程中，内部产生了铜损耗和铁损耗，致使输出功率小于输入功率。输出有功功率 P_2 与输入有功功率 P_1 之比称为变压器的效率，用 η 表示。效率一般取百分值，即

$$\eta=\frac{P_2}{P_1}\times100\%=\frac{P_2}{P_2+\Sigma p}\times100\% \tag{1-38}$$

式中　Σp——变压器内部铁损耗和铜损耗之和，即 $\Sigma p=p_{Fe}+p_{Cu}$。

式（1-38）可变换如下

$$P_2=U_2I_2\cos\varphi_2\approx U_{2N}I_2\cos\varphi_2=\beta U_{2N}I_{2N}\cos\varphi_2=\beta S_N\cos\varphi_2$$

铁损耗近似等于空载损耗，当电源电压和频率不变时，主磁通不变，铁损耗也基本不

变，故称为不变损耗，即

$$p_{Fe}=p_0$$

铜损耗随负载的大小而变化，称为可变损耗，即

$$p_{Cu}=I_1^2 r_{k(75℃)}=\beta^2 I_{1N}^2 r_{k(75℃)}=\beta^2 p_{kN}$$

将上述关系式代入式（1-38）可得

$$\eta=\frac{\beta S_N \cos\varphi_2}{\beta S_N \cos\varphi_2+p_0+\beta^2 p_{kN}}\times100\% \tag{1-39}$$

当负载功率因数 $\cos\varphi_2$ 一定时，效率与负载系数 β 有关。求变压器最大效率时的负载系数 β_0，可将式（1-39）对 β 求导，并使之等于零，即 $\frac{d\eta}{d\beta}=0$，得

$$\beta_0=\sqrt{\frac{p_0}{p_{kN}}} \tag{1-40}$$

或

$$\beta_0^2 p_{kN}=p_0$$

可见，当铜损耗（可变损耗）等于铁损耗（不变损耗）时，变压器的效率最高。

由于电力变压器不是长期运行在额定负载状况下，所以 β_0 一般取 0.5～0.6，故 $\frac{p_0}{p_{kN}}$ 值应在 $1/4\sim1/3$ 之间。可见，额定铁损耗相对额定铜损耗小，对变压器总的经济效果有利。

将式（1-40）代入式（1-38），得最大效率为

$$\eta_{max}=\frac{\beta_0 S_N \cos\varphi_2}{\beta_0 S_N \cos\varphi_2+2p_0}\times100\% \tag{1-41}$$

【例 1-3】 按［例 1-2］，试求：

（1）该变压器带 208 000kVA 负载，且 $\cos\varphi_2=0.8$（滞后）时的电压变化率 ΔU 和效率 η；

（2）额定负载且 $\cos\varphi_2=0.8$（滞后）时的电压变化率 ΔU 和效率 η；

（3）$\cos\varphi_2=0.8$（滞后）时的最大效率 η_{max}。

解 （1）$S_2=208\ 000$kVA，$\cos\varphi_2=0.8$（滞后）时的 ΔU 及 η。

$$\beta=\frac{S_2}{S_N}=\frac{208\ 000}{260\ 000}=0.8$$

$$\Delta U=\beta(r_{k*}\cos\varphi_2+x_{k*}\sin\varphi_2)=0.8\times(0.006\ 7\times0.8+0.139\ 8\times0.6)=0.071=7.1\%$$

$$\eta=\frac{\beta S_N\cos\varphi_2}{\beta S_N\cos\varphi_2+p_0+\beta^2 p_{kN}}=\frac{0.8\times260\ 000\times0.8}{0.8\times260\ 000\times0.8+232+0.8^2\times1731.53}=0.992=99.2\%$$

（2）额定负载且 $\cos\varphi_2=0.8$（滞后）时的 ΔU、η。

$$\Delta U=\beta(r_{k*}\cos\varphi_2+x_{k*}\sin\varphi_2)=1\times(0.006\ 7\times0.8+0.139\ 8\times0.6)=0.089=8.9\%$$

$$\eta=\frac{\beta S_N\cos\varphi_2}{\beta S_N\cos\varphi_2+p_0+\beta^2 p_{kN}}=\frac{260\ 000\times0.8}{260\ 000\times0.8+232+1731.53}=0.990\ 6=99.06\%$$

（3）$\cos\varphi_2=0.8$（滞后）时的最大效率。

$$\beta_0=\sqrt{\frac{p_0}{p_{kN}}}=\sqrt{\frac{232}{1731.53}}=0.366$$

$$\eta_{max}=\frac{\beta_0 S_N \cos\varphi_2}{\beta_0 S_N \cos\varphi_2 + 2p_0}=\frac{0.366\times260\,000\times0.8}{0.366\times260\,000\times0.8+2\times232}=0.994=99.4\%$$

单元小结

(1) 变压器的内部磁通，根据分布和作用的不同，分为主磁通和漏磁通。

(2) 主磁通与外施电压近似成正比（$U_1 \approx E_1 = 4.44fN\Phi_m$），即电压决定磁通。

(3) 空载电流的大小为额定电流的 $1\% \sim 10\%$，其性质基本上是感性无功，用于建立磁场，其波形为尖顶波，在分析变压器电磁关系时用等效正弦表示。

(4) 励磁阻抗和短路阻抗是变压器的重要参数。励磁阻抗受铁芯饱和程度的影响，不是常数；短路阻抗的实质是一、二次绕组漏阻抗，是常数。励磁阻抗由空载试验测定，短路阻抗由负载试验测定。

(5) 变压器二次侧负载变化时，通过二次侧磁动势的作用，一次侧磁动势及电流必然相应地发生变化，反映这一变化关系的是磁动势平衡方程式。

(6) 基本方程式、等值电路和相量图是分析变压器内部电磁关系的三种重要方法。

(7) 电压变化率反映了二次侧电压随负载变化的波动程度。效率反映了变压器运行时的经济性。

习 题

1. 试述主磁通和漏磁通两者之间的主要区别。

2. 试述空载电流的大小、性质、波形。

3. x_1、x_2、x_m 各对应于什么磁通？它们是否为常数？为什么？

4. 变压器空载时，一次侧加额定电压，一次侧电阻很小，为什么空载电流不大呢？如果一次侧施加相同数值的直流电压，一次侧电流会怎样变化？为什么？

5. 在下述四种情况下，变压器的 Φ_m、x_m、I_0、p_{Fe} 各有何变化？

(1) 电源电压增加；

(2) 一次绕组匝数增加；

(3) 铁芯接缝变大；

(4) 铁芯叠片减少。

6. 变压器中的主磁通是否随负载变化？为什么？

7. 为什么变压器一次侧电流随二次侧电流的变化而变化？

8. 空载试验时，输入的有功功率主要消耗在哪里？为什么？负载试验时，输入的有功功率主要消耗在哪里？为什么？

9. 在高、低压侧分别施加额定电压作空载试验时，各仪表读数有何差异？所计算出来的励磁阻抗实际值相差多少？

10. 在高、低压侧分别施加额定电压作负载试验时，各仪表读数有何差异？所计算出来的励磁阻抗与实际值相差多少？

11. 一台三相变压器，Yy（Y/Y）接法，$S_N=200kVA$，$U_{1N}/U_{2N}=10\,000/400V$，一次

侧接额定电压,二次侧接三相对称 Y 形接法负载,每相负载阻抗 $Z_L = 0.96 + j0.48\Omega$,变压器每相短路阻抗 $Z_k = 0.15 + j0.35\Omega$,试用简化等值电路,求该变压器负载运行时:

(1) 一、二次侧电流的实际值和标幺值;

(2) 二次侧电压的实际值和标幺值;

(3) 输入的有功功率、无功功率和视在功率;

(4) 输出的有功功率、无功功率和视在功率。

12. 一台三相变压器 $S_N = 100\text{kVA}$,$U_{1N}/U_{2N} = 6 / 0.4\text{kV}$,Yy(Y/Y)接法,室温 25℃时空载、负载试验数据见表 1-2。

表 1-2　　　　　　　　　　**习题 12 试验数据**

试验名称	线电流(A)	线电压(V)	三相功率(W)	备　注
空载试验	9.37	400	616	电源加在低压侧
负载试验	9.4	251.9	1920	电源加在低压侧

试求:

(1) 折算到高压侧的励磁阻抗的实际值、标幺值;

(2) 短路阻抗的实际值、标幺值;

(3) 作出 T 形等值电路(设 $r_1 = r'_2$,$x_1 = x'_2$);

(4) 阻抗电压及其两个分量,负载损耗;

(5) 额定负载及 $\cos\varphi_2 = 0.8$(滞后)时的 ΔU、U_2、η;

(6) $\cos\varphi_2 = 0.8$(滞后)时的最大效率 η_{max}。

第三单元　三 相 变 压 器

　　目前,电力系统均采用三相制,所以三相变压器得到广泛的应用。三相变压器可由三台单相变压器组合而成,称为三相组式变压器,还有一种三柱式铁芯变压器,称为芯式变压器。

　　前一单元分析单相变压器电磁关系的方法及有关结论,完全适用于对称运行的三相变压器,本单元不再重复。本单元讲述有关三相变压器的几个特殊问题,即三相变压器的磁路系统、三相变压器的联结组别、感应电动势的波形等。

课题一　三相变压器的磁路系统和绕组接法

一、三相变压器的磁路系统

三相变压器的磁路系统按铁芯结构形式的不同分为两种:一种是组式变压器磁路,另一种是芯式变压器磁路。

组式变压器磁路由三台单相变压器铁芯组合而成,其特点是每相磁路独立,互不关联,如图 1-22 所示。

三相芯式变压器磁路是由三个单相铁芯演变而成。将三个单相铁芯合并成图 1-23(a)所示的结构,通过中间铁芯柱的是三相磁通,由于三相对称,其相量和为零,因此可省去中间铁芯柱,形成图 1-23(b)所示的形状,再将三个芯柱安排在同一平面上,如图 1-23(c)

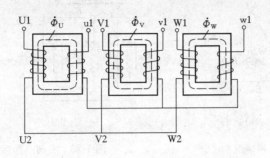

图 1-22 三相组式变压器磁路

所示，这就是三相芯式变压器磁路。

三相芯式变压器的磁路特点是各相磁路彼此关联，每相磁通都要通过另外两相闭合。

目前应用较广泛的是三相芯式变压器，因为它具有消耗材料少、效率高、占地面积小、维护简单等优点。

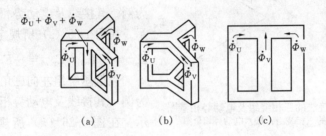

图 1-23 三相芯式变压器磁路

（a）三个单相铁芯的合并；（b）取去中间铁柱；（c）三相芯式铁芯

二、三相变压器的电路系统

三相变压器的一、二次侧三相绕组，主要有星形和三角形两种接法。三相绕组联结法及端头标记见表 1-3。

表 1-3 三相电力变压器的绕组联结及端头标记

绕组名称	端 头 标 记		联 结 法		星形联结有中性线引出时
	首 端	尾 端	星 形	三角形	
高压绕组	U1 V1 W1	U2 V2 W2	Y	D	YN
低压绕组	u1 v1 w1	u2 v2 w2	y	d	yn

1. 星形联结

以高压绕组星形联结（Y 联结）为例，其接线及电动势相量图如图 1-24 所示。在图 1-24 （a）所规定的正方向下，有 $\dot{E}_{U1V1} = \dot{E}_{U1} - \dot{E}_{V1}$，$\dot{E}_{V1W1} = \dot{E}_{V1} - \dot{E}_{W1}$，$\dot{E}_{W1U1} = \dot{E}_{W1} - \dot{E}_{U1}$。

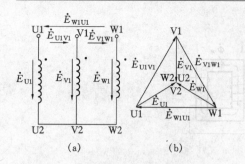

图 1-24 Y 形接法的三相绕组
及电动势相量图
(a) Y 形接法的三相绕组；(b) 电动势相量图

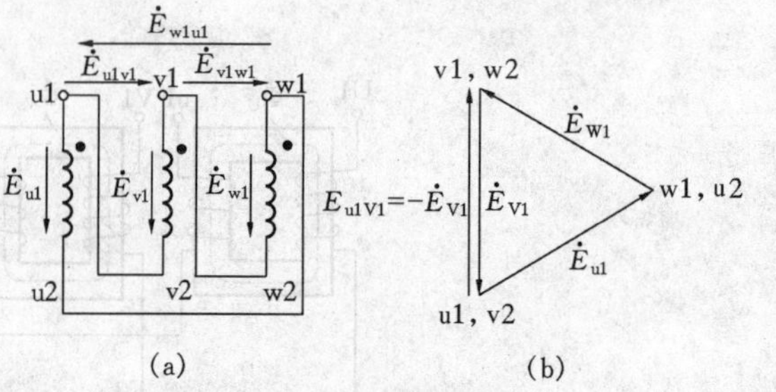

图 1-25 右向△形接法的三相绕组
及电动势相量图
(a) 右向△形接法的三相绕组；(b) 电动势相量图

2. 三角形联结

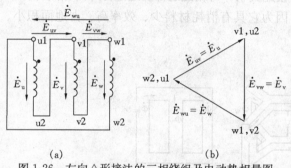

图 1-26 左向△形接法的三相绕组及电动势相量图
(a) 左向△形接法的三相绕组；(b) 电动势相量图

有 $\dot{E}_{u1v1}=\dot{E}_{u1}$，$\dot{E}_{v1w1}=\dot{E}_{v1}$，$\dot{E}_{w1u1}=\dot{E}_{w1}$。

三角形联结有两种方法，一种右向三角形联结，另一种是左向三角形联结。

以低压绕组右向三角形联结（d 联结）为例，其接线及电动势相量图如图 1-25 所示。在图 1-25 (a) 所规定的正方向下，有 $\dot{E}_{u1v1}=-\dot{E}_{v1}$，$\dot{E}_{v1w1}=-\dot{E}_{w1}$，$\dot{E}_{w1u1}=-\dot{E}_{u1}$。

以低压绕组左向三角形联结（d 联结）为例，其接线及电动势相量图如图 1-26 所示。在图 1-26 (a) 所规定的正方向下，

课题二 三相变压器的联结组别

变压器不但能改变电压（电动势）数值，还能使高、低压侧的电压（电动势）之间具有不同的相位关系。所谓变压器的联结组，就是把高、低压绕组的联结法以及高、低压侧电压之间的相位关系，用符号表示出来。

一、单相绕组的极性

对于三相变压器的任意一相（或单相变压器），其高低压绕组交链同一磁通感应电动势时，高压绕组的某一端头的电位若为正（高电位），低压绕组必有一个端头的电位也为正（高电位），这两个具有正极性或另两个具有负极性的端头，称为同极性端或同名端，用符号"·"表示。

如图 1-27 (a) 所示的单相绕组，高、低压绕组绕向相同。当 $\dfrac{\mathrm{d}\phi}{\mathrm{d}t}<0$ 瞬间，根据楞次定律可判定两个绕组感应电动势的实际方向，均由绕组上端指向下端，在此瞬间，两个绕组的上端均为负电位，即为同极性端，通常用"·"标出一对同极性端即可。同理，当 $\dfrac{\mathrm{d}\phi}{\mathrm{d}t}>0$ 瞬间，两绕组的同极性端关系仍然没有改变。

用同样的方法分析，如果两绕组绕向不同，同极性端的标记就要改变，如图 1-27 (b) 所示。可见，单相绕组的极性与绕组的绕向有关。

二、单相变压器的联结组

首先，分别用首末端标记高、低压绕组出线端；高压绕组首端记为 U1，尾端记为 U2；低压组首端记为 u1，尾端记为 u2。

其次，统一高、低压绕组相电动势的正方向：从首端指向尾端，即高压绕组相电动势正方向为 $\dot{E}_{U1U2}$（简写为 $\dot{E}_U$），低压绕组相电动势正方向为 $\dot{E}_{u1u2}$（简写为 $\dot{E}_u$），如图 1-28 所示。

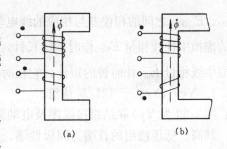

图 1-27 单相绕组的极性
(a) 高、低压绕组绕向相同；
(b) 高、低压绕组绕向相反

根据前面所述，可以确定高、低压绕组相电动势之间只有两种相位关系：

(1) 高、低压绕组首端 U1 与 u1 为同极性端，相电动势 $\dot{E}_U$ 与 $\dot{E}_u$ 相位相同；

(2) 高、低压绕组首端 U1 与 u1 为异极性端，相电动势 $\dot{E}_U$ 与 $\dot{E}_u$ 相位相反。

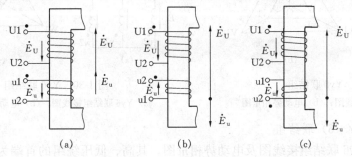

图 1-28 单相变压器高、低压相电动势的相位关系

(a) 高、低压绕组的绕向相同，端头标志相同；(b) 绕向相同，端头标志相反；(c) 绕向相反，端头标志相同

对上述的相位问题，常用"联结组"这一表示方法来表明高、低压绕组的联结法及其电动势相位关系，其表示方法如下：

单相变压器高、低压绕组联结用 II 表示。根据国际电工（IEC）标准，其组别标号用时钟的点数表示，其含义是把高压绕组相电动势 $\dot{E}_U$ 及低压绕组相电动势 $\dot{E}_u$，形象地分别看成为时钟上的长针和短针，并且令高压绕组相电动势 $\dot{E}_U$ 指着时钟盘面上的数字"12"，那么低压绕组相电动势 $\dot{E}_u$ 指向时钟的数字，即为组别号。

图 1-28（a）所示中的单相变压器，其联结组为 II 0（I/ I—12），图 1-28（b）、（c）所示的联结组为 II 6（I/ I—6）。单相变压器的标准联结组为 II 0（I/ I—12）。

三、三相变压器的联结组

对于三相变压器，需要判定的是高、低压绕组对应线电动势之间的相位关系，所以三相变压器的联结组由高、低压绕组联结法及代表对应线电动势相位关系的组别号这两部分组成。

高、低压绕组的联结法（星形或三角形）不同，对应线电动势的相位差也不一样，但总是 30° 的整数倍，因此国际电工（IEC）标准仍采用时钟法来表示高、低压绕组线电动势之间的相位关系。其方法是：将三相变压器高、低压侧绕组的电动势相量图画在一起，并将高、低压侧线电动势相量图的三角形重心重合；由于高、低压侧各自的虚拟中性线相量（如

$\dot{E}_{U1O}$、$\dot{E}_{u1O}$）之间的相位差与相应的线电动势（$\dot{E}_{U1V1}$、$\dot{E}_{u1v1}$）之间的相位差相等，故把高压侧的虚拟中性线相量 $\dot{E}_{U1O}$ 作时钟的长针，固定指向时钟盘面上的数字"12"，对应低压侧的虚拟中线相量 $\dot{E}_{u1O}$ 作时钟的短针，它在时钟盘面上所指的数字即为联结组的组别号。

1. Yy0（Y/Y－12）联结组

图 1-29 为 Yy0 联结组接线图及电动势相量图。

其高、低压绕组的首端为同极性端，故相同铁芯柱的高、低压绕组相电动势同相位，对应的线电动势 $\dot{E}_{U1V1}$、$\dot{E}_{u1v1}$ 也同相位，则 $\dot{E}_{U1O}$ 与 $\dot{E}_{u1O}$ 也同相位。其联结组别应为 Yy0。

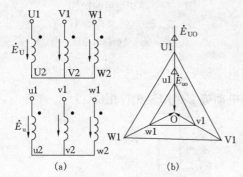

图 1-29　Yy0 联结组

（a）Yy0 联结组接线图；（b）电动势相量图

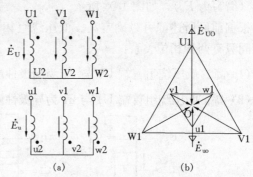

图 1-30　Yy6 联结组

（a）Yy6 联结组接线图；（b）电动势相量图

2. Yy6（Y/Y－6）联结组

图 1-30 为 Yy6 联结组接线图及电动势相量图。其高、低压绕组的首端为异极性端，故相同铁芯柱的高、低压绕组的相电动势反相。对应的线电动势 $\dot{E}_{U1V1}$ 与 $\dot{E}_{u1v1}$ 也反相，则 $\dot{E}_{U1O}$ 与 $\dot{E}_{u1O}$ 也反相。其联结组别应为 Yy6。

在正相序下改变低压绕组端头标记，除上述组别"0"和"6"外，还可得到 2、4、8、10 四个偶数组别号。

3. Yd11（Y/△－11）联结组

图 1-31 的低压绕组为右向三角形联结，高、低压绕组首端为同极性端，因此高、低压绕组相电动势同相位。此时 $\dot{E}_{u1O}$ 滞后 $\dot{E}_{U1O}$ 330°，可确定为 Yd11。

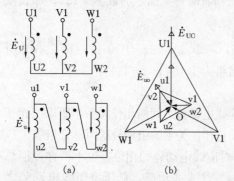

图 1-31　Yd11 联结组

（a）Yd11 联结组接线图；（b）电动势相量图

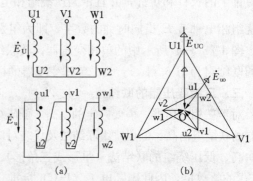

图 1-32　Yd1 联结组

（a）Yd1 联结组接线图；（b）电动势相量图

4. Yd1（Y/△-1）联结组

图 1-32 的低压绕组为左向三角形联结，高、低压绕组首端为同极性端，因此高、低压绕组相电动势同相位。此时 $\dot{E}_{u1O}$ 滞后 $\dot{E}_{U1O}$ 30°，可确定为 Yd1。

改变低压绕组为右向或左向三角形联结，或在正相序下改变低压绕组端头标记，还可得到 3、5、7、9 四个奇数组别号。

国家标准（同 IEC）规定，同一铁芯柱上的高、低压绕组为同一相绕组，并采用相同的字母符号为端头标记。电力变压器的联结组有 Yd11、YNd11、Yyn0、YNy0、Yy0 五种。其适用范围如下：

Yd11 用在低压侧电压超过 400V，高压侧电压在 35kV 以下，容量在 5600kVA 以下。

YNd11 用在高压侧需要将中性点接地，电压一般在 35～110kV 及以上。

Yyn0 用在低压侧为 400V 的配电变压器中，供给三相负载和单相照明负载，高压侧额定电压不超过 35kV。这种联结的变压器最大容量为 1800kVA。

YNy0 用在高压侧中性点需要接地的场合。

Yy0 用在只供三相动力负载的场合。

课题三　三相变压器绕组联结方式及铁芯结构形式对电动势波形的影响

分析单相变压器空载运行时，曾经指出，当外施电压 u_1 为正弦波时，与之相平衡的电动势 e_1 以及感应该电动势的主磁通 ϕ 也应是正弦波，由于变压器铁芯的饱和现象，磁通和励磁电流之间具有非线性关系，故空载电流必定为尖顶波，其中除基波外还含有较强的三次谐波和较弱的更高次的奇次谐波。

在三相变压器中，各相基波彼此互差 120°，空载电流的三次谐波为

$$i_{03U} = I_{03m}\sin 3\omega t$$

$$i_{03V} = I_{03m}（\sin 3\omega t - 120°） = I_{03m}\sin 3\omega t$$

$$i_{03W} = I_{03m}（\sin 3\omega t + 120°） = I_{03m}\sin 3\omega t$$

可见，三相空载电流三次谐波大小相等、相位相同。同理可知，磁通中的三次谐波磁通也是大小相等、方向相同。变压器的空载电流的波形与三相绕组的联结法（星形或三角形）有关，而铁芯中磁通的波形又与磁路的结构形式（组式或芯式变压器）有关。本单元将分析三相变压器的电动势波形与绕组联结法和磁路结构形式的关系。下面对不同情况加以分析。

一、Yy 联结的组式变压器的电动势波形

在这种接法里，空载电流中不可能有三次谐波，所以空载电流近于正弦波，利用空载电流的正弦曲线 $i_0 = f（t）$ 和铁芯磁路的磁化曲线 $\phi = f（i_0）$，可以作出主磁通曲线 $\phi = f（t）$ 为一平顶波，如图 1-33 所示。可见，平顶波的主磁通中除了基波磁通 ϕ_1 外还包含有三次谐波磁通 ϕ_3（忽略较弱的五、七次等高次谐波）。

在组式变压器中，由于各相磁路彼此独立，三次谐波磁通 ϕ_3 和基波磁通 ϕ_1 沿同一磁路闭合。铁芯的磁阻很小，三次谐波磁通较大，所以主磁通为平顶波。

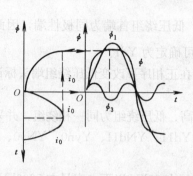

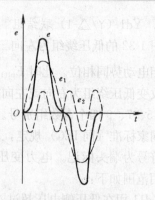

图 1-33　正弦电流产生
的主磁通波形

图 1-34　Yy 联结变压器
相电动势波形

与一、二次绕组交链的平顶波主磁通，感应电动势的波形如图 1-34 所示（注意：三次谐波磁通的频率为基波磁通频率的三倍，即 $f_3 = 3f_1$）。基波电动势 e_1 与三次谐波电动势 e_3 相叠加，得到空载时绕组的相电动势波形为尖顶波。

三次谐波电动势的幅值可达基波电动势幅值的 $45\% \sim 60\%$，甚至更大，结果使相电动势波形严重畸变，可能危害绕组的绝缘，因此，三相组式变压器不允许采用 Yy 联结。上述分析和结论也适用于 Yyn 联结的组式变压器。

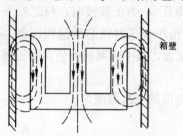

图 1-35　三相芯式变压器
中三次谐波磁通的路径

二、Yy 联结的芯式变压器的电动势波形

同理，一次侧空载电流是正弦波，但在彼此关联的芯式变压器磁路中，三次谐波磁通 ϕ_3 不能沿铁芯闭合，只能借助油和油箱壁等形成闭合回路，如图 1-35 所示。由于这时磁路的磁阻很大，使三次谐波磁通大为削弱，主磁通波形接近正弦，相电动势波形也接近正弦波。

三次谐波磁通会在油箱壁等构件中引起三倍频率的涡流损耗，致使局部发热，降低变压器的效率，所以容量大于 1800kVA 的芯式变压器，不宜采用 Yy 联结。

三、Dy 联结的变压器的电动势波形

当变压器一次绕组为三角形接法时，空载电流中的三次谐波分量可以在闭合的三角形回路中流通，所以空载电流为尖顶波，因而在铁芯中建立正弦波的主磁通，绕组中感应的相电动势波形也为正弦波。上述分析也适用于 YNy 联结的三相变压器。

四、Yd 联结的变压器的电动势波形

当变压器一次绕组为星形接法，空载电流为正弦波，铁芯中主磁通的三次谐波分量在二次侧绕组中感应出三次谐波电动势，并在二次侧三角形接法的绕组中产生三次谐波电流，如图 1-36 所示。由于一次侧没有三次谐波电流相平衡，因此二次侧三次谐波电流同样起着励磁作用。这样可以认为铁芯中的主磁通，是由一次侧正弦波的空载电流与二次侧三次谐波电流共同建立的，其效果与 Dy 联结时一样，主磁通及其在绕组中感应的相电动势波形基本上

是正弦波。

综上所述，三相变压器的一、二次绕组中只要有一侧接成三角形，就能保证感应出相电动势波形接近于正弦波。在大容量变压器中，有时专门装设有一个三角形接法的第三绕组，该绕组不接电源也不接负载，只提供三次谐波电流的通路，以防相电动势波形发生畸变。

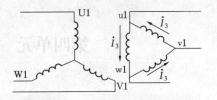

图 1-36　Yy 联结的变压器二次侧的三次谐波电流

 单元小结

(1) 三相变压器的磁路系统分为两类，一是组式变压器磁路，另一是芯式变压器磁路。前者三相磁路彼此独立，三次谐波磁通有通路，后者彼此相关，三次谐波磁通无通路。

(2) 对于单相变压器，其高、低压绕组交链同一磁通并感应电动势时，当高压绕组的某一端头的电位为正（高电位），低压绕组必有一个端头的电位也为正（高电位），这两个具有正极性或另两个具有负极性的端头，称为同极性端或同名端。如果两绕组首端为同极性端，则两绕组相电动势同相位；如果两绕组首端为异极性端，则两绕组相电动势反相位。

(3) 三相变压器的联结组，反映了高、低压三相绕组的联结法以及高、低压侧对应线电动势（线电压）之间的相位差。国家标准规定电力变压器最常用的有 Yyn0、Yd11、YNd11 三种。

(4) 空载时电动势波形受绕组联结法及铁芯结构形式两个因素的影响，高、低压绕组中只要有一个绕组联结成三角形，就能改善相电动势波形。

习　题

1. 根据图 1-37 判断联结组。

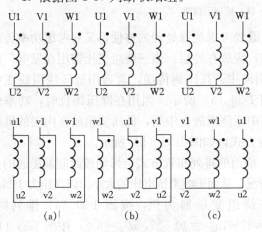

图 1-37　习题 1 附图

2. 根据联结组别画出接线图：（1）Yy2；（2）Yd5；（3）Dy1；（4）Yy8。

3. 将 Yd 接法的三相变压器，一次侧加额定电压，用电流表测量二次侧三角形绕组闭合后的回路电流，试问三相组式变压器与三相芯式变压器测得的读数是否相同？为什么？

4. 为什么三相组式变压器不允许采用 Yy0 联结？而三相芯式变压器可以采用 Yy0 联结

5. 为什么希望三相变压器有一侧绕组联结成三角形？

第四单元 电力系统中的特种变压器

在电力系统中，除了采用双绕组变压器外，还采用三绕组变压器、自耦变压器及分裂变压器。本单元将介绍上述三种变压器的工作原理及其特点。

课题一 三绕组变压器

一、应用与结构

同一发电厂或变电站可能有三种不同等级的电压，例如 10、110kV 及 220kV，此时，可用两台双绕组变压器，也可用一台三绕组变压器，把不同电压的输电系统联系起来。显然，采用三绕组变压器比较经济，因此得到了广泛的应用。

三绕组变压器每相有三个绕组，即高压绕组 1、中压绕组 2、低压绕组 3，它们同心地套装在同一铁芯柱上，其中一个绕组接电源，另外两个绕组便有两个等级的电压输出，其单相示意图如图 1-38 所示。

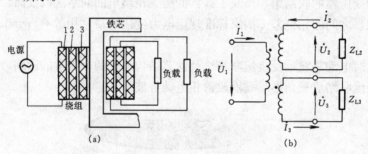

图 1-38 三绕组变压器
(a) 结构示意图；(b) 原理示意图

三个绕组在铁芯柱内、外层的排列布置，既要考虑绝缘处理的方便，又要考虑功率传递的方向。从绝缘上考虑，高压绕组不宜靠铁芯，应放在外层。当三绕组变压器用在发电厂的升压场合时，功率传递方向是由低压绕组分别向中、高压侧传递，就选用低压绕组放在中间、中压绕组放在内层的排列布置方式，如图 1-39（a）所示。当用在降压场合时，功率传递方向是由高压侧向中、低压侧传递，故采用中压绕组放在中间，低压绕组放在内层的排列布置方式，如图 1-39（b）所示。

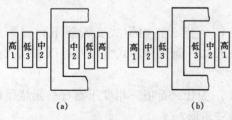

图 1-39 三绕组变压器的绕组布置图
(a) 升压变压器；(b) 降压变压器

绕组的排列布置方式会影响彼此间漏磁通的分布情况，从而影响阻抗电压的大小。以高压为 110kV 的三绕组变压器为例，按图 1-39（a）排列时，$u_{k12}=17\%$，$u_{k13}=10.5\%$，$u_{k23}=6\%$；按图 1-39（b）排列时，$u_{k12}=10.5\%$，$u_{k13}=17\%$，$u_{k23}=6\%$。

二、容量与联结组

双绕组变压器的一、二次绕组容量相等，但

是三绕组变压器各绕组的容量可以相等，也可以不相等。三绕组变压器铭牌上的额定容量，是指容量最大的那个绕组的容量。而另外两个绕组的容量，可以是额定容量，也可以小于额定容量。将额定容量作为 100，三个绕组的容量分配关系见表 1-4。

需要指出，表 1-4 中列出的各绕组容量间的分配，并不是实际功率传递时的分配比例，而是指各绕组传递功率的能力。

国家标准规定，三相三绕组变压器的标准联结组有 YNyn0d11（Y0/ Y0/△-12-11）和 YNyn0y0（Y0 / Y0 /Y-12-12）两种。

表 1-4   **三个绕组的容量分配关系**

高压绕组	中压绕组	低压绕组
100	100	100
100	50	100
100	100	50

三、变比、磁动势方程式及等值电路

1. 变比

三绕组变压器有三个变比，分别为

$$\left.\begin{aligned}
k_{12} &= \frac{N_1}{N_2} = \frac{U_{1N}}{U_{2N}} \\
k_{13} &= \frac{N_1}{N_3} = \frac{U_{1N}}{U_{3N}} \\
k_{23} &= \frac{N_2}{N_3} = \frac{U_{2N}}{U_{3N}}
\end{aligned}\right\}$$
$$\tag{1-42}$$

式中 N_1、N_2、N_3 及 U_{1N}、U_{2N}、U_{3N}——各绕组的匝数和额定相电压。

2. 磁动势方程

三绕组变压器负载运行时，磁动势方程式为

$$\dot{I}_1 N_1 + \dot{I}_2 N_2 + \dot{I}_3 N_3 = \dot{I}_0 N_1$$

由于励磁电流 $\dot{I}_0$ 很小，可忽略不计，得

$$\dot{I}_1 N_1 + \dot{I}_2 N_2 + \dot{I}_3 N_3 = 0$$

若把绕组 2 与绕组 3 分别折算到绕组 1，则磁动势方程式为

$$\dot{I}_1 + \dot{I}'_2 + \dot{I}'_3 = 0 \tag{1-43}$$

$$I'_2 = \frac{I_2}{k_{12}}, \quad I'_3 = \frac{I_3}{k_{13}}$$

式中 I'_2、I'_3——绕组 2、3 电流的折算值。

3. 等值电路

三绕组变压器简化等值电路如图 1-40 所示。图中 Z_1、Z'_2、Z'_3 中的 x_1、x'_2、x'_3 是由各绕组的自感漏电抗及绕组间的互感漏电抗合成的等值电抗。相应的 $Z_1 = r_1 + jx_1$、$Z_2' = r'_2 + jx'_2$、$Z'_3 = r'_3 + jx'_3$ 称为等值阻抗。由于与自感漏电抗和互感漏电抗对应

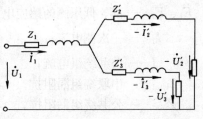

图 1-40 三绕组变压器简化等值电路

41

的自漏磁通和互漏磁通主要通过空气闭合，故等值阻抗仍为常数。

课题二　　自耦变压器

一、结构特点

一次侧和二次侧共用一个绕组的变压器称为自耦变压器。图 1-41 为单相自耦变压器的结构示意图和原理接线图。

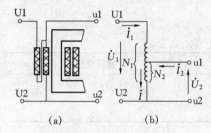

图 1-41　自耦变压器

（a）结构示意图；（b）原理接线图

从结构上看，自耦变压器每相铁芯柱上套着两个同心绕组，里面的绕组为 u1u2，外面的绕组为 U1u1，两绕组绕向一致，并且相互串联，出线端 U2 与 u2 由同一点引出。可见，U1u1 绕组匝数为 N_1，称为高压绕组；u1u2 绕组匝数为 N_2，称为低压绕组。u1u2 绕组既是二次绕组又是一次绕组的一部分，又称公共绕组；U1u1 绕组匝数为 N_1-N_2，称为串联绕组。下面以降压自耦变压器为例进行分析。

二、基本电磁关系

1. 电压关系

当高压绕组 U1U2 两端加电源电压 U_1，若忽略漏阻抗压降，则低压侧电压为

$$U_2 = \frac{U_1}{N_1} N_2 = \frac{U_1}{k_a} \tag{1-44}$$

$$k_a = \frac{N_1}{N_2} = \frac{U_1}{U_2}$$

式中　k_a——自耦变压器的变比。

根据对双绕组变压器分析的结果，按图 1-41 选定的正方向，可写出自耦变压器高、低压侧的电动势平衡方程式。高压侧电动势平衡方程式为

$$\dot{U}_1 = -\dot{E}_1 + \dot{I}_1 Z_{U1u1} + \dot{I} Z_{u1u2} \tag{1-45}$$

低压侧电动势平衡方程为

$$\dot{U}_2 = \dot{E}_2 - \dot{I} Z_{u1u2} \tag{1-46}$$

$$Z_{U1u1} = r_{U1u1} + j\, x_{U1u1}$$

$$Z_{u1u2} = r_{u1u2} + j\, x_{u1u2}$$

式中　$\dot{U}_1$、$\dot{U}_2$——高、低压侧电压；

　　　$\dot{E}_1$、$\dot{E}_2$——高、低压侧的感应电动势；

　　　　$\dot{I}_1$——一次侧电流；

　　　　$\dot{I}$——公共绕组电流；

　　　Z_{U1u1}——串联绕组漏阻抗；

　　　Z_{u1u2}——公共绕组漏阻抗。

2. 电流关系

在忽略空载电流的情况下，根据磁动势平衡关系，有

$$\dot{I}_1 N_1 + \dot{I}_2 N_2 = 0$$

或

$$\dot{I}_1 = -\frac{N_2}{N_1}\dot{I}_2 = -\frac{1}{k_a}\dot{I}_2 \tag{1-47}$$

公共绕组 u1u2 中的电流为

$$\dot{I} = \dot{I}_1 + \dot{I}_2 = \left(-\frac{1}{k_a}\dot{I}_2\right) + \dot{I}_2 = \left(1-\frac{1}{k_a}\right)\dot{I}_2 \tag{1-48}$$

由式（1-47）所示，$\dot{I}_1$ 与 $\dot{I}_2$ 相位总是相差 $180°$，又由式（1-48）可知 $\dot{I}$ 与 $\dot{I}_2$ 相位总是相同的，因此 $\dot{I}_1$、$\dot{I}_2$ 和 $\dot{I}$ 的大小关系为

$$I_2 = I_1 + I \tag{1-49}$$

由式（1-49）说明，自耦变压器的输出电流 $\dot{I}_2$ 由两部分组成，其中串联绕组 U1u1 流过的电流 $\dot{I}_1$ 是由于高、低压绕组之间有电的联系，从高压侧直接流入低压侧的，公共绕组 u1u2 流过的电流 $\dot{I}$ 是通过电磁感应作用传递到低压侧的。

3. 容量关系

在分析容量关系时，首先要明确自耦变压器的容量 S_N（也称铭牌容量）指的是自耦变压器的输入容量，也等于自耦变压器的输出容量，其额定值 $S_N = U_{1N} I_{1N} = U_{2N} I_{2N}$。其次要明确自耦变压器的绕组容量（也称电磁容量），指的是公共绕组或串联绕组的电压与电流的乘积。

对于双绕组变压器，其容量等于绕组容量。但自耦变压器，绕组容量小于变压器容量。原因分析如下：

额定负载运行时，自耦变压器额定传输的容量为

$$S_N = U_{1N} I_{1N} = U_{2N} I_{2N} \tag{1-50}$$

串联绕组（$U_1 u_1$ 绕组）的容量为

$$S_{U1u1} = U_{U1u1} I_{1N} = \frac{N_1 - N_2}{N_1} U_{1N} I_{1N} = \left(1-\frac{1}{k_a}\right)S_N \tag{1-51}$$

公共绕组（$u_1 u_2$ 绕组）的容量为

$$S_{u1u2} = U_{u1u2} I = U_{2N} I_{2N}\left(1-\frac{1}{k_a}\right) = \left(1-\frac{1}{k_a}\right)S_N \tag{1-52}$$

式（1-51）和式（1-52）表明，串联绕组 U1u1 与公共绕组 u1u2 的绕组容量相等，均为自耦变压器传输容量的 $\left(1-\dfrac{1}{k_a}\right)$ 倍。由于自耦变压器变比 $k_a > 1$，则 $\left(1-\dfrac{1}{k_a}\right) < 1$，因此，自耦变压器绕组容量小于额定容量。

此外，根据式（1-49），低压侧输出容量可表示为

$$S_2 = U_2 I_2 = U_2(I_1 + I) = U_2 I_1 + U_2 I \tag{1-53}$$

由此可见，输出容量由两部分组成：一部分为电磁容量 $U_2 I$，即公共绕组 u1u2 的绕组容量，它通过电磁感应作用传递给负载；另一部分为传导容量 $U_2 I_1$，它通过电的直接联系传导给负载。

自耦变压器的绕组容量决定了变压器的主要尺寸和材料消耗，是变压器设计的依据，又称计算容量。传导容量的存在，因不需要增加变压器的计算容量，所以自耦变压器比双绕组

变压器有其优越性。由于绕组容量仅是额定容量的 $\left(1-\dfrac{1}{k_a}\right)$ 倍。当 k_a 越接近 1 时，

$\left(1-\dfrac{1}{k_a}\right)$ 越小，即计算容量越小，这一优点就越突出。因此 k_a 一般在 $1.5 \sim 2$ 范围内。

三、自耦变压器简化等值电路

将式（1-46）乘以变比 k_a，得

$$k_a \dot{U}_2 = k_a \dot{E}_2 - k_a \dot{I} Z_{u1u2}$$

或 $k_a \dot{U}_2 = k_a \dot{E}_2 - k_a \left(\dot{I}_1 - \dot{I}_1 k_a \right) Z_{u1u2} = k_a \dot{E}_2 - k_a \left(1-k_a \right) \dot{I}_1 Z_{u1u2}$

设 $\dot{U}'_2 = k_a \dot{U}_2$，$\dot{E}'_2 = \dot{E}_1 = k_a \dot{E}_2$，则有

$$\dot{U}'_2 = \dot{E}'_2 - k_a \left(1-k_a \right) \dot{I}_1 Z_{u1u2}$$

或 $\qquad\qquad \dot{E}_1 = \dot{E}'_2 = \dot{U}'_2 + k_a \left(1-k_a \right) \dot{I}_1 Z_{u1u2}$ \hfill (1-54)

将式（1-54）代入式（1-45）整理后得

$$\dot{U}_1 = -\dot{U}'_2 + \dot{I}_1 \left[Z_{U1u1} + (k_a-1)^2 Z_{u1u2} \right] = -\dot{U}'_2 + \dot{I}_1 Z_k \tag{1-55}$$

$$Z_k = Z_{U1u1} + (k_a-1)^2 Z_{u1u2}$$

式中　　Z_k——自耦变压器的短路阻抗。

根据式（1-55）可作出自耦变压器简化等值电路，如图 1-42 所示。

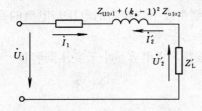

图 1-42　自耦变压器简化等值电路

四、自耦变压器的优、缺点

自耦变压器与双绕组变压器比较，具有以下优点：

（1）自耦变压器的绕组容量小于额定容量，在额定容量相等的情况下，自耦变压器体积小、质量轻、节省材料、成本较低。

（2）所用有效材料（硅钢片和铜材）减少，使铜损耗、铁损耗相应减少，效率较高。

（3）体积小，方便运输和安装。

自耦变压器的主要缺点是：

（1）自耦变压器高、低压侧有电的联系，高压侧发生故障会直接殃及低压侧，为此，自耦变压器的运行方式、继电保护及过电压保护装置等，都比双绕组变压器复杂。

（2）自耦变压器的短路阻抗比同容量的双绕组变压器小，其短路电流较大，需采用相应的限制和保护措施。

课题三　分裂变压器

一、结构特点

分裂变压器（又称分裂绕组变压器），分裂变压器通常将一个或几个绕组（一般是低压绕组）分裂成额定容量相等的几个部分，形成几个支路（每一部分形成一个支路），这几个支路间没有电的联系。分裂出来的各支路，额定电压可以相同也可以不相同，可以单独运行也可以同时运行，可以在同容量下运行也可以在不同容量下运行。当分裂变压器各支路的额定电压相同时，还可以并联运行。

图 1-43 为三相双绕组分裂变压器示意图，其中图 1-43（a）为原理接线图，图 1-43（b）

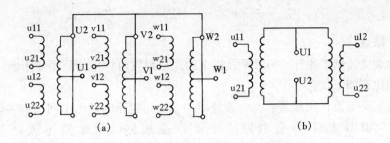

图 1-43 三相双绕组分裂变压器

(a) 原理接线图；(b) 单相接线图

为单相接线图。在图 1-43（b）中，高压绕组 U1U2 为不分裂绕组，由两部分组成；低压绕组u11u21和u12u22，为分裂出来的两个支路。

二、分裂变压器的运行方式和特殊参数

（1）分裂运行。两个低压分裂绕组运行，低压绕组间有穿越功率，高压绕组不运行，高、低压绕组间无穿越功率。在这种运行方式下，两个低压分裂绕组间的阻抗称为分裂阻抗，用 Z_f 表示。

（2）并联运行。两个低压绕组并联，高、低压绕组运行，高、低压绕组间有穿越功率。在这种运行方式下，高、低压绕组间的阻抗称为穿越阻抗，用 Z_c 表示。显然，穿越阻抗相当于普通双绕组变压器的短路阻抗。

（3）单独运行。任一低压绕组开路，另一个低压绕组和高压绕组运行。在此运行方式下，高、低压绕组间的阻抗称为半穿越阻抗。

（4）分裂系数。分裂阻抗与穿越阻抗之比称为分裂系数，用 k_f 表示，即

$$k_f = \frac{Z_f}{Z_c} \tag{1-56}$$

分裂变压器的设计原则是：分裂绕组每一支路与高压绕组之间的短路阻抗相等；分裂绕组之间的分裂阻抗具有较大的值；分裂系数一般为 3～4。

三、等值电路

以图 1-43 所示的分裂变压器为例，分析其一相的简化等值电路。

该分裂变压器每相有三个绕组，一个不分裂的高压绕组，两个相同的低压分裂绕组，对照三绕组变压器可得到其等值电路如图 1-44 所示。图中各支路阻抗分别用 Z_{U1}、Z_{u11}、Z_{u12} 表示。由于 u11、u12 之间的阻抗就是分裂阻抗，即 $Z_{u11} + Z_{u12} = Z_f$。且分裂

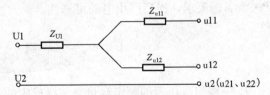

图 1-44 分裂变压器简化等值电路图

绕组在布置上是对称的，所以 $Z_{u11} = Z_{u12}$，结合式（1-56），有

$$Z_{u11} = Z_{u12} = \frac{1}{2}Z_f = \frac{1}{2}k_f Z_c \tag{1-57}$$

u11、u12两点并联后与 U1 点之间的阻抗就是穿越阻抗，即 $Z_c = Z_{U1} + Z_{u11}//Z_{u12}$，考虑到式(1-57),有

$$Z_{U1} = Z_c - \frac{Z_{u11}}{2} = Z_c - \frac{1}{4} k_f Z_c = \left(1 - \frac{1}{4} k_f\right) Z_c \tag{1-58}$$

四、优、缺点

目前，分裂变压器多用作 200MW 及以上的大机组发电厂中的厂用变压器，它与普通双绕组变压器相比有如下优点。

（1）限制短路电流作用显著。当分裂绕组一个支路短路时，由电网供给的短路电流经过的阻抗较大。如图 1-44 等值电路，设 u 11 端短路，则短路电流经过的阻抗为 $Z_{U1} + Z_{u11} = \left(1 - \frac{1}{4} k_f\right) Z_c + \frac{1}{2} k_f Z_c = \left(1 + \frac{1}{4} k_f\right) Z_c$，比穿越阻抗大 $\frac{1}{4} k_f Z_c$，即比普通变压器的短路阻抗大，能有效限制短路电流。

此外，当一条支路短路时，由另一支路供给短路点的反馈电流会小很多，这是因为此时电流流经的是较大的分裂阻抗。

（2）对电动机起动条件有所改善。分裂变压器的穿越阻抗比同容量的双绕组变压器的短路阻抗小一些，流过电动机起动电流时，变压器的电压降要小些，容许的电动机起动容量要大些。

（3）当分裂绕组的一个支路短路时，另一支路的母线电压降低很小，即残压较高，从而提高了供电的可靠性。

分裂变压器的主要缺点是制造比较复杂、价格较贵。

单元小结

（1）三绕组变压器适用于电网需要三个电压等级的场合，其工作原理与双绕组变压器相同。三绕组变压器内部的磁场分布比双绕组变压器复杂，其等值电路中的等值电抗与自漏磁通和互漏磁通相对应，为一常数。

（2）自耦变压器的特点在于一、二次绕组之间不但有磁的耦合，还有电的联系，因此在功率的传递过程中，有一部分功率是通过电的联系直接传递的，这使自耦变压器与同容量的双绕组变压器相比，其绕组容量小，从而节省材料、降低损耗。

（3）分裂变压器由于结构上的特点，使分裂绕组两个支路之间有较大的分裂阻抗，用它作为厂用变压器时，可减小厂用系统短路故障时的短路电流，提高残压，从而降低对母线、开关设备的要求，提高厂用电的可靠性。

习 题

1. 三绕组变压器的额定容量是怎样确定的？三个绕组的容量有哪几种分配方式？

2. 三绕组变压器多用于什么场合？画出三绕组变压器简化等值电路，指出各电抗的物理意义。

3. 自耦变压器的额定容量为什么比双绕组容量大，两者之间的数量关系如何？自耦变压器的 k_a 一般为多少？为什么？

4. 画出自耦变压器简化等值电路，写出短路阻抗 Z_k 的表达式？并说出自耦变压器的优缺点。

5. 什么叫分裂变压器？在什么场合使用？有什么优点？

6. 一台双绕组单相变压器 $S_N＝3kVA$，230/115V，现改接为降压自耦变压器使用，接成 345/115V 时，试求一、二次侧额定电流 I_{1N}、I_{2N}，公共绕组的额定电流 I_N，自耦变压器的额定容量、电磁容量及传导容量各为多少？

第五单元 变 压 器 的 运 行

本单元主要分析变压器并联运行及突然短路、空载投入、变压器的不对称运行等问题。

变压器并联运行主要介绍并联运行的理想情况和条件，分析不满足条件时的并联运行情况。

突然短路、空载投入、变压器的不对称运行属于特殊运行状态，要求了解一般的概念与结论。

课 题 一　变压器的并联运行

并联运行是指将两台或多台变压器的一、二次侧分别接到公共的母线上，同时向负载供电的运行方式。图 1-45 （a）是两台三相变压器并联运行的接线图，图 1-45 （b）是简化表示的单线图。

并联运行有以下优点：

（1）提高供电可靠性。多台变压器并联运行时，当其中一台发生故障或需要检修时，另几台变压器仍可照常供电。

（2）减少能量损耗。可根据负载的大小变化，调整投入并联运行的变压器的台数，以减少能量损耗，提高运行效率，保证经济运行。

（3）减少备用容量。可随着用电量的增加，分批安装变压器，减少了初次投资。

一、并联运行的条件

变压器并联运行的理想情况是：空载时，各台变压器仅有一次侧空载电流，一、二次绕组回路中没有环流；负载时，各变压器的负载分配与各自的额定容量成正比，使变压器设备容量能得到充分利用；负载时，各台变压器的负载电流同相位，这样在总的负载电流一定时，各变压器分担的电流最小。

要达到上述理想情况，并联运行的变压器必须具备以下三个条件：

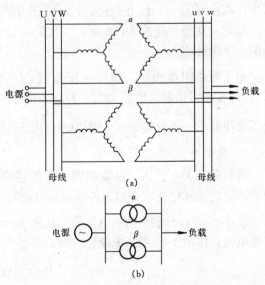

图 1-45　变压器的并联运行

（a）三相变压器并联运行接线图；（b）单线图

47

（1）各变压器的一次侧和二次侧额定电压应分别相同，即各变压器变比应相等。

（2）各变压器的阻抗电压标幺值应相等，短路阻抗角应相等。

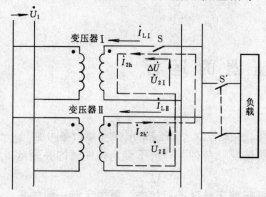

图 1-46　变比不等时的并联运行

（3）各变压器的一、二次侧线电压的相位差应相同，即各变压器联结组别相同。

上述三个条件中，第一条和第二条不可能绝对相等，一般规定变压器变比的偏差不得超过±0.5%，短路阻抗标幺值相差不得大于±10%。下面将分析若不符合某一并联条件时的不良后果。以两台单相变压器并联运行来说明，其结论可推广到三相变压器。

二、变比不等时的并联运行

两台单相变压器的变比不等，$k_I < k_{II}$，如图 1-46 所示，图中标出了有关物理量的正方向。

1. 空载时

将负载开关 S′ 及二次侧回路开关 S 断开，两台变压器的一次侧施加同一电压 $\dot{U}_1$，由于 $k_I < k_{II}$，以致两台变压器的二次侧电压不等，且 $\dot{U}_{2I} > \dot{U}_{2II}$，二次侧回路中出现了差额电压 $\Delta\dot{U}$，即

$$\Delta\dot{U} = \dot{U}_{2I} - \dot{U}_{2II} = \left(-\frac{\dot{U}_1}{k_I}\right) - \left(-\frac{\dot{U}_1}{k_{II}}\right) \tag{1-59}$$

此时，若将二次侧回路开关 S 合上，使两台变压器并联空载运行，作用在二次侧回路的电压差 $\Delta\dot{U}$ 将在二次侧回路中产生环流 $\dot{I}_{2h}$，如图 1-46 中虚线所示。$\dot{I}_{2h}$ 的计算式为

$$\dot{I}_{2h} = \frac{\Delta\dot{U}}{Z_{kI} + Z_{kII}} \tag{1-60}$$

式中　Z_{kI}、Z_{kII}——I、II 变压器折算到二次侧的短路阻抗。

根据磁动势平衡关系，此时，一次侧不仅有空载电流，还会增加一个与二次侧环流相平衡的一次侧环流。

由于短路阻抗很小，即使电压差值 $\Delta\dot{U}$ 不大，也会产生很大的环流。变比如果相差 1%，环流即可达额定值的 10%。环流不同于负荷电流，在没有带负荷时，便已存在，它占据了变压器的一部分容量，一般 $\Delta k = \dfrac{k_I - k_{II}}{\sqrt{k_I k_{II}}}$ 不应大于 0.5%。

2. 负载时

将负载开关 S′ 投入，并联的两台变压器带上负载。这时，环流叠加在负荷电流上，每台变压器的实际电流，分别为各自负荷电流与环流的合成。

设 $\dot{I}_{2I}$、$\dot{I}_{2II}$ 分别为两台变压器二次侧实际电流，$\dot{I}_{LI}$ 和 $\dot{I}_{LII}$ 分别为两台变压器二次侧的负载电流，按图 1-46 所示电流正方向，可得

$$\left.\begin{aligned}\dot{I}_{2I} &= \dot{I}_{LI} + \dot{I}_{2h}\\ \dot{I}_{2II} &= \dot{I}_{LII} - \dot{I}_{2h}\end{aligned}\right\} \tag{1-61}$$

由式（1-61）可知，变比小的第 I 台变压器电流大，变比大的第 II 台变压器电流小；若

变压器Ⅰ满载，则变压器Ⅱ达不到满载。

综上所述，变压器变比不等而并联运行，空载时，一、二次侧回路会产生环流，增加了附加损耗。负载时，环流的存在，使变比小的变压器电流大，可能过载；变比大的变压器电流小，可能欠载，这就限制了变压器的输出功率。为此，当变比稍有不同的变压器如需并联运行时，容量大的变压器具有较小的变比为宜。

三、联结组别不同时并联运行

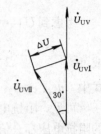

变压器联结组别不同时并联运行，其后果要比变比不等时严重得多。以 Yy0 与 Yd11 两台变压器并联为例，二次侧线电压的相位差为 30°，如图 1-47 所示，其二次侧电压差为

$$\Delta U = 2U_{uv}\sin\frac{30°}{2} = 0.518U_{uv} \tag{1-62}$$

图 1-47 Yy0 与 Yd11 变压器并联时的电压差

可见，电压差 ΔU 可达二次侧线电压的 51.8%，这样大的电压差所引起的环流，将超过额定电流的许多倍，可将变压器烧毁。两台联结组别不同的变压器，线电压的相位相差越大，ΔU 也越大，环流就更大。因此，联结组别不同的变压器绝对不允许并联运行。

四、阻抗电压标幺值不等时的并联运行

两台变压器并联运行时的简化等值电路，如图 1-48 所示。下面分两种情况分析。

1. 阻抗电压标幺值相等而短路阻抗角不等时的变压器并联运行。

由图 1-48 可知，变压器输出的总电流为 $\dot{I} = \dot{I}_I + \dot{I}_{II}$，即为几何和。又从简化相量图 1-49 可知，两台变压器短路阻抗角不相等，即 $\varphi_{kI} \neq \varphi_{kII}$，故 $\dot{I}_I$ 与 $\dot{I}_{II}$ 之间必有相位差 $\varphi_i = \varphi_{kI} - \varphi_{kII}$。若两台变压器短路阻抗角相等，$\varphi_i = 0$，$\dot{I}_I$ 与 $\dot{I}_{II}$ 同相位，变压器输出的总电流为 $I = I_I + I_{II}$，即为算术和。上述两种情况相比较，前者输出的总电流小些，变压器的设备容量得不到充分利用。一般情况下，两台变压器容量相差越大，$\dot{I}_I$ 和 $\dot{I}_{II}$ 之间的相位差 φ_i 也越大，输出的总电流就越小。所以，一般要求并联运行的变压器容量比不得超过3∶1。

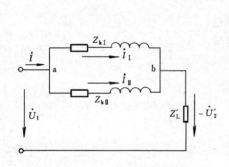

图 1-48 并联运行的简化等值电路

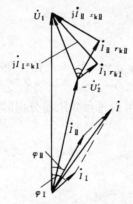

图 1-49 并联运行的简化相量图

2. 阻抗角相等而阻抗电压标幺值不等的变压器并联运行

根据图 1-48 所示等值电路，a，b 两点的短路阻抗压降为

$$I_{\mathrm{I}} Z_{k\mathrm{I}} = I_{\mathrm{II}} Z_{k\mathrm{II}}$$

其中
$$I_{\mathrm{I}} Z_{k\mathrm{I}} = \frac{I_{\mathrm{I}}}{I_{\mathrm{IN}}} \times \frac{I_{\mathrm{IN}} Z_{k\mathrm{I}}}{U_{\mathrm{IN}}} U_{\mathrm{IN}} = \beta_{\mathrm{I}} u_{k\mathrm{I}*} U_{\mathrm{IN}}$$

$$I_{\mathrm{II}} Z_{k\mathrm{II}} = \frac{I_{\mathrm{II}}}{I_{\mathrm{IIN}}} \times \frac{I_{\mathrm{IIN}} Z_{k\mathrm{II}}}{U_{\mathrm{IIN}}} U_{\mathrm{IIN}} = \beta_{\mathrm{II}} u_{k\mathrm{II}*} U_{\mathrm{IIN}}$$

考虑到 $U_{\mathrm{IN}} = U_{\mathrm{IIN}}$，则

$$\beta_{\mathrm{I}} u_{k\mathrm{I}*} = \beta_{\mathrm{II}} u_{k\mathrm{II}*} \tag{1-63}$$

或
$$\beta_{\mathrm{I}} : \beta_{\mathrm{II}} = \frac{1}{u_{k\mathrm{I}*}} : \frac{1}{u_{k\mathrm{II}*}}$$

式中 $u_{k\mathrm{I}*}$、$u_{k\mathrm{II}*}$——变压器自身的阻抗电压标幺值。

可见，阻抗电压标幺值不等时并联运行，各台变压器的负载分配（负载系数 β）与自身的阻抗电压标幺值成反比。

因此，阻抗电压标幺值不等的变压器并联运行，当阻抗电压标幺值大的变压器满载（$\beta=1$）运行时，阻抗电压标幺值小的变压器已过载（$\beta>1$）；当阻抗电压标幺值小的变压器满载运行时，阻抗电压标幺值大的变压器却处于欠载（$\beta<1$）。

因变压器不允许长期过载运行，所以当阻抗电压标幺值不等时并联运行，向负载提供最大输出功率的运行情况只能是：阻抗电压标幺值小的那台变压器满载运行，而其他变压器都欠载运行。这样变压器的容量得不到充分利用，是不经济的。

3. 阻抗电压标幺值不等并联运行时的负载分配计算

若有多台变压器并联运行，令式（1-63）等于常数 C，即 $\beta_{\mathrm{I}} U_{k\mathrm{I}*} = \beta_{\mathrm{II}} U_{k\mathrm{II}*} = C$，则

$$\left.\begin{aligned} \beta_{\mathrm{I}} &= \frac{C}{u_{k\mathrm{I}*}} = \frac{S_{\mathrm{I}}}{S_{\mathrm{IN}}} \\ \beta_{\mathrm{II}} &= \frac{C}{u_{k\mathrm{II}*}} = \frac{S_{\mathrm{II}}}{S_{\mathrm{IIN}}} \\ &\cdots \\ \beta_n &= \frac{C}{u_{kn*}} = \frac{S_n}{S_{nN}} \end{aligned}\right\} \tag{1-64}$$

式中 S_{I}、S_{II}、$\cdots$、S_n——各台变压器的实际容量；
S_{IN}、S_{IIN}、$\cdots$、S_{nN}——各台变压器的额定容量。
由式（1-64）可得每台变压器分担的实际功率为

$$\left.\begin{aligned} S_{\mathrm{I}} &= C\frac{S_{\mathrm{IN}}}{u_{k\mathrm{I}*}} \\ S_{\mathrm{II}} &= C\frac{S_{\mathrm{IIN}}}{u_{k\mathrm{II}*}} \\ &\cdots \\ S_n &= C\frac{S_{nN}}{u_{kn*}} \end{aligned}\right\} \tag{1-65}$$

设变压器承担的总负载为 ΣS，即

$$\Sigma S = S_{\mathrm{I}} + S_{\mathrm{II}} + \cdots + S_n = \Sigma \frac{S_{\mathrm{N}}}{u_{\mathrm{k}*}} \mathrm{C}$$

则

$$\mathrm{C} = \frac{\Sigma S}{\Sigma \dfrac{S_{\mathrm{N}}}{u_{\mathrm{k}*}}} \qquad (1\text{-}66)$$

式中 $\Sigma \dfrac{S_{\mathrm{N}}}{u_{\mathrm{k}*}}$ ——各台变压器的额定容量与自身的阻抗电压标幺值之比的算术和。

将式（1-66）代入式（1-65），整理后可得任一台变压器所分担的实际功率计算式为

$$\left. \begin{aligned} \beta_n &= \frac{\Sigma S}{u_{\mathrm{k}n*} \Sigma \dfrac{S_{\mathrm{N}}}{u_{\mathrm{k}*}}} \\[2em] S_n &= \beta_n S_{n\mathrm{N}} = \frac{\Sigma S}{u_{\mathrm{k}n*} \Sigma \dfrac{S_{\mathrm{N}}}{u_{\mathrm{k}*}}} S_{n\mathrm{N}} \end{aligned} \right\} \qquad (1\text{-}67)$$

若要求在任一台变压器都不过载的条件下，计算出最大的输出功率 $\Sigma S_{\max}$，可令短路阻抗最小的变压器负载系数 β 为 1，即

$$\Sigma S_{\max} = u_{\mathrm{kmin}*} \Sigma \frac{S_{\mathrm{N}}}{u_{\mathrm{k}*}} \qquad (1\text{-}68)$$

式中 $u_{\mathrm{kmin}*}$ ——n 台变压器中最小的阻抗电压标幺值。

【例 1-4】 某变电站有三台变压器并联运行，其变比相等，联结组别相同，每台额定容量均为 100kVA，阻抗电压标幺值分别为 $u_{\mathrm{kI}*} = 0.035$、$u_{\mathrm{kII}*} = 0.04$、$u_{\mathrm{kII}*} = 0.055$，设总负载 $\Sigma S = 300\mathrm{kVA}$，试求：

（1）各台变压器所分担的功率；

（2）每一台变压器都不过载时，最大的输出功率；

（3）在第（2）种运行状态下变电站变压器的设备利用率。

解 （1）根据式（1-67）先求出

$$\Sigma \frac{S_{\mathrm{N}}}{u_{\mathrm{k}*}} = \frac{100}{0.035} + \frac{100}{0.04} + \frac{100}{0.055} = 7175.32$$

于是

$$S_{\mathrm{I}} = \frac{300}{0.035 \times 7175.32} \times 100 = 119.45 \ (\mathrm{kVA})$$

$$S_{\mathrm{II}} = \frac{300}{0.04 \times 7175.32} \times 100 = 104.52 \ (\mathrm{kVA})$$

$$S_{\mathrm{III}} = \frac{300}{0.055 \times 7175.32} \times 100 = 76.03 \ (\mathrm{kVA})$$

可见，第 I 台变压器过载 19.45%，第 II 台变压器过载 4.52%，而第 III 台变压器欠载 23.97%。

（2）每一台变压器都不过载，最大的输出功率为

$$\Sigma S_{max} = u_{kmin*} \Sigma \frac{S_N}{u_{k*}}$$

$$= 0.035 \times 7175.32 = 251.14 \text{ (kVA)}$$

（3）变压器设备利用率为

$$\frac{\Sigma S_{max}}{S_I + S_{II} + S_{III}} = \frac{251.14}{100 + 100 + 100} = 83.71\%$$

课 题 二　变压器的突然短路

变压器运行中的突然短路是一种严重故障，此时变压器原来的稳定运行状态被破坏，需经历一个短暂的过渡过程才能达到新的稳定运行状态。在过渡过程中，会出现很大的短路电流，可能使变压器遭受破坏，因此分析过渡过程具有重要意义。

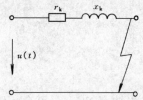

图 1-50　变压器突然短路
的简化等值电路

一、突然短路电流

变压器二次侧发生突然短路，在忽略空载电流时，可利用简化等值电路进行分析，如图1-50所示。可写出电路方程为

$$u_1 = \sqrt{2}U_1 \sin(\omega t + \alpha) = i_k r_k + L_k \frac{\mathrm{d}i_k}{\mathrm{d}t} \tag{1-69}$$

$$L_k = \frac{x_k}{\omega}$$

式中　U_1——电源电压的有效值；

　　　α——电源电压 u_1 的初相角；

　　　i_k——突然短路时的短路电流瞬时值；

　　　L_k——短路电感；

　　　r_k——电路电阻。

式（1-69）为常系数一阶微分方程式，它的解由稳态分量 i'_k 及暂态分量 i''_k 组成，若忽略空载电流和负载电流，即认为 $t=0$，$i_k=0$，且当 $\omega L_k \gg r_k$ 时，则其解为

$$i_k = -\sqrt{2}I_k \cos(\omega t + \alpha) + \sqrt{2}I_k \cos\alpha e^{-\frac{t}{T_k}} = i'_k + i''_k \tag{1-70}$$

$$I_k = \frac{U_1}{\sqrt{r_k^2 + x_k^2}}$$

$$T_k = L_k/r_k$$

式中　I_k——稳态分量电流有效值；

　　　T_k——暂态分量衰减的时间常数。

由式（1-70）可见，突然短路电流的大小与发生突然短路瞬间电源电压的初相值 α 有关，下面分析两种特殊情况。

（1）$\alpha = 90°$时

$$i_k = \sqrt{2}I_k \sin\omega t \tag{1-71}$$

此时暂态分量 $i''_k = 0$，表示突然短路一发生就进入稳态，短路电流最小。

（2）$\alpha = 0°$时

$$i_k = -\sqrt{2}I_k\cos\omega t + \sqrt{2}I_k e^{-\frac{t}{T_k}} \qquad (1-72)$$

式（1-72）对应的电流变化曲线如图1-51所示。

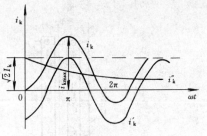

图 1-51　$\alpha = 0°$时突然短路电流变化曲线

由图1-51可见，短路电流的最大值i_{kmax}发生在突然短路后半个周期瞬间（$\omega t = \pi$），即$t = \dfrac{\pi}{\omega}$时（在工频电网中$t = 0.01s$）。将$t = \dfrac{\pi}{\omega}$代入式（1-72），可得短路电流的最大值为

$$i_{kmax} = \sqrt{2}I_k + \sqrt{2}I_k e^{-\frac{1}{T_k} \times \frac{\pi}{\omega}} = (1 + e^{-\frac{\pi}{\omega T_k}})\sqrt{2}I_k = k_y\sqrt{2}I_K \qquad (1-73)$$

其中$k_y = (1 + e^{-\frac{\pi}{\omega T_k}})$，是突然短路电流的最大值与稳态短路电流最大值的比值。中、小容量的变压器$k_y = 1.2 \sim 1.4$；大容量的变压器$k_y = 1.5 \sim 1.8$。

将式（1-73）用标幺值表示，则

$$i_{kmax*} = \frac{I_{kmax}}{\sqrt{2}I_N} = k_y\frac{I_k}{I_{1N}} = k_y\frac{U_{1N}}{I_{1N}Z_k} = k_y\frac{1}{Z_{k*}} \qquad (1-74)$$

式（1-74）表明，i_{kmax*}与Z_{k*}成反比，即短路阻抗越小，突然短路电流越大。如$Z_{k*} = 0.06$，取$k_y = 1.5 \sim 1.8$，则$i_{kmax*} = (1.5 \sim 1.8) \times \dfrac{1}{0.06} = 25 \sim 30$。

可见，最大突然短路电流是额定电流的$25 \sim 30$倍。这是一个很大的冲击电流，它将产生很大的电磁力，对变压器有严重的危害。

二、突然短路电流的影响

突然短路电流的影响主要有：一是受到强大电磁力的作用；二是绕组过热。

由于变压器都装有可靠的继电保护装置，一般在绕组温度上升到危险温度之前，已将变压器电源切断，所以一般不会烧毁绕组。下面简单分析绕组受电磁力作用的情况。

图1-52(a)中虚线表示变压器绕组漏磁场分布图形，绕组各处漏磁通方向与电流相互垂直，可用左手定则判定各部位的受力情况。

可见，绕组上部所受电磁力的方向为倾斜向下，将它分解为向下的轴向力F_c和径向力F_p；绕组中部所受电磁力的方向为径向力F_p；绕组下部所受电磁力的方向为倾斜向上，将它分解为向上的轴向力F_c和径向力F_p。

图1-52（b）表示绕组受到的径向力F_p，使低压绕组受到径向压力，高压绕组受到径向拉力作用。

图1-52（c）表示绕组受到的轴向力F_c，使高、低压绕组上、下端部都受到轴向压力作用。

为了防止突然短路电流造成的巨大电磁力对绕组的危害，在设计和制造变压器绕组时要采取相应措施。

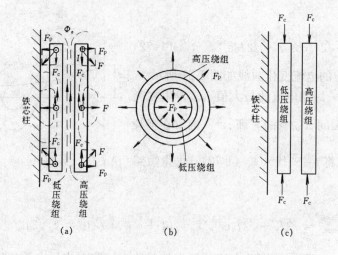

图 1-52　绕组在漏磁场中受电磁力作用

（a）绕组漏磁场的分布及电磁力的分解；（b）径向力的作用图；

（c）轴向力的作用图

课题三　变压器的空载投入

变压器二次侧空载，将一次绕组接至电源称空载投入（或称空载合闸）。

变压器空载稳态运行，空载电流只占额定电流的 1%～10%。但空载投入时，可能出现较大的电流，需经历一个过渡过程，才能恢复到正常的空载电流值。在过渡过程中出现的空载投入电流称为励磁涌流。

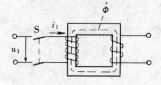

图 1-53　变压器空载投入电网

空载投入时的励磁涌流现象，是与铁芯中磁场的建立过程密切相关的。因此，首先分析空载投入时铁芯中磁场的建立过程。

以单相变压器为例，从图 1-53 可列出变压器空载投入时一次侧电压方程式为

$$u_1 = \sqrt{2}U_1\sin(\omega t + \alpha) = i_0 r_1 + N_1\frac{\mathrm{d}\Phi}{\mathrm{d}t} \tag{1-75}$$

式中　U_1——电源电压有效值；

α——电源电压初相角；

Φ——交链原绕组的总磁通；

i_0——空载投入电流；

r_1—— 一次绕组电阻；

N_1—— 一次绕组匝数。

由于铁芯具有饱和特性，i_0 与 Φ 为非线性关系，式（1-75）是一个非线性方程式。为了简化求解，忽略较小的 r_1，并且不考虑铁芯的剩磁，此时式（1-75）可简化为

$$N_1\frac{\mathrm{d}\Phi}{\mathrm{d}t} = \sqrt{2}U_1\sin(\omega t + \alpha) \tag{1-76}$$

即

$$\mathrm{d}\Phi = \frac{1}{N_1}\sqrt{2}U_1\sin(\omega t + \alpha)\mathrm{d}t$$

当 $t=0$ 时 $\Phi=0$，在这样的初始条件下，可求得式（1-76）的解为

$$\Phi=-\Phi_{m}\cos(\omega t+\alpha)+\Phi_{m}\cos\alpha=\Phi_{t}+\Phi'_{t} \tag{1-77}$$

$$\Phi_{t}=-\Phi_{m}\cos(\omega t+\alpha)$$

$$\Phi'_{t}=\Phi_{m}\cos\alpha$$

式中 Φ_{t}——磁通的稳态分量；

$\quad\ \Phi'_{t}$——磁通的暂态分量。

式（1-77）表明，在变压器空载投入的过渡过程中，磁通的变化情况与合闸瞬间电源电压的初相角 α 有关。下面分析两种特殊情况。

（1）$\alpha=90°$时

$$\Phi=\Phi_{m}\sin\omega t \tag{1-78}$$

此时磁通暂态分量 $\Phi'_{t}=0$，表明一合闸就建立稳态磁通，即达到稳态空载电流值。

（2）$\alpha=0°$时

$$\Phi=-\Phi_{m}\cos\omega t+\Phi_{m} \tag{1-79}$$

式（1-79）对应的磁通变化曲线如图 1-54 所示。在空载合闸后半个周期瞬间 $\omega t=\pi$，即 $t=\dfrac{\pi}{\omega}$时，磁通达到最大值为 $\Phi_{max}=2\Phi_{m}$。

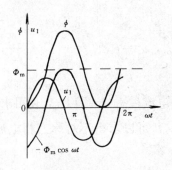

图 1-54 $\alpha=0°$时
合闸磁通的变化曲线

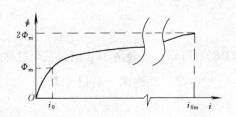

图 1-55 $2\Phi_{m}$ 所对应的励磁涌流

可见，过渡过程中磁通 Φ 可达到稳态分量最大值的 2 倍。由于铁芯具有磁饱和特性，此时铁芯深度饱和，由图 1-55 可见，励磁涌流 i_{0m} 急剧增大，可达额定电流的 5～8 倍。

由于一次绕组具有电阻，$r_1\neq0$，因此励磁涌流会逐渐衰减到正常值。一般小型变压器只需几个周期就可达到稳态空载电流值，大型变压器的励磁涌流衰减较慢，但一般不超过 20s。

励磁涌流维持的时间短，对变压器本身没有直接危害，但可能引起变压器一次侧保护误动作，因此保护装置要躲开合闸时的励磁涌流。在大型变压器中，为加速励磁涌流的衰减，合闸时常常在一次绕组回路中串联一个附加电阻，合闸后再将附加电阻切除。

课题四 变压器的不对称运行

三相变压器的一次绕组一般加三相对称电压，所谓不对称运行，主要指三相负载不对

称，例如三相照明负载不均衡以及带有较大的单相负载等。这时变压器三相电流不对称，内部阻抗压降也不对称，导致二次侧三相电压也不对称。

在分析变压器的不对称运行时，需要用对称分量法

一、对称分量法

用对称分量法可把一组不对称的三相系统分解为正序、负序、零序三组对称的三相系统。先按各序对称的三相系统单独作用，分别进行计算，再把各序的计算结果叠加起来，可得三相不对称运行时的实际结果。

以电流为例，设三相不对称电流为 $\dot{I}_u$、$\dot{I}_v$、$\dot{I}_w$，按对称分量法可分解为正序、负序、零序三组对称分量电流，分别为

$$
\begin{aligned}
\text{正序分量电流} \quad & \dot{I}_{u+} = \frac{1}{3}(\dot{I}_u + \alpha \dot{I}_v + \alpha^2 \dot{I}_w) \\
& \dot{I}_{v+} = \alpha^2 \dot{I}_{u+} \\
& \dot{I}_{w+} = \alpha \dot{I}_{u+} \\
\text{负序分量电流} \quad & \dot{I}_{u-} = \frac{1}{3}(\dot{I}_u + \alpha^2 \dot{I}_v + \alpha \dot{I}_w) \\
& \dot{I}_{v-} = \alpha \dot{I}_{u-} \\
& \dot{I}_{w-} = \alpha^2 \dot{I}_{u-} \\
\text{零序分量电流} \quad & \dot{I}_{u0} = \frac{1}{3}(\dot{I}_u + \dot{I}_v + \dot{I}_w) \\
& \dot{I}_{v0} = \dot{I}_{w0} = \dot{I}_{u0}
\end{aligned}
\right\} \tag{1-80}
$$

其中 α、α^2、α^3 是复数运算符号，$\alpha = e^{j120°} = -\frac{1}{2} + j\frac{\sqrt{3}}{2}$，$\alpha^2 = e^{-j120°} = -\frac{1}{2} - j\frac{\sqrt{3}}{2}$，$\alpha^3 = 1$，$1 + \alpha + \alpha^2 = 0$。

由式（1-80）可知，只要解出 u 相的三个对称分量电流 $\dot{I}_{u+}$、$\dot{I}_{u-}$、$\dot{I}_{u0}$，便可求得 v、w 两相的对称分量电流。反过来，若已知 $\dot{I}_{u+}$、$\dot{I}_{u-}$、$\dot{I}_{u0}$，可以求得不对称三相电流，其公式为

$$
\begin{aligned}
\dot{I}_u &= \dot{I}_{u+} + \dot{I}_{u-} + \dot{I}_{u0} \\
\dot{I}_v &= \dot{I}_{v+} + \dot{I}_{v-} + \dot{I}_{v0} = \alpha^2 \dot{I}_{u+} + \alpha \dot{I}_{u-} + \dot{I}_{u0} \\
\dot{I}_w &= \dot{I}_{w+} + \dot{I}_{w-} + \dot{I}_{w0} = \alpha \dot{I}_{u+} + \alpha^2 \dot{I}_{u-} + \dot{I}_{u0}
\end{aligned}
\right\} \tag{1-81}
$$

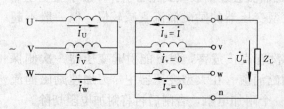

图 1-56　Yyn 变压器带单相负载接线图

二、Yyn 三相变压器带单相负载

设 Yyn 联结的三相变压器，一次侧施加对称的三相电压，负载阻抗 Z_L 接在二次侧 u 相，二次侧另外两相空载，如图 1-56 所示。假定一次侧已折算到二次侧，为了简便，省略一次侧折算量符号 "'"。

1. 二次侧电流

如图 1-56 所示，二次侧各相电流为

$$\left.\begin{array}{l} \dot{I}_{\mathrm{u}} = \dot{I} \\ \dot{I}_{\mathrm{v}} = 0 \\ \dot{I}_{\mathrm{w}} = 0 \end{array}\right\} \qquad (1\text{-}82)$$

式中 $\dot{I}$——u 相的负载电流。

利用式（1-82）将二次侧各相电流分解为正序、负序、零序分量，得

$$\left.\begin{array}{l} \dot{I}_{\mathrm{u+}} = \dfrac{1}{3}(\dot{I}_{\mathrm{u}} + \alpha \dot{I}_{\mathrm{v}} + \alpha^2 \dot{I}_{\mathrm{w}}) = \dfrac{1}{3}\dot{I} \\[3mm] \dot{I}_{\mathrm{v+}} = \alpha^2 \dot{I}_{\mathrm{u+}} = \dfrac{1}{3}\alpha^2 \dot{I} \\[3mm] \dot{I}_{\mathrm{w+}} = \alpha \dot{I}_{\mathrm{u+}} = \dfrac{1}{3}\alpha \dot{I} \\[3mm] \dot{I}_{\mathrm{u-}} = \dfrac{1}{3}(\dot{I}_{\mathrm{u}} + \alpha^2 \dot{I}_{\mathrm{v}} + \alpha \dot{I}_{\mathrm{w}}) = \dfrac{1}{3}\dot{I} \\[3mm] \dot{I}_{\mathrm{v-}} = \alpha \dot{I}_{\mathrm{u-}} = \dfrac{1}{3}\alpha \dot{I} \\[3mm] \dot{I}_{\mathrm{w-}} = \alpha^2 \dot{I}_{\mathrm{u-}} = \dfrac{1}{3}\alpha^2 \dot{I} \\[3mm] \dot{I}_{\mathrm{u0}} = \dot{I}_{\mathrm{v0}} = \dot{I}_{\mathrm{w0}} = \dfrac{1}{3}(\dot{I}_{\mathrm{u}} + \dot{I}_{\mathrm{v}} + \dot{I}_{\mathrm{w}}) = \dfrac{1}{3}\dot{I} \end{array}\right\} \qquad (1\text{-}83)$$

2. 一次侧电流

根据磁动势平衡关系，忽略空载电流时，一次侧电流的正序分量和负序分量分别为

$$\left.\begin{array}{l} \dot{I}_{\mathrm{U+}} = -\dot{I}_{\mathrm{u+}} = -\dfrac{1}{3}\dot{I} \\[3mm] \dot{I}_{\mathrm{V+}} = -\dot{I}_{\mathrm{v+}} = -\dfrac{1}{3}\alpha^2 \dot{I} \\[3mm] \dot{I}_{\mathrm{W+}} = -\dot{I}_{\mathrm{w+}} = -\dfrac{1}{3}\alpha \dot{I} \\[3mm] \dot{I}_{\mathrm{U-}} = -\dot{I}_{\mathrm{u-}} = -\dfrac{1}{3}\dot{I} \\[3mm] \dot{I}_{\mathrm{V-}} = -\dot{I}_{\mathrm{v-}} = -\dfrac{1}{3}\alpha \dot{I} \\[3mm] \dot{I}_{\mathrm{W-}} = -\dot{I}_{\mathrm{w-}} = -\dfrac{1}{3}\alpha^2 \dot{I} \end{array}\right\} \qquad (1\text{-}84)$$

由于一次侧没有中性线，故无零序分量电流，因而一次侧三相实际电流，由一次侧正序、负序分量电流叠加而得，即

$$
\left.
\begin{aligned}
\dot{I}_U &= \dot{I}_{U+} + \dot{I}_{U-} = -\frac{1}{3}\dot{I} - \frac{1}{3}\dot{I} = -\frac{2}{3}\dot{I} \\
\dot{I}_V &= \dot{I}_{V+} + \dot{I}_{V-} = -\frac{1}{3}\alpha^2\dot{I} - \frac{1}{3}\alpha\dot{I} = \frac{1}{3}\dot{I} \\
\dot{I}_W &= \dot{I}_{W+} + \dot{I}_{W-} = -\frac{1}{3}\alpha\dot{I} - \frac{1}{3}\alpha^2\dot{I} = \frac{1}{3}\dot{I}
\end{aligned}
\right\}
\tag{1-85}
$$

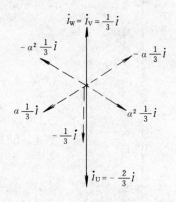

图 1-57 一次侧电流相量图

按式（1-85）作出的一次侧实际电流相量图如图 1-57 所示。可见，一次侧三相电流也是不对称的。

3. 正序、负序、零序等值电路

为了计算 Yyn 变压器单相负载时的负载电流，需要利用各序的等值电路；各序系统均为三相对称，因此只需作出单相等值电路，如图 1-58 所示。

正序等值电路与第二单元的等值电路相同，其正序阻抗就是短路阻抗，如图 1-58（a）所示。

在负序等值电路中仍用短路阻抗，因为从变压器结构来看，只要三相电流相位互差 120°，不论正序或是负序电流建立的漏磁通及其对应的漏电抗并无差别。由于电源端施加对称的三相电压，并没有负序分量电压，但一次侧存在负序电流要经过电源流通，故负序等值电路中一次侧为短路，如图 1-58（b）所示。

在零序等值电路中，一次绕组没有零序电流流通，故应开路，如图 1-58（c）所示。因二次绕组有零序电流通过，产生漏磁通，所以与其对应的二次绕组漏电抗和二次绕组电阻可组成为二次绕组的漏阻抗，即为等值电路中的 Z_2。由于一次绕组没有与二次绕组相平衡的零序电流存在，因此二次绕组零序电流对铁芯主磁路起到励磁作用，在铁芯中产生零序磁通，与其对应的是零序励磁阻抗即等值电路中的 Z_{m0}。

4. 单相负载电流的分析

配电变压器一般作 Yyn 接法，低压侧接照明和动力等混合负载。通过对单相负载电流的分析，可以看出三相变压器带单相负载的能力。

根据图 1-58 所示的各序等值电路图，可得电压方程式，即

$$
\left.
\begin{aligned}
-\dot{U}_{u+} &= \dot{U}_{U+} + \dot{I}_{u+} Z_k \\
-\dot{U}_{u-} &= \dot{I}_{u-} Z_k \\
-\dot{U}_{u0} &= \dot{I}_{u0}(Z_{m0} + Z_2)
\end{aligned}
\right\}
\tag{1-86}
$$

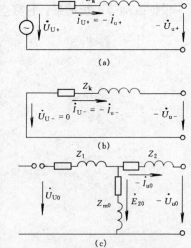

图 1-58　各序等值电路
（a）正序等值电路；（b）负序等值电路；
（c）零序等值电路

用对称分量法，负载端电压为

$$-\dot{U}_u = -(\dot{U}_{u+} + \dot{U}_{u-} + \dot{U}_{u0}) = \dot{U}_{U+} + \dot{I}_{u+}Z_k + \dot{I}_{u-}Z_k + \dot{I}_{u0}(Z_{m0} + Z_2) \qquad (1-87)$$

考虑到 $-\dot{U}_u = -\dot{I}Z_L = -3\dot{I}_{u+}Z_L$，并代入式（1-87）中得

$$-\dot{I}_{u+} = -\dot{I}_{u-} = -\dot{I}_{u0} = \frac{\dot{U}_{U+}}{2Z_k + Z_2 + Z_{m0} + 3Z_L} \qquad (1-88)$$

于是单相负载电流为

$$-\dot{I} = -3\dot{I}_{u+} = \frac{3\dot{U}_{U+}}{2Z_k + Z_2 + Z_{m0} + 3Z_L} \qquad (1-89)$$

忽略短路阻抗 Z_k 和漏阻抗 Z_2，有

$$-\dot{I} = \frac{\dot{U}_{U+}}{\frac{1}{3}Z_{m0} + Z_L} \qquad (1-90)$$

式（1-90）表明，单相负载电流的大小与零序励磁阻抗的大小有关，下面进行详细分析。

对于 Yyn 联结的组式变压器：零序磁通可在各相独立的铁芯主磁路中通过，主磁路的磁阻很小，零序磁通很大，与其对应的 Z_{m0} 很大，等于正序励磁阻抗 Z_m。此时，即使变压器二次侧发生单相短路（即负载阻抗 $Z_L = 0$），从式（1-90）可得短路电流为

$$-\dot{I}_k = \frac{3\dot{U}_U}{Z_{m0}} = 3\dot{I}_0 \qquad (1-91)$$

式（1-91）可见，短路电流很小，仅为励磁电流 I_0 的 3 倍。所以 Yyn 联结的组式变压器带单相负载时，不能向负载提供所需的电流和功率，即没有带单相负载的能力。

对 Yyn 联结的芯式变压器：零序磁通不能在相关联的铁芯构成的主磁路中闭合，被迫沿油和油箱壁闭合，磁路的磁阻很大，零序磁通很小，与其对应的 Z_{m0} 很小，由式（1-90）可知负载电流主要决定于负载阻抗 Z_L 的大小，因此芯式变压器可以带单相负载。

三、中性点位移现象

前已述及，二次侧零序电流建立的零序磁动势，没有被一次侧磁动势平衡。所以铁芯中产生的零序磁通 Φ_0 便在各自的绕组中感应出零序电动势 E_0。零序电动势使变压器带单相负载时，无论是一次侧还是二次侧，相电压都不对称。带负载这一相的相电压低，其他两相的相电压高，发生了所谓中性点移动现象，现分析如下。

由图 1-58 所示的各序等值电路可知，在忽略漏阻抗压降的情况下，从二次侧看，有

$$\left.\begin{array}{l} -\dot{U}_{u+} = \dot{U}_{U+} \\ -\dot{U}_{u-} = 0 \\ -\dot{U}_{u0} = -\dot{E}_0 \end{array}\right\} \qquad (1-92)$$

从一次侧看，有

$$\left.\begin{aligned}\dot{U}_{\mathrm{U+}} &=-\dot{U}_{\mathrm{u+}}\\ \dot{U}_{\mathrm{U-}} &=0\\ \dot{U}_{\mathrm{u0}} &=-\dot{E}_0\end{aligned}\right\} \tag{1-93}$$

于是，由式（1-92）、式（1-93）可得

$$\left.\begin{aligned}\dot{U}_{\mathrm{U}} &=\dot{U}_{\mathrm{I+}}+\dot{U}_{\mathrm{I-}}+\dot{U}_{\mathrm{u0}}\\ &=\dot{U}_{\mathrm{U+}}+(-\dot{E}_0)=-\dot{U}_{\mathrm{u}}\\ \dot{U}_{\mathrm{V}} &=\dot{U}_{\mathrm{V+}}+\dot{U}_{\mathrm{V-}}+\dot{U}_{\mathrm{V0}}\\ &=\dot{U}_{\mathrm{V+}}+(-\dot{E}_0)=-\dot{U}_{\mathrm{v}}\\ \dot{U}_{\mathrm{W}} &=\dot{U}_{\mathrm{W+}}+\dot{U}_{\mathrm{W-}}+\dot{U}_{\mathrm{W0}}\\ &=\dot{U}_{\mathrm{W+}}+(-\dot{E}_0)=-\dot{U}_{\mathrm{w}}\end{aligned}\right\} \tag{1-94}$$

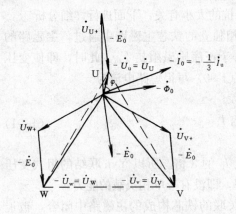

图 1-59　Yyn 变压器单相负载时的相量图

根据式（1-94）关系，可画出 Yyn 联结的变压器带单相负载时的相量图，如图 1-59 所示。

由图 1-59 可见，零序电动势越大，中性点位移越严重，三相电压不对称程度越大。在组式变压器的独立磁路中，Φ_0 沿铁芯闭合，磁阻很小，Φ_0 很强，$\dot{E}_0$ 很大，中性点位移严重，所以，Yyn 联结的组式变压器不能采用；芯式变压器的 Φ_0 只能通过油、油箱壁闭合，磁阻很大，$\dot{E}_0$ 不大，中性点位移也不大，可以正常运行。

国家规定，联结组 Yyn0 只能在三相芯式变压器中采用，这种变压器运行时，为了减少零序磁通，应尽量让三相负载对称，减少中性线电流。规程规定，中性线电流不得超过额定电流的 25%。

课 题 五　　三相变压器的常见故障及处理

为了保证变压器安全可靠地运行，在运行前应进行必要的检查和试验，运行中应严格地监视和定期维护，以便变压器有异常时及时发现、及时处理。

新装和经过检修的变压器，在投运前应特别注意检查储油柜的油位是否正常，吸湿器内的干燥剂有无受潮，安全气道是否完好，分接开关位置是否正常，冷却装置是否齐全，控制回路是否良好，接地装置是否完好等；在试验项目中特别注意测量绝缘电阻和吸收比及测定联结组别；在运行监视中特别注意变压器各物理量，均应在额定范围内。

变压器运行过程中，最常见的故障有绕组故障、铁芯故障及套管和分接开关等部分故障；应根据故障的现象，查找原因，采取相应的处理方法。表 1-5 列出了变压器常见故障的现象、故障原因及处理方法。

表1-5 变压器常见故障、产生的原因及处理方法

故障现象	故障原因	处理方法
(1) 变压器异常发热，油温升高 (2) 电源侧电流增大 (3) 三相绕组的直流电阻明显不平衡 (4) 高压熔断器熔断 (5) 气体继电器动作	绕组匝间或层间短路 诱因： (1) 绕组绝缘老化受潮 (2) 绕组绝缘受损 (3) 油道堵塞、局部过热	(1) 修复或更换损坏的绕组、衬垫和绝缘筒 (2) 进行浸漆和烘干处理 (3) 清除油道的杂物
(1) 高压熔断器熔断 (2) 安全气道阀盖打开 (3) 气体继电器保护装置动作 (4) 变压器油燃烧 (5) 变压器振动	绕组接地或相间短路 诱因： (1) 绕组绝缘老化、破损 (2) 变压器油严重受潮 (3) 箱内油面过低，露出油面的引线绝缘距离不足而击穿 (4) 过电压引起绕组绝缘击穿	(1) 修复或更换绕组 (2) 更换或处理变压器油 (3) 检修渗漏油部位，并注油至正常油位 (4) 清除杂物
(1) 变压器产生异常响声 (2) 个别相无电流指示	绕组断线 诱因： (1) 短路电流的电磁力作用 (2) 导线焊接不牢或雷击断线	(1) 修复绕组绝缘，必要时更换绕组及引线 (2) 加强绕组的机械强度
(1) 空载损耗加大，铁芯明显发热，油温升高，油色变深 (2) 变压器有持久的异常声响 (3) 吊出器身可见硅钢片漆膜脱落	铁芯片间绝缘损坏 诱因： (1) 硅钢片绝缘老化 (2) 长期运行振动，加上铁芯的紧固件松动损坏片间绝缘	(1) 对绝缘损坏的硅钢片进行绝缘处理 (2) 紧固铁芯夹件
(1) 高压熔断器熔断 (2) 铁芯发热，油温升高，油色变棕黑 (3) 气体继电器动作 (4) 硅钢片局部烧熔	铁芯多点接地或接地不良 诱因： (1) 铁芯与紧固螺栓间的绝缘老化引起多点接地 (2) 铁芯接地不良或断开	(1) 更换铁芯与紧固螺栓间的绝缘 (2) 改善铁芯接地连接
(1) 套管表面有放电现象 (2) 高压熔断器熔断	套管闪络 诱因： (1) 套管表面脏污 (2) 套管裂缝或破损 (3) 套管密封不好，管内绝缘受潮	(1) 清除套管表面积灰和脏污 (2) 更换套管 (3) 更换密封垫

故障现象	故障原因	处理方法
(1) 高压熔断器熔断 (2) 分接开关触头表面产生放电（有声响） (3) 变压器油温升高发出翻滚声	分接开关烧坏 诱因： (1) 分接开关触头弹簧压力不足或过渡电阻损坏 (2) 连接螺栓松动，分接开关错位 (3) 变压器油位下降，使分接开关暴露在空气中	(1) 更换分接开关 (2) 装配时注意纠正错位和紧固连接螺栓 (3) 补注变压器油至正常油位
变压器油的颜色发黑	变压器油质恶化 诱因： (1) 变压器油长期运行受潮及氧化引起油中碳粒、水分、酸价增高，闪点降低，绝缘强度下降 (2) 变压器故障引起闪络放电造成油分解	(1) 对变压器油进行过滤或换新油 (2) 清理油箱（包括油枕和油道）

单元小结

（1）变压器并联运行的理想情况是：空载时各台变压器的绕组回路间无环流；负载分配与各台变压器的额定容量成正比；共同承担的负载电流最大。

（2）变压器并联运行条件：变比相等和联结组别相同是为了不产生环流，阻抗电压标幺值相等是为了保证负载分配合理，使变压器容量得到充分利用。联结组别不同时并联运行，会产生极大的环流烧毁变压器。

（3）变压器突然短路电流的大小，取决于突然短路发生瞬间电源电压的初相角 α。当 $\alpha=0°$ 时发生突然短路，情况最严重，此时出现突然短路电流的暂态分量，以致最大短路电流可达额定值电流的 $25\sim30$ 倍。

（4）变压器空载投入，励磁电流很大，可达额定电流的 $5\sim8$ 倍，其原因是铁芯磁通的过渡过程，并考虑到铁芯的饱和特性而引起的。当 $\alpha=0°$ 时合闸投入电源，情况最严重。此时铁芯出现最大的暂态磁通分量，以致磁通可达稳态磁通最大值的 2 倍，铁芯深度饱和，励磁电流剧增。

（5）Yyn 联结的三相变压器带单相负载时，一、二次侧的电流、电压均不对称；对于三相组式变压器，因零序磁通大，零序电动势也大，故中性点位移严重，且无承担单相负载的能力，不能正常运行。而对于三相芯式变压器则不同，可以承担单相负载，中性点位移也不大，能正常运行。

习 题

1. 什么是变压器的并联运行？并联运行有什么优点？

2. 变压器的并联运行的理想情况是什么？为此要满足哪些并联运行条件？

3. 为什么变压器并联运行时，容量比不得超过 3：1？

4. 在图 1-60 中虚线所示变压器应是哪种联结组别？

5. 阻抗电压标幺值不等的并联运行会产生什么后果？

6. 在什么情况下发生突然短路，短路电流最大？有多大？

7. 突然短路电流与变压器的 Z_{k*} 有什么关系？从限制短路电流的角度希望 Z_{k*} 大些还是小些？

8. 如果磁路不饱和，变压器空载合闸电流有多大？

9. 在什么情况下合闸，变压器的励磁涌流最严重？有多大？

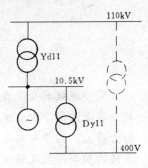

图 1-60 习题 4 附图

10. 有两台变压器并联运行，数据如下：

变压器 I   100kVA，6000/400V，$u_k = 4\%$

变压器 II   100kVA，6000/400V，$u_k = 4.5\%$

试求总负载为 200kVA 时，各台变压器分配的负荷为多少？最大的输出功率为多少？

11. 一台 Yd 联结的三相变压器，由于不慎将三角形的一相绕组反接，将产生什么后果？

12. 为什么 Yyn 联结的组式变压器不能承担单相负载？且中性点位移严重？

13. 为什么 Yyn 联结的芯式变压器可以承担单相负载？中性点位移也不大？

同 步 电 机

同步电机属交流旋转电机，主要用作发电机。现代发电厂中所发出的交流电能大多数是同步发电机产生的。对于有恒速要求的生产机械，可采用同步电动机作为动力。同步电机也可作调相机用，向电力系统发出无功功率，用于改善电力系统的功率因数及调整电网电压。

本模块主要对同步发电机的基本工作原理和结构、交流电机绕组及其电动势和磁动势、同步发电机的运行原理和运行特性，以及同步发电机的并列运行分别进行讨论。

第一单元 同步发电机的基本工作原理和结构

本单元将首先分析同步发电机的基本工作原理，然后分别对隐极式同步发电机和凸极式同步发电机的基本结构及冷却进行介绍，并对同步电机的铭牌作一一简介，最后介绍同步发电机的几种常见励磁方式。

课题一 同步发电机的基本工作原理

同步发电机是根据导体切割磁力线感应电动势这一基本原理工作的。因此，同步发电机

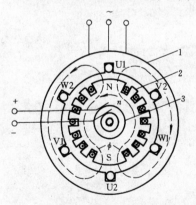

图 2-1 同步发电机的工作原理图
1—定子；2—转子；3—滑环

应具有产生磁力线的磁场和切割该磁场的导体。通常前者是转动的，称为转子，后者是固定的，称为定子（或称电枢），定、转子之间有气隙，如图 2-1 所示。定子上有 U1U2、V1V2、W1W2 三相定子绕组，它们在空间是互差 120°电角度对称分布放置在定子铁芯槽中，每相的结构参数都完全相同。转子具有 p 对磁极，上面装有直流励磁的转子绕组，当直流电流通过电刷和滑环流入转子绕组后，产生的主磁通由 N 极出来经过气隙、定子铁芯，再经过气隙进入 S 极构成主磁路，如图 2-1 中虚线所示（图中 $p=1$）。

当发电机的转子由原动机驱动，以转速 n 按图 2-1 所示方向作恒速旋转时，定子中三相绕组的导体依次切割磁力线。于是，三相绕组便感应出各相大小相等、相位彼此相差 120°的交流电动势。据图 2-1 所示转子的转向，若气隙磁通密度按正弦波分布，则三相绕组感应电动势波形如图 2-2 所示，相序为 U→V→W。交流电动势的频率 f 可这样确定：当转子为 1 对极时，转子旋转一周，定子绕组中感应电动势变化一个周期；当同步发

电机具有 p 对极时，转子旋转一周，感应电动势就交变 p 个周期；当转子的转速为每分 n 转时，则交变电动势的频率为

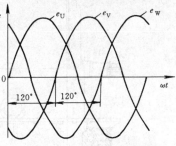

图 2-2 定子三相电动势波形

$$f = \frac{pn}{60} \qquad (2-1)$$

式中　n——转子的转速，r/min。

由式（2-1）可知，同步发电机定子绕组感应电动势的频率取决于它的极对数 p 和转子的转速 n。可见，同步发电机极对数 p 一定时，转速 n 与电枢电动势的频率 f 之间具有严格不变的关系，即当电力系统频率 f 一定时，电机的转速 $n = 60f/p$ 为恒值，这就是同步电机

的主要特点。我国标准工频为 50Hz，因此同步发电机的极对数 $p = \dfrac{300}{n}$。汽轮发电机转速较高，极对数较少，如转速 $n = 3000\text{r/min}$，则极对数 $p = 1$。水轮发电机转速较低，极对数较多，如转速 $n = 125\text{r/min}$，则极对数 $p = 24$。

课题二　同步发电机的基本结构

同步发电机的结构采用旋转磁极式，按转子磁极的形状可分为隐极式和凸极式两种。一般隐极式结构在汽轮发电机中采用，而凸极式结构则通常在水轮发电机中采用，如图 2-3 所示。可见，隐极式的气隙是均匀的，转子呈圆柱形。凸极式的气隙是不均匀的，极弧底下气隙较小，极间部分较大。

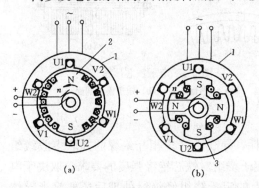

无论电机是隐极式或凸极式，其基本结构均包括定子和转子两大部分。

汽轮发电机一般制成隐极式，而水轮发电机则制成凸极式，下面分别介绍其基本结构。

一、隐极式同步发电机的基本结构

隐极式同步发电机多用于汽轮发电机，一般制成两极，转速为 3000r/min，因为提高发电机的转速可提高汽轮机的运行效率，缩小机

图 2-3　同步发电机的类型

(a) 隐极式；(b) 凸极式

1—定子；2—隐极式转子；3—凸极式转子

组的体积和降低造价。由于转速高，汽轮发电机的转子直径必须缩小，在容量一定的情况下，电机的长度就要加长，故一般汽轮发电机的转子长度 L 和定子内径 D 之比为 $2\sim6.5$。图 2-4 所示为汽轮发电机与直流励磁机配套而成的汽轮发电机组的结构图。

1. 定子

定子又称为电枢，主要由定子铁芯、定子绕组、机座、端盖等部件组成。它是同步发电机用以产生三相交流电能，实现机械能与电能转换的重要部件。

（1）定子铁芯。定子铁芯一般由厚 0.5mm 或 0.35mm 的硅钢片叠成，沿轴向叠成多段形式，每段叠片厚为 $30\sim60\text{mm}$。各段叠片之间留有宽约 10mm 的通风槽，以改善定子铁芯的散热条件。当定子铁芯外圆直径大于 1m 时，用扇形硅钢片拼成一个整圆。为减少漏磁防

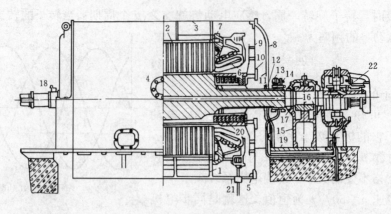

图 2-4　汽轮发电机结构图

1—定子机座；2—定子铁芯；3—外壳；4—吊起定子设备；5—防火导水管；6—定子
绕组；7—定子压紧环；8—外护板；9—里护板；10—通风壁；11—导风屏；12—电刷
架；13、14—电刷；15—轴承座；16—轴承衬；17—油封口；18—汽轮机的油封口；
19—基础板；20—转子；21—端线；22—励磁机

止涡流引起过热，在定子铁芯的两端用非磁性材料制成的压板将其夹紧，将整个铁芯固定在定子机座上，如图 2-5 所示。沿定子铁芯内圆表面的槽内放置三相定子绕组。

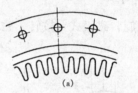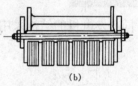

图 2-5　定子铁芯压紧

(a) 无磁性压板；(b) 定子铁芯剖面

（2）定子绕组。汽轮发电机的定子绕组一般采用三相双层叠绕组（详见同步电机部分的第二单元），构成定子三相交流电路。

为了减少绕组导体中集肤效应引起的附加损耗，导线由许多相互绝缘的并联多股线组成，在槽内线圈的直线部分还应进行换位。三相定子绕组对铁芯绝缘强度的要求，取决于电机额定电压的高低。为了防止电晕，6.3kV 及以上的定子绕组经绝缘处理后还要涂半导体漆。定子的每一槽内放置上、下两线圈边，并垫以层间绝缘，线圈放入槽中，采用槽楔固定。为了能承受住因突然短路产生的巨大电磁力而引起的端部变形，以及正常运行时不致产生较大的振动，定子绕组端接部分需用线绳绑紧或压板夹紧在非磁性钢做成的端箍上，如图 2-6 所示。

（3）机座。机座是用来支撑和固定定子铁芯和端盖的，应有足够的强度和刚度，机座与定子铁芯之间需要留有适当的通风道，以利于电机的冷却。

此外，还有端盖、轴承、通风隔板等。

2. 转子

转子包括转子铁芯、励磁绕组、阻尼绕组、紧固件和风扇。它也是汽轮发电机的重要部件。

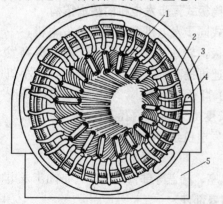

图 2-6　汽轮发电机的定子绕组部分

1—定子绕组；2—端部连接线；3—机壳；4—通风孔；5—机座

（1）转子铁芯。转子铁芯应具有良好的导磁性能，并能承受很大的离心力作用。隐极式的转子铁芯与转轴锻造成一体，一般所用材料是具有高强度和导磁性能良好的含铬、镍和钼的合金钢。

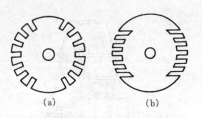

图 2-7 汽轮发电机的转子槽
(a) 辐射形排列；(b) 平行排列

汽轮发电机的转子铁芯横剖面如图 2-7 所示。沿转子铁芯外圆表面铣槽，槽内放置直流励磁绕组。

转子表面约占圆周长的 1/3 不开槽，称大齿，即主磁极。

（2）励磁绕组。励磁绕组由矩形的绝缘扁铜线绕成同心式线圈，两线圈边分别放置在大齿两侧所开出的槽内，所有线圈串联组成励磁绕组，构成转子的直流电路。励磁绕组引出的两个线端接在滑环上，并通过电刷与外电路直流电源相连接。

励磁绕组的各线匝间垫有绝缘，线圈和铁芯之间也有可靠的"对地绝缘"。

励磁绕组放置在槽内后，需用非导磁高强度的硬铝或铝青铜制成的槽楔来压紧，如图 2-8 所示。

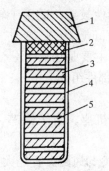

图 2-8 转子槽部剖面图

1—槽楔；2—楔下垫条；3—扁铜线；
4—槽绝缘；5—匝间绝缘

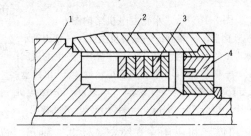

图 2-9 护环

1—转子本体；2—护环；3—绕组端部；4—中心环

（3）阻尼绕组。某些大型汽轮发电机转子上装有阻尼绕组，它是一种短路绕组，由放在槽楔下的铜条和转子两端的铜环焊接成闭合回路。阻尼绕组的主要作用是，在同步发电机短路或不对称运行时，利用其感应电流来削弱负序旋转磁场的作用，以及同步发电机发生振荡时起阻尼的作用，使振荡衰减。

（4）紧固件。转子紧固件包括护环和中心环。

由于汽轮发电机转速高，绕组端部受到很大的离心力，所以必须采用护环和中心环来可靠地固定，如图 2-9 所示。护环把转子励磁绕组的端部套紧，以防绕组端部甩出。中心环用来支持护环和防止转子绕组端部的轴向位移。为了减少端部漏磁场，护环采用非导磁合金钢材料。

（5）滑环。直流电流通过静止的正、负极性的电刷和两互相绝缘且套在转轴上随转子转动的滑环引入转子励磁绕组。

（6）风扇。汽轮发电机的转子细长，通风冷却比较困难，故转子的两端一般装有轴流式或离心式风扇，用以改善冷却条件。

二、凸极式同步发电机的基本结构

凸极式同步发电机通常分卧式和立式结构两类，大中型容量的水轮发电机一般采用立式

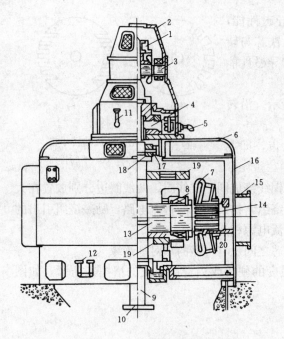

图2-10 悬式水轮发电机结构图

1—励磁机换向器；2—端盖；3—励磁机主极；4—推力轴承；
5—冷却水进出水管；6—上端盖；7—定子绕组；8—磁极线圈；
9—主轴；10—靠背轮；11—油面高度指示器；12—出线盒；
13—磁轭与装配支架；14—定子铁芯；15—风罩；16—发电机
机座；17—碳刷；18—滑环；19—制动环；20—端部撑架

（1）机座。机座用来支撑定子铁芯、轴承、端盖等，并构成冷却风路。直径大于4m的机座可分成若干瓣，安装时再拼接成一体。

（2）定子铁芯。定子铁芯的基本结构与汽轮发电机相同，大中容量的水轮发电机定子铁芯由扇形硅钢片叠成，留有通风沟。沿铁芯内圆表面的槽内放置三相定子绕组，并用槽楔压紧。

（3）定子绕组。大中型水轮发电机的极数较多，定子绕组多采用双层波绕组，可节省极间连接线，并多采用分数槽绕组，以便改善电动势波形。

2. 转子

转子主要由转轴、转子支架、磁轭和磁极等组成。

（1）转轴。转轴一般采用高强度钢锻造而成。大中型转子的转轴是空心的，在用钢量相同情况下，强度可增加。

（2）磁极。磁极采用1～1.5mm厚的钢板冲片叠成，在磁极的两端面加上磁极压板，用铆钉铆成整体，如图2-12所示，并用T形尾与磁轭连接。

（3）励磁绕组。励磁绕组多采用绝缘扁铜线绕制而成，后经浸胶热压处理，套装在极上。

（4）阻尼绕组。在水轮发电机中，极靴部位一般装有阻尼绕组，用以减少并联运行时转

结构，下面以立式水轮发电机为例介绍其基本结构。

由于水轮机的转速很低，为了得到额定频率，发电机的极数就需增加，发电机的转子直径则需加大。在容量一定的情况下，发电机的长度便可缩短，故水轮发电机的转子长度L和定子内径D之比为0.125～0.07，如图2-10所示。立式水轮发电机的结构又分为悬式和伞式两种，如图2-11所示。悬式的推力轴承装在上部，整个转子悬吊在上机架上，这种结构运行时稳定性好，适用于转速较高的发电机（150r/min以上）。伞式的推力轴承装在转子下部，整个转子形同被撑起的伞，这种结构运行时稳定性较差，适用于转速较低的发电机（150r/min以下）。

水轮发电机主要是由转子、定子、机架和推力轴承等部件组成。

1. 定子

定子主要由机座、定子铁芯、定子绕组组成。

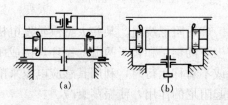

图2-11 立式水轮发电机的基本结构形式

(a) 悬式；(b) 伞式

子振荡的振幅。整个阻尼绕组由插入极靴阻尼孔中的铜条和端部铜环焊接而成。

某些中小容量凸极同步发电机，磁极铁芯是整体的，一般不另装阻尼绕组。

（5）磁轭与转子支架。磁轭是磁路的一部分，磁极固定在其圆柱表面。磁轭和转子间用转子支架支撑着。转子支架固定在转轴上。

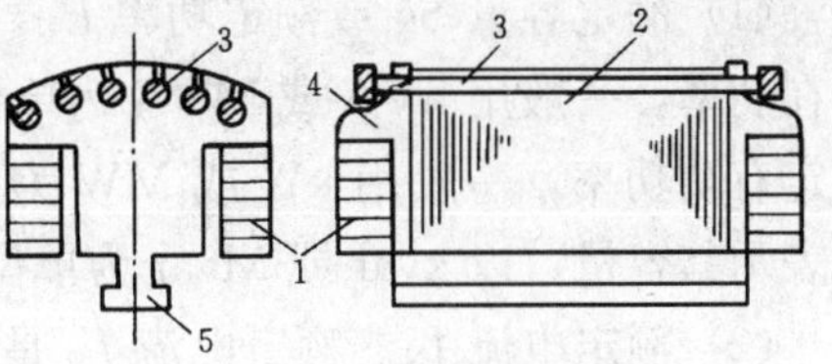

停机时，为了避免长时间低速损坏轴瓦，一般在磁轭底部装有制动环。

图 2-12　磁极
1—励磁绕组；2—磁极铁芯；3—阻尼绕组；
4—磁极压板；5—T 形尾

3. 轴承

水轮发电机组的轴承有导轴承和推力轴承两种。

导轴承的作用是约束轴线位移和防止轴摆动，主要承受径向力。

推力轴承承受水轮发电机转动部分（包括电机转子和水轮机）的全部重量及轴向水推力，是水轮发电机组中的关键部件。

三、同步发电机的冷却问题简介

同步发电机在运行中产生各种损耗，这些损耗转变为热能使有关部件的温度升高。温升太高将加速电机绝缘材料的老化，从而缩短电机的使用寿命，甚至危及电机的运行安全。所以改善发电机的冷却条件，对提高发电机的输出功率起着关键性的作用。

水轮发电机由于直径大、轴向长度短、体积大，所以冷却问题并不突出。中小型汽轮发电机单位体积的发热量较小，冷却方式多采用风冷。

对于大型汽轮发电机，发热和冷却问题就比较突出了。汽轮发电机直径小、长度长，中部的热量不易散出，需要采取提高冷却效果的措施。

50MW 以上的汽轮发电机，冷却介质用氢气代替空气。氢气的导热率较空气大 7 倍，密度仅为空气的 1/14，故氢冷发电机损耗较小，冷却效果较好。但氢气与氧气不能混合，若混合成一定比例时有爆炸的危险。为了防止氢气外泄和保持氢气的纯度，要采取密封措施，两个轴伸端应有特殊的油封系统。

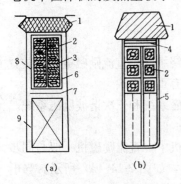

图 2-13　水内冷线圈槽部剖面图
(a) 定子槽部；(b) 转子槽部
1—槽楔；2—空心导线；3—实心导线；
4—垫条；5—槽绝缘；6—主绝缘；7—
层间垫条；8—上线棒；9—下线棒

纯净的水不但电导率低，化学性能稳定，流动性好，而且具有极高的导热性能。目前，大型汽轮发电机广泛采用转子氢冷，定子水内冷，也有采用定、转子水内冷的冷却方式。双水内冷电机的定、转子的导线是空心的，如图 2-13 所示。用冷凝水通入导线的内孔直接冷却导线，较之空气或氢气冷却的效果要好得多，导线的电流密度可大为提高。例如，50MW 空气冷却的汽轮发电机与 100MW 双水内冷的汽轮发电机所用材料相近。

课 题 三　同步发电机的铭牌

在同步发电机的醒目部位装有铭牌。电机的额定值标在铭牌上，主要有如下几种。

（1）额定容量 S_N 或额定功率 P_N。额定容量 S_N 是指发电机在额定运行时出线端的额定视在功率，一般用 kVA 或 MVA 为单位；而额定功率 P_N 是指发电机在额定运行时输出的额定有功功率，一般用 kW 或 MW 为单位。对于同步调相机，则用出线端的额定无功功率来表示其容量，以 kvar 或 Mvar 为单位。

（2）额定电流 I_N。额定电流 I_N 是指发电机在额定运行时流过三相定子绕组的线电流，单位为 A 或 kA。

（3）额定电压 U_N。额定电压 U_N 是指发电机在额定运行时三相定子绕组的线电压，单位为 V 或 kV。

（4）额定功率因数 $\cos\varphi_N$。额定功率因数 $\cos\varphi_N$ 是指发电机在额定运行时的功率因数，即额定有功功率与额定视在功率之比，$\cos\varphi_N = \dfrac{P_N}{S_N}$。电机铭牌上通常标有 P_N 和 $\cos\varphi_N$ 或 S_N 和 $\cos\varphi_N$。

（5）额定效率 η_N。额定效率 η_N 是指发电机额定运行时的效率。

上述同步发电机额定值之间有一定的关系 $P_N = S_N\cos\varphi_N = \sqrt{3}U_N I_N\cos\varphi_N$。

铭牌上还标明同步发电机的类型和型号。下面介绍几种同步发电机的型号。

（1）氢冷汽轮发电机。QFQ 系列，如 QFQ-50-2，其型号的意义：Q——汽轮；F——发电机；第三个字母 Q 表示氢冷；数字部分：50——功率（单位为 MW），2——极数。

（2）空冷水轮发电机。TS 系列，如 TS-900/135-56，其型号的意义：T——同步；S——水轮发电机；数字部分：900——定子铁芯外径（cm）；135——定子铁芯长度（cm）；56——极数。

课题四　同步发电机的励磁方式

同步发电机一般采用直流励磁。向同步发电机的转子励磁绕组提供直流励磁电流的装置称为励磁系统。励磁系统对同步发电机的运行性能和运行安全有重要影响。

励磁系统大致可分为直流励磁机励磁系统、交流励磁机励磁系统和三次谐波励磁系统。

一、直流励磁机励磁系统

直流励磁机励磁普遍用于中、小型汽轮发电机和水轮发电机中；直流励磁机一般与同步发电机同轴，由同一原动机拖动。直流励磁机通常采用并励式，如图 2-14（a）所示。当电网发生短路时，开关 S 立即闭合而切除 R_f，使直流励磁机输出电压迅速升高，从而满足同步发电机强行励磁的要求。

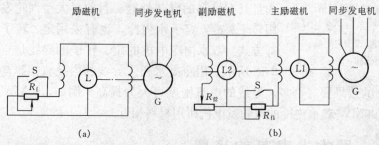

图 2-14　直流励磁机励磁系统
(a) 自励（并励）；(b) 他励

为了改善低励磁电压的调节性能，直流励磁机的励磁可采用他励式，即增加一台同轴直流并励发电机（也称副励磁机）作为直流励磁机的励磁电源，如图 2-14（b）所示。

现代汽轮发电机组单机容量不断增大，直流励磁机在转速 3000r/min 的情况下，容量越大换向就越困难。因而，目前大容量的汽轮发电机一般采用交流励磁机硅整流励磁系统。

二、交流励磁机励磁系统

交流励磁机励磁系统由同轴交流主励磁机、交流副励磁机、自动励磁调节装置等部分组成，如图 2-15 所示。

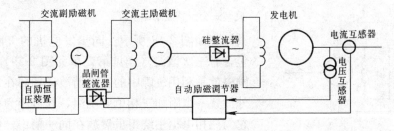

图 2-15　副励磁机为中频感应发电机的他励静止励磁系统

图 2-15 中主励磁机一般为隐极式三相同步发电机，其频率为 100Hz，它的结构与汽轮发电机基本相同，而副励磁机为 400～500Hz 的感应式中频发电机。为了提高励磁系统运行的可靠性，交流副励磁机可采用永磁式发电机，如图 2-16 所示。

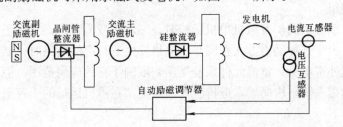

图 2-16　副励磁机为永磁发电机的静止励磁系统

上述两种交流励磁系统中的励磁电流是由主励磁机输出的三相交流电流经过硅整流后，由轴上的集电环装置接入同步发电机的转子励磁绕组，硅整流装置是静止的；由于没有直流励磁机的换向火花的问题，运行较为可靠，维护较为方便。

大容量的汽轮发电机，由于励磁电流高达数千安培，集电环的制造将遇到一定的困难，为此，目前单机容量在 300MW 以上的发电机励磁系统中，主励磁机采用旋转电枢式结构，省去转子上的集电环，硅整流装置同电枢一道旋转，将主励磁机输出的三相交流电流经过整流直接送入汽轮发电机励磁绕组，如图 2-17 所示。

这种省略集电环的旋转式交流整流励磁系统，有较高的运行可靠性，操作也简便，虽然它的硅整流装置检修时必须停机，但是每个硅整流管都备有能随时自动切换的备用管，同时硅整流管的完好情况可以用可调频的闪光灯照射观察，故硅整流装置的运行较可靠。

三、三次谐波励磁系统

小容量同步发电机通常是单机运行，为了稳定其端电压，往往采用三次谐波励磁方式，

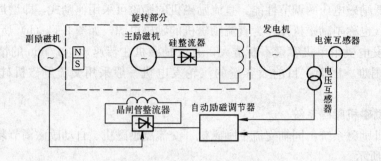

图 2-17　旋转式交流整流励磁系统

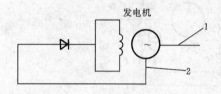

图 2-18　三次谐波励磁系统
1—同步发电机的主绕组出线；2—附加的
三次谐波绕组出线

其原理如图 2-18 所示。同步发电机的气隙磁场分布包含有三次谐波（详见第二单元图 2-39）。三次谐波励磁就是利用气隙中的三次谐波磁场，在定子槽中另外放置一个附加三相单层绕组，其节距为极距的1/3。它与三相电枢主绕组虽然放在同一槽中，但是没有电的联系。基波气隙磁场在该绕组感应的三相合成电动势为零。而三次谐波磁场却能在该绕组中感应出三次谐波的电动势（其频率为基波的三倍）。该三次谐波电动势产生的电流经过整流后从同步发电机转子上的集电环引入励磁绕组。

采用三次谐波励磁的同步发电机单机运行时，端电压较为稳定，克服了励磁电流取自电枢主绕组的不足。由于这种励磁方式在同步发电机发生三相突然短路时，三次谐波绕组也会产生过电压和引起冲击电流，整流元件极易受损，限制了它的应用范围。但是由于它能自动建立电压，整个励磁系统结构简单，造价较低。因此，在单机运行的小容量同步发电机中应用较为普遍。

　单元小结

（1）同步发电机是根据电磁感应定律这一基本原理工作的，在电力系统运行的同步发电机的转速 n 和电力系统频率 f 之间有严格不变的关系，即当电力系统频率 f 一定时，同步发电机的转速 $n=\dfrac{60f}{p}$ 为一恒值。同步发电机的转速 n 与极对数 p 成反比，这是引起水轮发电机和汽轮发电机极对数差异的根源。

（2）同步发电机的发展方向是：单机容量不断增大，冷却方式、冷却介质和电机所用材料也不断得到改善。

（3）同步发电机的励磁方式有直流励磁机励磁系统、交流励磁机励磁系统和三次谐波励磁系统等。在电力系统中，中、小型同步发电机普遍采用直流励磁机励磁系统；而中、大型同步发电机多数采用交流励磁机励磁系统，其中旋转式交流整流励磁系统在大型同步发电机中应用较多；三次谐波励磁系统多应用在小容量单机运行的同步发电机中。

习 题

1. 同步发电机是如何工作的？它的频率、磁极对数和同步转速之间有什么关系？试求下列电机的极数。

(1) 汽轮发电机 $f=50\text{Hz}$，$n=3000\text{r/min}$，$2p=?$

(2) 水轮发电机 $f=50\text{Hz}$，$n=187.5\text{r/min}$，$2p=?$

2. 同步发电机的励磁绕组流入反向的直流励磁电流，转子转向不变，定子三相交流电动势的相序是否改变？若转子转向改变，直流励磁电流也反向，相序是否改变？

3. 一台氢冷汽轮发电机额定功率 $P_N=100\ 000\text{kW}$，额定电压 $U_N=10.5\text{kV}$，额定功率因数 $\cos\varphi_N=0.85$，试求额定电流 I_N。

第二单元　交流绕组及其电动势和磁动势

同步发电机的电动势是由磁场与定子绕组相对运动产生的。在负载情况下，定子绕组流过电流建立电枢磁动势，它与励磁磁动势共同作用，产生气隙磁场。由于定子绕组的构成方法对电动势和磁动势的波形及大小有直接影响，因此，研究电动势和磁动势先要了解定子绕组的构成。

对于异步电机的定子绕组和绕线式异步电机转子绕组的构成，以及绕组的电动势和磁动势与同步电机是相同的，本单元一并加以讨论。

课题一　交流绕组的基本知识

交流电机的三相定子绕组是机电能量转换的主要部件，通过它产生一个极数、大小、波形均满足要求的磁场；同时，在定子绕组中能够感应出频率、大小和波形及其对称性均能符合要求的电动势。

交流电机绕组种类很多。按槽内的层数分为单层、双层绕组。按端接部分的形状，单层绕组又可分为等元件式、同心式、链式和交叉式等；双层绕组又有叠绕和波绕之分。按每极每相所占的槽数是整数还是分数，又有整数槽和分数槽绕组之分。

单层绕组一般用于小型异步电动机定子中，双层叠绕组一般用于汽轮发电机及大中型异步电动机的定子中，双层波绕组一般用于水轮发电机的定子和绕线式异步电动机转子中。

不论何种类型的绕组，构成绕组的原则是相同的。

在具体分析绕组排列和连接方法之前，应先明确绕组的几个基本概念及三相绕组构成原则。

一、基本概念

1. 电角度和机械角度

电机定子内圆一周的机械角总是 $360°$，从电磁观点来看，若磁场在空间按正弦波分布，导体切割这个磁场，经过 N、S 一对磁极，导体中所感应的正弦电动势的变化为一个周期，即经过 $360°$ 电角度。换句话说，一对磁极占有的空间是 $360°$ 电角度。如果电机有 p 对磁极，

那么电机定子内圆一周按电角度计算，即为 $p \times 360°$，故

$$电角度 = p \times 机械角度$$

2. 极距 τ

沿电机定子铁芯内圆每个磁极所占有的距离称为极距 τ，即

$$\tau = \frac{\pi D}{2p} \tag{2-2}$$

式中　D——定子铁芯内径；

p——磁极对数，$2p$ 称磁极数。

极距 τ 也可用每一磁极所占的定子槽数来表示，若定子铁芯槽数为 Z，则

$$\tau = \frac{Z}{2p} \tag{2-3}$$

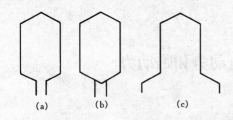

图 2-19　叠绕组和波绕组的线圈

(a)、(c) 单匝；(b) 多匝

3. 线圈及节距

线圈是组成交流绕组的单元，线圈可以是单匝，也可以是多匝串联而成（多匝一般为连续绕制），每个线圈有首端和末端两引出线。如图 2-19 所示。每一线圈有两直线边，称为有效边，分别放置在定子铁芯的两个槽内。它们在定子圆周上的距离称为节距，用 y_1 表示，一般用槽数计算。为使每个线圈获得较大的电动势，节距 y_1 应接近极距 τ。$y_1 = \tau$ 的绕组称为整距绕组。$y_1 < \tau$ 的绕组称为短距绕组。

4. 槽距角 α

相邻两槽间的电角度称为槽距角 α。因定子槽均匀分布在定子内圆上，故

$$\alpha = \frac{p \times 360°}{Z} \tag{2-4}$$

5. 每极每相槽数 q

每相绕组在每一磁极下所占有的槽数，称为每极每相槽数，用字母 q 表示，即

$$q = \frac{Z}{2pm} \tag{2-5}$$

式中　m——相数。

q 值可以是整数，称整数槽绕组；q 值也可以是分数，称分数槽绕组。

6. 相带与极相组（线圈组）

每一磁极下，每相绕组所占有的电角度 $q\alpha$ 称为绕组的相带，可表示为

$$q\alpha = \frac{Z}{2pm} \times \frac{p \times 360°}{Z} = \frac{180°}{m}$$

对于三相交流电机，$m = 3$，则 $q\alpha = 60°$。即在每一磁极下每相绕组所占有的范围为 60°电角度。按照每一相带占有 60°电角度排列的绕组称为 60°相带绕组。显然，对应于每对磁极 360°电角度有 6 个相带，若整台电机有 p 对磁极就可划分 $6p$ 个相带，如图 2-20 所示。

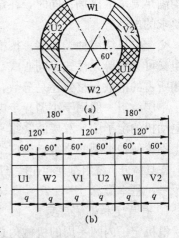

图 2-20　60°相带排列情况

(a) 圆周分配；(b) 展开图

如果将每磁极下属于同一相的 q 个线圈串联，可组成一线圈组，即为极相组，如图 2-21 所示。

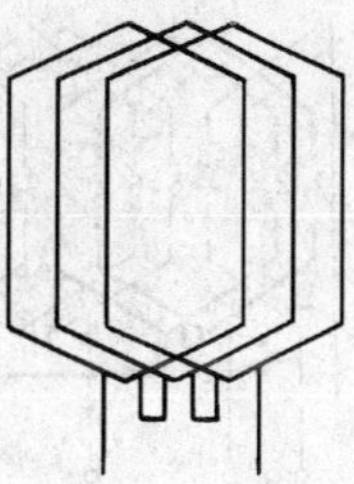

二、三相交流绕组的构成原则

（1）线圈的组成应遵循电动势相加的原则，将相距一个极距（或接近一个极距）的两线圈边构成线圈，以获得尽可能大的线圈电动势和磁动势。

（2）各线圈构成三相定子绕组时，每相绕组串联的总匝数应相等，且布置情况应相同，在空间互差 120°电角度。

图 2-21 极相组

（3）电动势和磁动势波形力求接近正弦波。

满足上述原则构成的三相绕组，即为三相对称绕组。只有在三相对称绕组中才能感应产生对称的三相电动势。

根据三相交流绕组的构成原则，60°相带绕组排列的情况，如图 2-20 所示，图中 U1、U2，V1、V2，W1、W2，分别为一对磁极中各自一相的两个相带，相距 180°电角度，且 U、V、W 三相互差 120°电角度。显然，三相对称绕组的一对磁极的极区中，相带应按 U1—W2—V1—U2—W1—V2 的分布规律排列。图 2-20 中 q 表示每相在一个极区所占有的槽数。

p 对极的电机，相带的排列为一对极情况的 p 次重复。

课 题 二　　三相单层绕组

单层绕组的每个槽内只放置一个线圈边，整台电机的线圈总数等于定子槽数的一半。单层绕组的种类很多，下面以等元件式为例分析单层绕组的安排及连接方法。

现以一台三相单层绕组，极对数 $p=2$，槽数 $Z=24$，每相支路数 $2a=1$ 的电机为例，说明绕组的排列及其连接步骤。

（1）计算极距 τ，每极每相槽数 q，槽距角 α。

$$\tau = \frac{Z}{2p} = \frac{24}{4} = 6（槽）$$

$$q = \frac{Z}{2pm} = \frac{24}{2 \times 2 \times 3} = 2$$

$$\alpha = \frac{p \times 360°}{Z} = \frac{2 \times 360°}{24} = 30°（电角度）$$

（2）将槽依次编号，按 60°相带排列法，将各相带所包含的槽填入下面表 2-1 内，并画出展开图，见图 2-22（a）。

表 2-1　　按单层 60°相带排列表

	相　带	U1	W2	V1	U2	W1	V2
第一对极区	槽　号	1、2	3、4	5、6	7、8	9、10	11、12
第二对极区	相　带	U1	W2	V1	U2	W1	V2
	槽　号	13、14	15、16	17、18	19、20	21、22	23、24

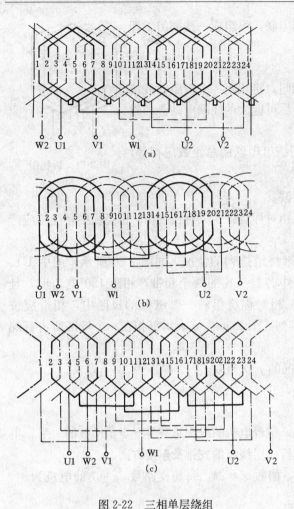

图2-22 三相单层绕组

(a) 等元件式绕组；(b) 同心式绕组；(c) 链式绕组

（3）组成线圈，连接成极相组，根据线圈两有效边连接时相距一个极距的要求，第一对极极面下 U 相所属的 1、7.线圈边和 2、8 线圈边，分别连接成两个线圈；然后将这两个线圈顺向串联，组成一个极相组。同法，将第二对极极面下 U 相所属的 13、19 和 14、20 线圈边连接成 U 相在第二对极极面下的另外两个线圈。同样顺向串联组成另一个极相组。

（4）根据每相支路数 $2a=1$ 的要求，将两对极极面下的两个极相组，顺向串联接成 U 相绕组，即第一个极相组尾端连接第二个极相组的首端，称此为"首接尾、尾接首"的连接规律。

（5）根据三相绕组对称的原则，V、W 两相绕组的连接方法与 U 相相同，但三相绕组在空间的布置要依次互差 120°电角度，如果 U 相绕组以 1 号槽线圈边引出线作为首端，那么 V 相和 W 相绕组就应分别以 5 号槽和 9 号槽线圈边引出线作为首端，如图2-22 (a)所示。

同心式、链式绕组的展开图同时画在图 2-22 (b)、(c) 中，以供对比。由图中可知，无论是等元件式绕组或是同心式、链式绕组，其节距 y_1 从电动势和磁动势计算的角度看，均为 $y=\tau$ 的整距绕组。单层绕组每相绕组的极相组数等于极对数。

课题三　三相双层绕组

双层绕组的每个槽内放置上、下两层的线圈边，每个线圈的一有效边放置在某一槽的上层，另一有效边则放置在相隔节距为 y_1 的另一槽的下层，如图2-23 所示。整台电机的线圈总数等于定子槽数。双层绕组所有线圈尺寸相同，便于绕制，端接部分形状排列整齐，有利于散热，且机械强度高。在以下分析电动势和磁动势的单元中，将会了解合理选择绕组的节距 y_1 可改善电动势和磁动势的波形。

双层绕组的构成原则和步骤与单层绕组基本相同，根据双层绕组线圈的形状和端部连接线的连接方式不同，可分为双层叠绕组和双层波绕组两种，如图2-24 所示。

1. 三相双层叠绕组

下面以实例分析三相双层叠绕组的构成。

【例 2-1】　一台三相双层叠绕组电机，极对数 $p=2$，槽数 $Z=24$，支路数 $2a=1$，节距

$y_1 = 5$（槽），短距绕组，说明绕组的排列及其连接步骤。

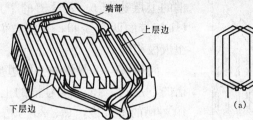

图 2-23 双层绕组图

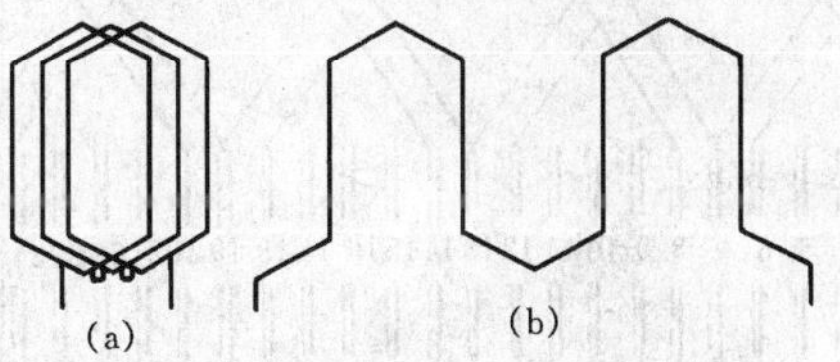

图 2-24 叠绕组和波绕组

(a) 叠绕组；(b) 波绕组

解 （1）计算极距 τ，每极每相槽数 q，槽距角 α。

$$\tau = \frac{Z}{2p} = \frac{24}{4} = 6（槽）$$

$$q = \frac{Z}{2pm} = \frac{24}{2 \times 2 \times 3} = 2$$

$$\alpha = \frac{p \times 360^\circ}{Z} = \frac{2 \times 360^\circ}{24} = 30^\circ（电角度）$$

（2）画展开图。将每个槽内两线圈边（上层边用实线表示，下层边用虚线表示）画出并编号，如图 2-25 所示。按每极每相槽数 q 划分相带，见表 2-2。

表 2-2　　　　　　　　　　　　　按双层 60° 相带排列表

第一对极区	相带	U1	W2	V1	U2	W1	V2
	槽号	1、2	3、4	5、6	7、8	9、10	11、12
第二对极区	相带	U1	W2	V1	U2	W1	V2
	槽号	13、14	15、16	17、18	19、20	21、22	23、24

以 U 相为例，由于每极每相槽数 $q=2$，故每极下 U 相应占有 2 槽，该电机为 4 极，U 相共计应占有 8 槽。为了获得最大的电动势，在第一对极的 N 极区确定 1、2 号槽为 U1 相带，在 S 极区则应选定与 1、2 号槽相距 180° 电角度的 7、8 号槽为 U2 相带；同理，第二对极 13、14 号槽为 U1 相带，19、20 号槽为 U2 相带。

划分相带还可应用槽电动势相量星形图，如图 2-26 所示。图中表示 $p=1$，$Z=24$ 的槽电动势相量星形图。因 $\alpha=30^\circ$，如设 1 号槽内导体的电动势相量的相位为 0°，则其余槽内导体的电动势相量依次相隔 30° 的相位角。1～12 号槽内导体的电动势相量恰好经过 360° 电角度，即可画出第一对极下的槽电动势相量星形图。从第 13 槽开始到第 24 槽，共 12 个槽位于第二对极下，同理，可画出槽电动势相量星形图。可见，13、14 等相量与 1、2 等相量一一对应重合，这是由于它们在磁极下分别处在磁场相同的位置上，所以它们的感应电动势同相位。随后根据 q 值（本例 $q=2$），依次按 U1—W2—V1—U2—W1—V2 顺序标明相带。顺便指出，在双层绕组里，槽电动势相量星形图的每一个电动势相量，既可看成是槽内上层线圈边的电动势相量，也可看成是一个线圈的电动势相量。而在单层绕组中星形图只能表示槽电动势。

（3）组成线圈，连接成极相组。在双层绕组中，线圈的两有效边的距离决定于所选定的

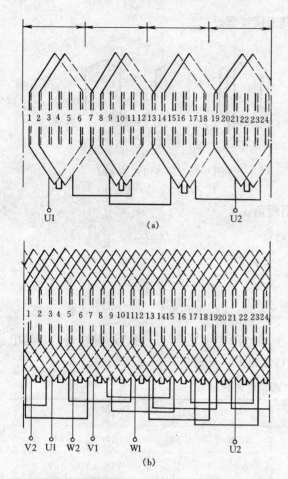

图 2-25 三相 24 槽双层短距叠绕组展开图
(a) U 相展开图；(b) 三相展开图

节距 y_1。在本例中 $y_1=5$（槽），即 1、2 号槽的上层边与 6、7 号槽的下层边连接成 U1 相带的两个线圈，并把它们顺向串联，组成极相组。

同理，7、8 号槽的上层边与 12、13 号槽的下层边，13、14 号槽的上层边与 18、19 号槽的下层边，19、20 号槽的上层边与 24、1 号槽的下层边分别依次连接成 U 相其余的三个极相组。

这样，属于 U 相绕组的极相组共有 4 个。

（4）根据每相支路数 $2a=1$ 的要求，按照电动势相加的原则，将四个极相组反向串联构成 U 相绕组，即第一个极相组尾端连接第二个极相组的尾端，第二个极相组首端连接第三个极相组的首端，依此类推，称此为"首接首，尾接尾"的连接规律，如图 2-25（a）所示。

（5）根据三相绕组对称的原则，V 相和 W 相绕组的构成方法与 U 相相同，但三相绕组在空间的布置要依次互差 120°电角度。如果 U 相绕组从 1 号槽的上层边引出线作为首端，V 相和 W 相绕组就应分别从 5 号槽和 9 号槽的上层边引出线作为首端，如图 2-25（b）所示。

从上述分析中看出，双层绕组每极每相有一个极相组，电机有 $2p$ 个极，每相绕组就有 $2p$ 个极相组。每相绕组极相组连接时，应遵循电动势相加的原则，按支路 $2a$ 的要求，可以串联，也可以并联组成一相绕组。这一点与单层绕组是相同的。

在生产实践中，常用表示双层绕组线圈组之间连线的圆形接线图（或称绕组简图）来指导极相组间的接线。上述双层叠绕组的绕组简图，如图 2-27 所示。由于连接成极相组的 q 个线圈是顺向串联的，电动势方向相同，即可用一段圆弧表示一个极相组，箭头方向规定为极相组感应电动势的正方向（仅表示同一相各极相组电动势方向的相对关系）。这样，U1、V1、W1 相带的箭头为同一方向，而分别相距一个极距的 U2、V2、W2 相带应为反方向，现以图 2-25 为例来说明画出绕组简图的步骤。

（1）因电机有 $2pm$ 极相组数，可沿圆周画 $2pm$ 段圆弧使其均匀分布，本例为 $2pm=12$ 段。

（2）根据 U1—W2—V1—U2—W1—V2 的相带分布规律，从任一弧段开始顺时针（也可按反时针），标以各相带的符号。

（3）依据上述规定各相带的箭头正方向，可看出相邻各圆弧段的箭头方向，按一正一反顺序标出，直至标完所画出的 12 段圆弧为止。

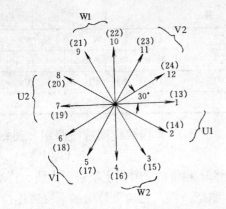

图 2-26 三相双层绕组电动势相量星形图

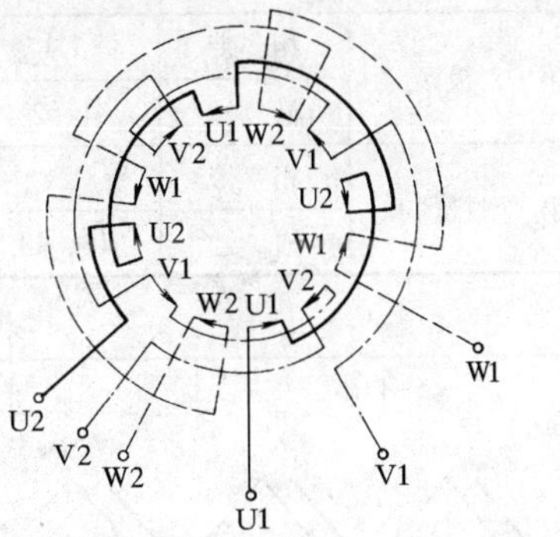

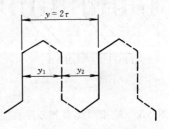

图 2-27 三相双层叠绕组简图

（4）按圆弧段所标的箭头方向，根据每相支路数 $2a$ 的要求，可并联或串联连接，依次将各相绕组连接成三相绕组。最后，确定每相的首端为箭头方向进去的引线端；那么，箭头方向出来的引线端就是每相的尾端。

2. 三相双层波绕组

双层波绕组的相带划分和槽号的分布与双层叠绕组相同，它们的差别在于线圈端部形状和线圈之间连接顺序不同。图 2-28 所示波绕组节距有：

图 2-28 波绕组节距

第一节距 y_1——线圈的两个有效边之间的距离。与叠绕组的意义相同。

第二节距 y_2——线圈的下层有效边与其紧连的下一个线圈的上层有效边之间的距离。

合成节距 y——两个紧随相连线圈的上层有效边（或下层有效边）之间的距离。

上述几个节距之间的关系有 $y=y_1+y_2$。为使线圈获得最大的电动势，两个紧随相连的线圈应处在同极性下磁极的位置上。因此，合成节距 y 要满足 $y=y_1+y_2=2mq=Z/p$（槽）。

下面以实例分析三相双层波绕组的构成。

【例 2-2】 一台三相双层短距波绕组电机，极对数 $p=2$，槽数 $Z=24$，每相支路数 $2a=1$，节距 $y_1=5$（槽），说明绕组的排列及其连接步骤。

解 （1）计算极距 τ，每极每相槽数 q，槽距角 α。

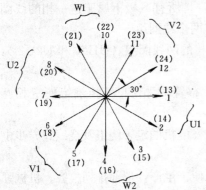

$$\tau=\frac{Z}{2p}=\frac{24}{4}=6（槽）$$

$$q=\frac{Z}{2pm}=\frac{24}{2\times2\times3}=2$$

$$\alpha=\frac{p\times360°}{Z}=\frac{2\times360°}{24}=30°（电角度）$$

（2）选择节距。

因 $y_1=5$（槽），$y=Z/q=24/2=12$，（或 $y=2mq=12$），则

$$y_2=y-y_1=7（槽）$$

（3）划分相带。按表 2-3 排列分相或用槽电动势星形图 2-29 分相，并画出展开图。

图 2-29 三相 24 槽波绕组电动势星形图

79

表 2-3 　　　　　　　　　　　　相 带 排 列 表

	相 带	U1	W2	V1	U2	W1	V2
第一对极区	槽 号	1、2	3、4	5、6	7、8	9、10	11、12
第二对极区	相 带	U1	W2	V1	U2	W1	V2
	槽 号	13、14	15、16	17、18	19、20	21、22	23、24

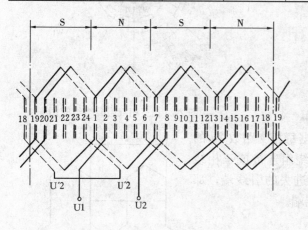

图 2-30　三相四极 24 槽双层波绕组 U 相展开图（$2a=2$）

（4）构成线圈或线圈组。图 2-30 中，$y_1=5$，$y_2=7$，画 U 相绕组，以 U1 相带的 2 号槽上层边引出线为首端，按 $y_1=5$，它与 7 号槽的下层边连接成一个线圈。然后连接紧随的下一个线圈，按 $y_2=7$，将它与 14 号槽的上层边和 19 号槽的下层边构成的一下个线圈串联。此时，波绕组已跨过两对极，即已绕过一周。如果还是按 $y_2=7$，19 号槽的下层边将连接到 2 号槽的上层边，绕组将出现自行封闭，无法继续连接下去。为此，在每绕过一周串联完两个线圈（即 p 个线圈）后，就必须人为地将 y_2 缩短一槽，即 19 号槽的下层边连接 1 号槽的上层边，重新开始第二周另两个线圈的连接，即 1 上→6 下→13 上→18 下。这样，连续绕行两周（即 q 周）后，属于同极性下 U 相（在 U1 相带中）的四个线圈连接成一线圈组 U1U1′。

U 相还有属于另一同极性下 U2 相带的四个线圈，也应串联成 U 相的另一个线圈组。连接次序是 U2（首端）→8 上→13 下→20 上→1 下→7 上→12 下→19 上→24 下 U2′（尾端）。

综上所述，由于合成节距 $y=y_1+y_2$，表示了波绕组线圈间的连接规律，故绕组沿定子圆周每绕一周后，串联了 p 个线圈，前进了 p 对极距离，绕组将回到起始槽自行封闭。因此，为了将所有属于同一相同极性的线圈能够全部连接起来，每绕完一周，就必须人为地退后一个槽连接，即串联完 p 个线圈后，第二节距 y_2 减去一槽。这样连续绕行 q 周后，可将所有 N 极下属于同一相的线圈串联成一个线圈组。同理，将所有 S 极下属于这一相的线圈也串联成另一个线圈组。可见，不论极数多少，每相只有两个线圈组。

（5）构成一相绕组。根据每相支路数 $2a$ 的要求，U 相的两线圈组（U1U1′ 和 U2U2′），可串联或并联构成 A 相绕组。

（6）安排其余两相绕组。根据三相绕组对称原则，布置 V 相和 W 相绕组使三相互差 120°。

波绕组优点是可以减少线圈之间的连接线，通常水轮发电机的定子绕组及绕线式异步电动机的转子绕组采用波绕组。

总的来说，双层绕组的主要优点是：线圈尺寸相同，便于生产，端部排列整齐，机械强度高，可灵活地选择线圈的节距，改善电动势和磁动势的波形，双层绕组一般适用于 10kW 以上交流电机中。单层绕组的主要优点是：单层下线方便，没有层间绝缘，槽的利用率较高，但不能灵活地采用短距线圈来改善电动势和磁动势波形，电机的电磁噪声和铁损耗也较大，所以，单层绕组一般适用于 10kW 以下的异步电动机中。

课题四 交流绕组的感应电动势

交流电机的电动势是由气隙磁场和定子绕组相对运动而产生的。磁场在气隙中分布的情况及定子绕组的构成方法，对电动势的波形和大小都有影响。因此，在讨论电动势的波形和大小以及电动势中的高次谐波及削弱方法之前，必须先了解交流电机的磁路及其磁场的分布情况。

一、交流电机的磁路及其磁场的分布情况

为了使电动势的波形接近于正弦波，必须使转子磁极的磁通密度在气隙的分布接近于正弦波。气隙中磁密波的分布与转子励磁磁动势和磁路的磁阻有关，而电机的结构影响着磁路情况。下面对交流电机的磁路分别作如下介绍。

1. 凸极同步发电机转子磁通的磁路

同步发电机空载时，气隙磁场是由转子励磁绕组通入直流电流建立励磁磁动势而产生的。

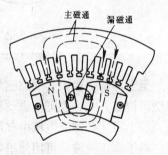

图 2-31 凸极同步发电机的磁路

在图 2-31 所示凸极同步发电机空载磁路中，转子磁通可分为两部分：经过气隙交链的定子和转子绕组的磁通，称为主磁通，它就是空载时的气隙磁通；只交链励磁绕组的磁通，称为主磁极漏磁通；一般电机中漏磁通仅占主磁通的 10%～20%。

由于转子励磁绕组是"集中"的，为了使主磁通在气隙中的磁密度沿圆周空间分布接近正弦波，可调节磁路的磁阻，即选择适当的极弧形状来满足这一要求。

若采用极弧曲率半径 R_P 比定子内圆半径 R 小，且两圆弧中心不重合，如图 2-32（a）所示，极弧中间气隙最小，两侧逐渐增大，取最大气隙 $\delta_{\max}$ 为最小气隙 $\delta_{\min}$ 的 1.5～2 倍，则气隙磁通密度 B_δ 的空间分布曲线接近于正弦波。若采用均匀气隙的结构，则气隙磁通密度的空间分布曲线是平顶波，如图 2-32（b）所示。

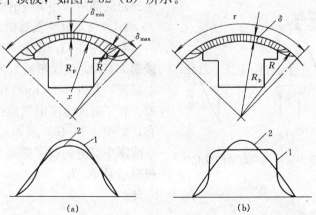

图 2-32 极弧形状与气隙磁通密度分布图

（a）气隙不均匀极弧形状及磁通密度的分布图；（b）气隙均匀的极弧形状及磁通密度的分布图

1—气隙中实际磁密分布；2—气隙中的基波磁密

2. 隐极同步发电机转子磁通的磁路

图 2-33 所示为隐极同步发电机的主磁路。如果不考虑槽、齿的影响，气隙可看成是均匀的，沿圆周磁阻相等。由于励磁绕组采用"分布"方式，励磁磁动势产生的气隙磁通密度呈阶梯形空间分布，如图 2-34 所示，图中虚线表示正弦波，以便与阶梯形相比较。

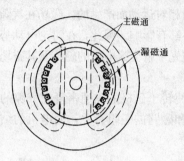

图 2-33 隐极同步发
电机转子磁通的磁路

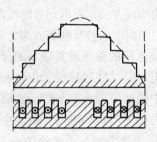

图 2-34 隐极电机励磁安匝的
布置和气隙磁通密度的分布图

至于异步电机，其气隙磁场是由定子和转子绕组共同建立的磁动势所产生的，适当地选择绕组构成方式，也可使磁动势及磁通密度波形接近正弦形。

综上所述，交流电机中气隙磁通密度沿空间的分布曲线，实际上不可能是理想的正弦波。对于非正弦波，可用傅里叶级数分解成基波和高次谐波分量。在讨论电动势时将对基波磁场和谐波磁场分别加以分析。

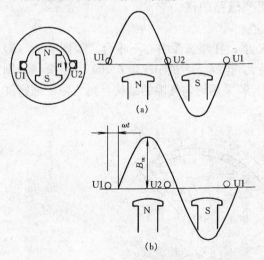

图 2-35 定子线圈中交链气隙磁通的变化
(a) $t=0$；(b) $t>0$

二、绕组的基波电动势

基波电动势是指气隙基波磁场所感应的电动势。从上述可知，交流绕组是由许多线圈按一定规律连接而成的，所以讨论交流绕组的电动势首先分析一个线圈的电动势，进而讨论线圈组和相绕组的电动势。

1. 线圈电动势及短距系数

参看图 2-35，设定子圆周上放置一整距线圈 U1U2，该线圈匝数为 N_c，转子上有 p 对磁极，并以 n (r/min) 的转速切割定子线圈。转子磁通密度沿气隙按正弦波形空间分布，如图 2-35 (a) 所示。当 $t=0$ 时，在定子线圈中交链的转子磁通有最大值，此时每极磁通量 Φ_m 为

$$\Phi_m = B_{av} l\tau \tag{2-6}$$

式中 B_{av}——每极磁密度的平均值；

l——线圈有效边的长度；

τ——极距。

对于固定不动的定子绕组而言，当主极磁场旋转一周时，穿过定子线圈的磁通也完成一

个周期的变化；换句话说，在空间按正弦波分布的主极旋转磁场，相对定子线圈而言，与其交链的磁通是一随时间变化的正弦量。故对任一 t 瞬时，如图 2-35（b）所示，定子线圈中所交链的磁通为

$$\phi = \varPhi_{\mathrm{m}} \sin \omega t \tag{2-7}$$

$$\omega = 2\pi f = 2\pi pn/60$$

式中 ω——角频率。

则一个单匝整距线圈中感应的电动势为

$$e = -\frac{\mathrm{d}\phi}{\mathrm{d}t} = -\omega \varPhi_{\mathrm{m}} \cos \omega t = \omega \varPhi_{\mathrm{m}} \sin(\omega t - 90°) \tag{2-8}$$

电动势的有效值为

$$E_{\mathrm{t}(y_1=\tau)} = \frac{\omega}{\sqrt{2}} \varPhi_{\mathrm{m}} = \sqrt{2}\pi f \varPhi_{\mathrm{m}} = 4.44 f \varPhi_{\mathrm{m}} \tag{2-9}$$

N_{c} 匝整距线圈电动势有效值应为

$$E_{\mathrm{c}(y_1=\tau)} = N_{\mathrm{c}} E_{\mathrm{t}(y_1=\tau)} = 4.44 f N_{\mathrm{c}} \varPhi_{\mathrm{m}} \tag{2-10}$$

式（2-10）与变压器感应电动势的式（1-4）相同。这是因为无论变压器还是交流电机，线圈中所交链的磁通，在时间上都是按正弦规律变化，从而使线圈感应电动势在时间上也是按正弦规律变化。不过变压器线圈中的磁通本身随时间正弦脉动而感应电动势；而交流电机线圈中的磁通随时间正弦变化，是由于主极磁通与线圈相互切割而感应电动势的。所以从"线圈交链的磁通发生变化会感应电动势"这一原理来看，都是相同的，因此，电动势 E_{t} 的相位滞后交变磁通 $\varPhi_{\mathrm{m}}$ 90°，如图 2-36 所示。不过应注意到，变压器的 $\varPhi_{\mathrm{m}}$ 是指随时间 t 按正弦规律变化的主磁通幅值；而交流电机的 $\varPhi_{\mathrm{m}}$ 是指磁通密度沿气隙圆周按正弦规律空间分布时每极的磁通量。

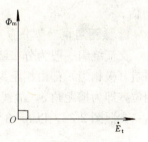

图 2-36 磁通与线匝电动势的相位关系

单匝整距线圈电动势也可以看成两有效边的电动势相加，因为整距线匝（$y_1=\tau$），两有效边处在不同极性的极面下相对应的位置，两有效边导体内感应电动势的瞬时值大小相等、方向相同（沿回路方向），若两导体电动势相量分别用 $\dot{E}_{\mathrm{t}1}$ 和 $\dot{E}_{\mathrm{t}2}$ 表示，其正方向如图 2-37（a）所示。根据电路定律，参照图 2-37（b），可得整距线匝的电动势为

$$\dot{E}_{\mathrm{t}(y_1=\tau)} = \dot{E}_{\mathrm{t}1} + \dot{E}_{\mathrm{t}2} = 2\dot{E}_{\mathrm{t}1}$$

则有效值为 $E_{\mathrm{t}(y_1=\tau)} = 2E_{\mathrm{t}}$。

上面介绍的整距线匝的电动势为两有效边电动势的算术和，每匝电动势有效值等于每根导体电动势有效值的两倍。

短距线匝（$y_1 < \tau$）如图 2-37（a）中的虚线所示。设短距线匝的节距所缩短的电角度 $\beta = \frac{\tau - y_1}{\tau} \times 180°$，则同一线匝两有效边导

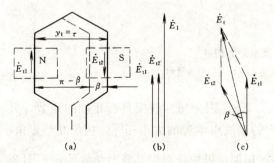

图 2-37 线匝及电动势相量
(a) 线匝；(b) 整距线匝的电动势相量图；
(c) 短距线匝的电动势相量图

体感应电动势的相位差就不是 $0°$，而是互差 β，如图 2-37(c) 所示。按图中电动势相量关系，可求得短距线匝电动势的有效值为

$$E_{t(y_1 < \tau)} = 2E_{t1} \cos \frac{\beta}{2} \tag{2-11}$$

短距线匝电动势与该线匝为整距时的电动势之比，称为基波短距系数，用 k_{y1} 表示

$$k_{y1} = \frac{E_{t(y_1 < \tau)}}{E_{t(y_1 = \tau)}} = \cos \frac{\beta}{2} = \cos\left(\frac{\tau - y_1}{\tau} \times 90°\right) = \sin\left(\frac{y_1}{\tau} \times 90°\right) \tag{2-12}$$

将式 (2-9) 代入式 (2-11) 可得短距线匝电动势的有效值为

$$E_{t(y_1 < \tau)} = k_{y1} E_{t(y_1 = \tau)} = 4.44 f k_{y1} \Phi_m \tag{2-13}$$

若有 N_c 匝的短距线圈，则线圈电动势的有效值为

$$E_{c(y_1 < \tau)} = N_c E_{t(y_1 < \tau)} = 4.44 f N_c k_{y1} \Phi_m \tag{2-14}$$

基波短距系数 k_{y1} 小于 1，表示由于"短距"使线匝（或线圈）电动势比整距时小些，应打 k_{y1} 的折扣。其物理意义也是清楚的，即当短距线匝（或线匝）交链的磁通，总是小于整距线匝（或线圈）一个极距的磁通量，因而短距线匝（或线圈）的感应电动势为整距时的 k_{y1} 倍。

2. 线圈组电动势分布系数

交流绕组一般为分布绕组，不论双层或单层线组，从槽电动势星形图可以看出，每个线圈组（极相组）都由相距为 α 角的 q 个线圈串联而成，在一个极相组中，相邻线圈电动势的相位差即为槽距角 α，故线圈组的电动势应为 q 个线圈电动势的相量和。

参照图 2-38，以 $q = 3$ 为例，分析线圈组的电动势。

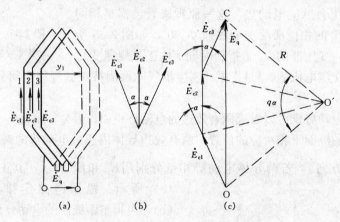

图 2-38 线圈组及电动势相量

(a) 线圈组；(b) 线圈电动势；(c) 电动势相量和

线圈 1、2、3 的基波电动势分别为 $\dot{E}_{c1}$、$\dot{E}_{c2}$、$\dot{E}_{c3}$。因为每一线圈具有相同的匝数，并且切割同一磁极下的基波磁通，所以每个线圈中的基波电动势的大小相等，相位互差 α 角，如图 2-38 (b) 所示。将这三个线圈的电动势相量相加，可得线圈组基波电动势 $\dot{E}_q$，如图 2-38 (c) 所示，即

$$\dot{E}_q = \dot{E}_{c1} + \dot{E}_{c2} + \dot{E}_{c3}$$

为了求得线圈组的电动势公式，可作出线圈电动势相量组成的正多边形，其外接圆的圆心 O' 和半径 R。由图 2-38 中可见，绕圈组的基波电动势为

$$\dot{E}_{q} = \overline{oc} = 2R\sin\frac{q\alpha}{2}$$

线圈基波的电动势为

$$\dot{E}_{c} = 2R\sin\frac{\alpha}{2}$$

由上列两式消去 R 得

$$E_{q} = E_{c}\frac{\sin\dfrac{q\alpha}{2}}{\sin\dfrac{\alpha}{2}} = qE_{c}\frac{\sin\dfrac{q\alpha}{2}}{q\sin\dfrac{\alpha}{2}} \tag{2-15}$$

式（2-15）中 qE_{c} 可理解为匝数相同的 q 个串联线圈，集中地放在同一个槽内所感应的基波电动势。而 E_{q} 则是串联的 q 个线圈分布地放在槽距角为 α 的相邻 q 个槽内所感应的基波电动势。两者的比值称为基波分布系数，用 k_{q1} 表示

$$k_{q1} = \frac{E_{q}}{qE_{c}} = \frac{\sin\dfrac{q\alpha}{2}}{q\sin\dfrac{\alpha}{2}} \tag{2-16}$$

基波分布系数 k_{q1} 小于 1，表示由于"分布"的关系，使线圈组的电动势比集中绕组时小些，应打 k_{q1} 的折扣。

若考虑到线圈组短距和分布影响时，线圈组的基波电动势公式即为

$$E_{q} = k_{q1}qE_{c(y_{1}<\tau)} = 4.44fqN_{c}k_{q1}k_{y1}\Phi_{m} = 4.44fqN_{c}k_{w1}\Phi_{m} \tag{2-17}$$

分布系数和短距系数的乘积称为绕组系数，用 $k_{w1}=k_{y1}k_{q1}$ 表示。它表示交流绕组既计及短距又计及分布影响时，线圈组电动势应打的折扣。

3. 绕组基波电动势和线电动势

每相绕组有 $2p$ 个（双层绕组）或 p 个（单层绕组）线圈组，根据每相支路数 $2a$ 的要求，采用串联、并联或串并联组成，则每相绕组电动势的大小决定于每条支路电动势的大小。而支路电动势是由支路所串联的线圈组电动势之和决定的，并要考虑到短距和分布的影响，即得基波相电动势的有效值为

$$E_{\varphi} = 4.44fNk_{w1}\Phi_{m} \tag{2-18}$$

式中 N——每相绕组一条支路串联的总匝数。

对于单层绕组，每相有 pq 个线圈，每个线圈有 N_{c} 匝，故每相串联总匝数 $N=\dfrac{pqN_{c}}{2a}$；

对于双层绕组，每相有 $2pq$ 个线圈，故每相串联总匝数 $N=\dfrac{2pqN_{c}}{2a}$。

式（2-18）说明，同步发电机在额定频率下运行时，其相电动势大小与转子的每极磁通成正比。若要调节同步发电机的电压，必须调节转子励磁电流，即改变转子每极磁通。

线电动势 E 与三相绕组的接法有关，对于三相对称绕组，△形接法时，线电动势等于

相电动势；丫形接法时，线电动势应为相电动势 $\sqrt{3}$ 倍。

【例 2-3】 一台三相同步发电机，$f=50\text{Hz}$，$n_N=1500\text{r/min}$，定子采用双层短距叠绕组，$q=3$，$y_1=\dfrac{8}{9}\tau$，每相串联总匝数 $N=108$，丫形接法，每极磁通量 $\Phi_m=1.015\times10^{-2}$ Wb。试求：p、Z、k_{w1}、E_φ、E。

解 据已知条件

$$p=\frac{60f}{n}=\frac{60\times50}{1500}=2$$

因为双层叠绕组，$Z=2pqm=4\times3\times3=36$（槽）。

$$\tau=\frac{Z}{2p}=\frac{36}{4}=9(\text{槽})$$

所以

$$k_{y1}=\cos\left(\frac{\tau-y_1}{\tau}\times90°\right)=\cos\left(\frac{1}{9}\times90°\right)=0.985$$

已知

$$q=3$$

$$\alpha=\frac{p\times360°}{Z}=\frac{2\times360°}{36}=20°$$

所以

$$k_{q1}=\frac{\sin\dfrac{q\alpha}{2}}{q\sin\dfrac{\alpha}{2}}$$

$$=\frac{\sin\dfrac{3\times20°}{2}}{3\times\sin\dfrac{20°}{2}}=0.960$$

得

$$k_{w1}=k_{y1}k_{q1}=0.985\times0.960=0.945$$

则

$$E_\varphi=4.44fNk_{w1}\Phi_m$$

$$=4.44\times50\times108\times0.945\times1.015\times10^{-2}=230\,(\text{V})$$

线电动势

$$E=\sqrt{3}E_\varphi=\sqrt{3}\times230=398\,(\text{V})$$

三、高次谐波电动势及其削弱方法

实际上，主极旋转磁场的气隙磁密分布波形不会是理想的正弦波。除基波外，还有一系列高次谐波。下面仅讨论气隙磁场非正弦分布所引起的高次谐波电动势。

以凸极同步发电机为例。图 2-39 表示一对磁极的磁通密度，沿气隙圆周的分布一般是平顶波。应用傅里叶级数可将其分解为基波和一系列高次谐波。由于此平顶波的波形对横坐标轴对称，故分解后没有常数项和偶次项；又因为此平顶波对纵坐标轴对称，分解后也没有正弦波，因此平顶波仅含 1、3、5 等奇次谐波。则磁通密度 $B(x)$ 的展开式为

$$B(x)=B_{1m}\cos\frac{\pi}{\tau}x+B_{3m}\cos\frac{3\pi}{\tau}x+B_{5m}\cos\frac{5\pi}{\tau}x$$

$$+\cdots+B_{\upsilon m}\cos\frac{\upsilon\pi}{\tau}x+\cdots \tag{2-19}$$

式中 　　　　υ——谐波次数；

　　　　　　x——气隙磁场中某一点与坐标原点之间的距离；

B_{1m}、B_{3m}、B_{5m}、$B_{\upsilon m}$——气隙磁密的基波、三次、五次和 υ 次谐波振幅。

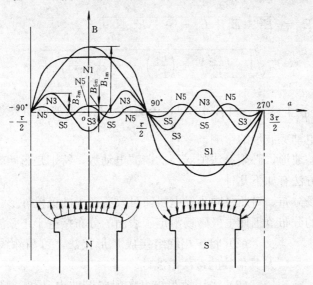

图 2-39　一对极面下气隙磁密波的分解

从式（2-19）和图 2-39 可以看出，基波的极对数 p、极距 τ 和平顶波的极对数、极距均相同；而高次谐波的极对数 p_υ 为基波的 υ 倍，极距 τ_υ 为基波的 $1/\upsilon$ 倍；当转子以每分钟 n 转的速度旋转时，磁场的基波和高次谐波都以相同的转速和方向旋转，即

$$p_\upsilon = \upsilon p , \ \tau_\upsilon = \tau/\upsilon , \ n_\upsilon = n$$

由于不同的谐波具有不同的磁极对数，当它们以同步转速 n 旋转时，将在定子绕组中感应电动势，其频率为

$$f_\upsilon = \frac{p_\upsilon n_\upsilon}{60} = \frac{\upsilon p n}{60} = \upsilon f_1 \tag{2-20}$$

根据类似于式（2-34）的推导，可得谐波电动势的有效值

$$E_\upsilon = 4.44 f_\upsilon N k_{w\upsilon} \Phi_{\upsilon m} \tag{2-21}$$

式中　$\Phi_{\upsilon m}$——υ 次谐波每极磁通量。

则 υ 次谐波每极磁通量为

$$\Phi_{\upsilon m} = \frac{2}{\pi} B_{\upsilon m} l \tau \tag{2-22}$$

$$k_{w\upsilon} = k_{y\upsilon} k_{q\upsilon} \tag{2-23}$$

$k_{w\upsilon}$、$k_{y\upsilon}$、$k_{q\upsilon}$ 分别表示 υ 次谐波的绕组系数、短距系数和分布系数。

和基波相比较，由于 υ 次谐波的极对数是基波的 υ 倍，因而，在一对极的范围内，υ 次谐波所对应的电角度为"$\upsilon \times 360°$"，因而，υ 次谐波的短距系数和分布系数可写成

$$k_{y\upsilon} = \cos\left(\frac{\tau - y_1}{\tau} \times 90°\right) = \sin\left(\frac{y_1}{\tau} \times 90°\right) \tag{2-24}$$

$$k_{q\upsilon} = \frac{\sin\frac{\upsilon q \alpha}{2}}{q \sin\frac{\upsilon \alpha}{2}} \tag{2-25}$$

考虑谐波电动势在内，相电动势的有效值为

$$E_x = \sqrt{E_1^2 + E_3^2 + E_5^2 + \cdots + E_v^2 + \cdots}$$

$$= E_1\sqrt{1 + \left(\frac{E_3}{E_1}\right)^2 + \left(\frac{E_5}{E_1}\right)^2 + \cdots + \left(\frac{E_v}{E_1}\right)^2 + \cdots}$$

计算表明，由于 $\left(\frac{E_3}{E_1}\right)^2 \ll 1$，$\cdots\left(\frac{E_v}{E_1}\right)^2 \ll 1$，$\cdots$ 所以，高次谐波电动势对相电动势大小的影响很小，主要是对电动势波形的影响。

为了改善电动势的波形，必须设法削弱高次谐波电动势，特别是影响较大的 3、5、7 次谐波电动势，常用的方法有如下几种。

（1）改善主极磁场分布。对凸极同步发电机，可改善磁极的极靴外形。对隐极同步发电机，可改善励磁绕组的分布范围使主极磁场沿定子表面的分布接近于正弦波。

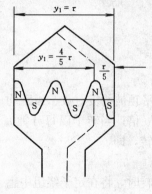

（2）将三相绕组接成 Y 形接法，可消除线电动势中的 3 次及其倍数的奇次谐波。

（3）采用短距绕组来削弱谐波电动势，只要合理地选择线圈节距，使某次谐波的短距系数等于或接近于零，就可消除或削弱该次谐波电动势。由图 2-40 可看出，若要消除 v 次（图 2-40 中 $v=5$）谐波电动势，则线圈的有效边应处在 v 次谐波的两个同极性极面下相对应的位置上。这样，两有效边中感应的 v 次谐波电动势大小相等、相位相同，在沿线圈回路内谐波电动势 E 正好互相抵消。为此，只要使线圈的节距 y_1 比整距缩短一个 v 次谐波的极距 τ_v 即可，于是

图 2-40　短距线圈能消除
谐波电动势的原理图

$$y_1 = \tau - \tau_v = \tau - \tau/v = (1 - 1/v)\tau \tag{2-26}$$

表 2-4 列出不同节距时，基波和部分高次谐波的短距系数 k_{yv}。

从表中可见，线圈采用短距后，对基波电动势的大小也会有影响，但影响不大。

表 2-4　　　基波和部分高次谐波的短距系数 k_{yv}

v ＼ y_1/τ	1	8/9	5/6	4/5	7/9	2/3
1	1	0.985	0.966	0.951	0.940	0.866
3	1	0.866	0.707	0.588	0.500	0
5	1	0.634	0.259	0	0.174	0.866
7	1	0.342	0.259	0.588	0.766	0.866

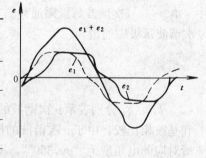

图 2-41　分布线圈电动势的合成波形

（4）采用分布绕组来削弱谐波电动势。适当地增加每极每相槽数 q，就可使某次谐波的分布系数接近于零，从而削弱该次谐波电动势。由图 2-41 中可看出，两个互差一个角度的平顶电动势波形，叠加以后得到的合成电动势波形就更接近于正弦波了。

表 2-5 中表示出不同的 q 时基波和部分高次谐波的分布系数 k_{qv}。

表 2-5　　　　　　　　　不同 q 时基波和部分高次谐波的分布系数 k_{qv}（绝对值）

q	k_{q1}	k_{q3}	k_{q5}	k_{q7}	k_{q9}	k_{q11}	k_{q13}
1	1	1	1	1	1	1	1
2	0.966	0.707	0.259	0.259	0.707	0.966	0.966
3	0.960	0.667	0.217	0.177	0.333	0.177	0.217
4	0.958	0.654	0.215	0.158	0.270	0.126	0.126
5	0.957	0.646	0.200	0.149	0.247	0.110	0.102
6	0.957	0.644	0.197	0.145	0.236	0.102	0.092

由表 2-5 可见，当 q 增加时，基波的分布系数 k_{y1} 减小不多，但高次谐波的分布系数 k_{yv} 却显著减小，从而改善了电动势的波形。但是，q 增到一定数值时，高次谐波的分布系数下降已不明显，因此，除两极汽轮发电机（$q>6$）外，一般交流电机选 $q=2\sim6$。在多极的水轮发电机中，由于极数过多而使 q 值达不到 2 时，常用分数槽绕组来消除高次谐波电动势，这里不再讨论。

课题五　交流绕组的磁动势

在交流电机中，当定子绕组流过交流电流时将建立电枢磁动势，它对电机的能量转换和运行性能都有很大的影响。因而在研究交流电机运行之前，必须分析电枢磁动势的性质、大小和分布情况。本课题将分别讨论单相绕组的磁动势和三相绕组磁动势。

一、单相脉振磁动势

组成相绕组的单元是线圈，因此，先分析一个线圈所产生的磁动势。

1. 整距线圈的磁动势

图 2-42（a）表示一台两极交流电机，其定、转子之间气隙是均匀的。定子铁芯内有一个整距线圈 U1U2，当线圈中有交流电流流过（由 U2 流入，U1 流出）时，线圈磁动势便产生一个两极磁场。按右手螺旋定则可决定该磁场的方向，并用虚线表示磁力线的分布情况。对于定子来说，下端为 N 极，上端为 S 极。

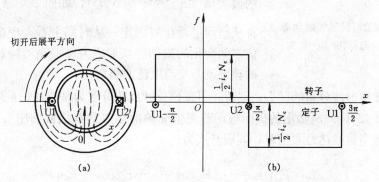

图 2-42　整距线圈的磁动势
（a）磁场分布；（b）磁动势波形

如果设想将此电机在 U1 线圈边处切开后展平，如图 2-42（a）、（b）所示。图中取纵坐标轴处在线圈的中心线位置，并用纵坐标轴表示磁动势 f 的大小。横坐标轴 x 表示沿定子内圆周的空间距离。由图 2-42（a）可见，每一束磁力线都与该线圈相交链。根据安培环路定律可知，作用在任一磁力线所经磁路上的磁动势，等于其所包围的全电流。如该线圈的匝数为 N_c，通过的交流电流为 i_c，则作用在每根磁力线所经磁路上的磁动势 $f = N_c i_c$；显然，任一磁力线所经磁路上的磁动势都相等。由于气隙磁阻远大于铁芯的磁阻，可认为该磁动势等于两段气隙中磁压降之和。这样，作用在每段气隙的磁压降为磁动势的一半，即 $\frac{1}{2} N_c i_c$。

假定磁通由定子进入转子的磁动势为正，相反的方向为负，则可得到如图 2-42（b）所示的沿气隙圆周空间分布的磁动势波形，其波形为矩形波，宽度等于线圈的宽度，幅值为 $\frac{1}{2} N_c i_c$。

如果线圈中流过的交流电流随时间按余弦规律变化的，即 $i_c = \sqrt{2} I_c \cos\omega t$，则线圈磁动势为

$$f_c = \frac{\sqrt{2}}{2} N_c I_c \cos\omega t \qquad (2-27)$$

式（2-27）说明，磁动势矩形波的幅值是随时间按余弦规律变化的，但磁动势在空间的位置保持固定不变，其宽度仍为线圈的宽度不变。简而言之，矩形波磁动势在空间位置固定不动，但其幅值的大小和正负随时间变化。图 2-43 表示一个整距线圈通过交流电流时，磁动势波形在以下三个瞬时的情况为：当电流达正的最大值（$\cos\omega t = 1$）时，磁动势矩形波的振幅为正的最大值（$F_{cm} = \frac{\sqrt{2}}{2} N_c I_c$），如图 2-43（a）所示；当电流等于 0 时，磁动势波的振幅为零，如图 2-43（b）所示；当电流为负的最大值（$\cos\omega t = -1$）时，磁动势矩形波的振幅为负的最大值（$F_{cm} = -\frac{\sqrt{2}}{2} N_c I_c$），如图 2-43（c）所示。这种从空间上看位置固定，从时间上看大小在正、负最大值之间变化的磁动势，称之为脉振磁动势。显然，脉振的频率就是交流电流的频率。

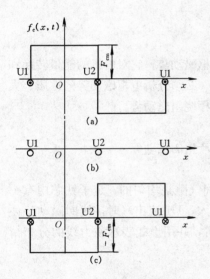

图 2-43　不同瞬时的脉振磁动势
(a) $\omega t = 0$, $i = I_m$; (b) $\omega t = 90°$, $i = \upsilon$; (c) $\omega t = 180°$, $i = -I_m$

对于空间按矩形波分布的脉振磁动势，可按傅里叶级数分解为基波和一系列奇次谐波的磁动势。按图 2-42（b）所确定的坐标轴，若把坐标轴的原点选在线圈的中心线上，于是，整距线圈磁动势当振幅达最大值时，其展开式为

$$f_{cm}(x) = F_{c1} \cos\frac{\pi}{\tau}x - F_{c3} \cos\frac{3\pi}{\tau}x + F_{c5} \cos\frac{5\pi}{\tau}x - \cdots \qquad (2-28)$$

式中，负号表示在坐标原点处，该奇次谐波值与基波幅值的方向相反。基波磁动势的最大幅值是矩形波磁动势振幅的 $4/\pi$ 倍，υ 次谐波磁动势的最大幅值是基波磁动势最大幅值的 $1/\upsilon$ 倍，故

$$F_{c1} = \frac{4}{\pi} \times \frac{\sqrt{2}}{2} N_c I_c = 0.9 N_c I_c$$

$$F_{cv} = \frac{1}{v} F_{c1} = \frac{1}{v} \times 0.9 N_c I_c$$

式中 I_c——线圈中流过电流的有效值;

N_c——每一线圈中的串联匝数。

又由于矩形波磁动势的幅值是随时间按余弦规律变化的,所以各次谐波的最大幅值也随时间按余弦规律变化,则气隙圆周上任一点 x 处,矩形分布的脉振磁动势波的展开式为

$$f_c(x,t) = \left(F_{c1} \cos\frac{\pi}{\tau}x - F_{c3} \cos\frac{3\pi}{\tau}x + F_{c5} \cos\frac{5\pi}{\tau}x - \cdots \right) \cos\omega t$$

$$= 0.9 N_c I_c \left(\cos\frac{\pi}{\tau}x - \frac{1}{3}\cos\frac{3\pi}{\tau}x + \frac{1}{5}\cos\frac{5\pi}{\tau}x - \cdots \right) \cos\omega t \qquad (2\text{-}29)$$

由图 2-44 可看出,基波的极距等于矩形波的极距,v 次谐波的极距是基波极距的 $1/v$ 倍,故 v 次谐波的极对数是基波极对数的 v 倍。

式 (2-29) 表示整距线圈磁动势包含基波磁动势和一系列的高次谐波磁动势。由于高次谐波磁动势可采用分布和短距的绕组加以削弱,所以,下面只讨论基波磁动势。

2. 单相磁动势

(1) 整距分布线圈组的磁动势。交流电机中,常采用分布绕组,如图 2-45 所示。图中以

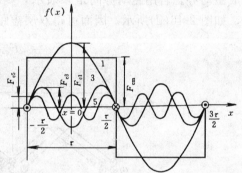

图 2-44 矩形磁动势波的分解

三相双层整距分布线圈组 ($q=3$) 为例,各线圈依次沿定子圆周在空间错开一个槽距角 α。因此,每个线圈所产生的基波磁动势在空间的相位差也是 α 电角度。把 q 个线圈的基波磁动势逐点相加,可求得合成磁动势,如图 2-45 (a) 所示。

基波磁动势在空间按正弦规律分布,可用空间向量来表示。磁动势空间相量表示出空间按正弦规律分布的磁动势波,磁动势向量的长度表示磁动势的最大幅值,磁动势向量所在的位置表示磁动势最大幅值所在的空间位置,箭头表示正方向(用字母上方加横线表示空间向量用以区别于时间相量)。将 q 个线圈基波磁动势的空间向量相加可得如图 2-45 (b) 所示的磁动势向量图。不难看出,这与利用图 2-38 中电动势相量计算分布绕组的合成电动势情况相类似,即引入同一基波分布系数 k_{q1},用以计及线圈分布对基波磁动势的影响。于是 q 个整距线圈基波合成磁动势的最大幅值为

$$F_{q1} = qF_{c1}k_{q1} = 0.9(qN_cI_c)k_{q1} \qquad (2\text{-}30)$$

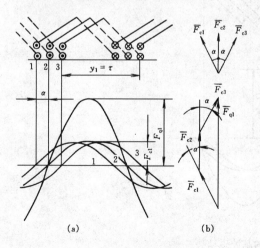

图 2-45 整距线圈组的基波磁动势
(a) 分布绕组及其基波磁动势;(b) 磁动势向量图

(2) 短距分布线圈组的磁动势。图 2-46 (a) 为 $q=3$ 的双层短距分布绕组。图中以 $Z=$

18，$2q=2$，$y_1=8\tau/9$ 为例，画出 U 相绕组的两个线圈组。双层绕组的线圈总是以一个槽的上层边与相距节距 y_1 的另一槽的下层边连接而成。由于绕组所建立的磁动势波形的大小，只取决于导体的分布情况和导体中电流的方向，而与导体之间的连接次序无关。因此，原来由 1 上—9 下，2 上—10 下，3 上—11 下及 10 上—18 下，11 上—1 下，12 上—2 下所组成的两个短距分布线圈组，就其磁动势而言，可以看成是一个由上层线圈边组成的整距分布线圈组，即 1 上—10 上，2 上—11 上，3 上—12 上，以及另一个由下层线圈边组成的整距分布线圈组，即 9 下—18 下，10 下—1 下，11 下—2 下，如图 2-46(b) 所示。这两个整距分布线圈组在空间相互错开 β 电角度的距离，这一 β 电角度正好等于线圈短距缩短的电角度 $\dfrac{\tau-y_1}{\tau}\pi$。因此，上层和下层线圈组所产生的基波磁动势，在空间的相位差为 β 电角度，如图 2-46(c) 所示。将上、下层两线圈组的基波磁动势逐点相加，可求得双层短距分布线圈组的合成磁动势。若用磁动势向量来表示，则两个线圈组磁动势向量的空间夹角等于 β 电角度，如图 2-46(d) 所示。因而可得双层短距分布绕组 U 相的两个线圈组的合成磁动势为

$$F_{\phi 1} = 2F_{qu}\cos\frac{\beta}{2} = 2F_{qu}k_{y1} \tag{2-31}$$

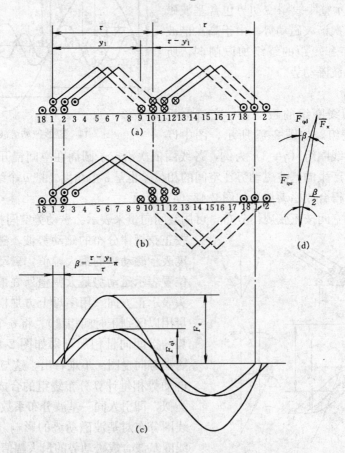

图 2-46 短距绕组的基波磁动势

(a) 双层短距绕组；(b) 双层整距绕组；(c) 基波磁动势及合成；

(d) 磁动势向量图

$$k_{y1} = \cos\left(\frac{\tau - y_1}{\tau} \times 90°\right) = \sin\left(\frac{y_1}{\tau} \times 90°\right)$$

式中 k_{y1}——基波绕组系数。

显然，上层和下层线圈组所产生的基波磁动势大小等于整距分布线圈组的基波磁动势 F_{q1}，即 $F_{qu} = F_{qd} = F_{q1}$。由于双层绕组每相在每对极下有两个线圈组，故双层短距分布绕组每对极的每相磁动势为

$$F_{\phi1} = 2F_{qu}k_{y1} = 2F_{q1}k_{y1} \tag{2-32}$$

将式（2-30）代入式（2-32）可得双层短距分布绕组每对极的每相合成磁动势最大幅值为

$$F_{\phi1} = 2F_{q1}k_{y1} = 2q(0.9N_cI_c)k_{q1}k_{y1} = 0.9(2qN_c)k_{w1}I_c \tag{2-33}$$

式中 k_{w1}——绕组系数。

k_{q1}、k_{y1}、k_{w1} 的计算公式及其物理意义与计算电动势时相同。

以上讨论的是一对极下 U 相两线圈组合成磁动势的情况，事实上这个合成磁动势也就是一相绕组的合成磁动势。这是因为一相绕组的磁动势，并不是组成每相绕组的所有线圈组产生磁动势的合成，而是指这个相绕组在一对极下的线圈组所产生的合成磁动势。其原因是一对极下的线圈组所产生的磁动势和磁阻构成一条分支磁路，电机若有 p 对极就有 p 条并联的对称分支磁路，故一相绕组基波磁动势的幅值，便是该相绕组在一对极下线圈组所产生的基波磁动势的幅值。

设每相并联支路数为 $2a$，相电流为 I，则线圈中流过的电流为 $I_c = \dfrac{I}{2a}$，对于双层绕组因

有 $2p$ 个线圈组，故每相绕组串联的总匝数 $N = \dfrac{2pqN_c}{2a}$ 或 $\dfrac{2aN}{p} = 2qN_c$，将其代入式（2-33），可得单相绕组基波磁动势的最大幅值为

$$F_{\phi1} = 0.9\frac{2aN}{p}k_{w1}I_c = 0.9k_{w1}\frac{NI}{p} \tag{2-34}$$

式（2-34）是双层绕组导出的，对于单层绕组，因有 p 个线圈组，故每相绕组串联的总

匝数应为 $N = \dfrac{pqN_c}{2a}$ 或 $\dfrac{2aN}{p} = qN_c$，将其代入式（2-30），同样可得式（2-34）。所以，单相绕组的基波磁动势表达式为

$$f_{\phi1}(x,t) = F_{\phi1}\cos\frac{\pi}{\tau}x\cos\omega t = 0.9k_{w1}\frac{NI}{p}\cos\frac{\pi}{\tau}x\cos\omega t \tag{2-35}$$

式中 $F_{\phi1}$——单相绕组基波磁动势的最大幅值。

综上分析，可得如下结论：

1）单相绕组产生的基波磁动势是脉振磁动势。它在空间按余弦规律分布，其位置固定不动，各点的磁动势大小又随时间按余弦规律变化。磁动势的脉振频率为电流的频率。

2）单相脉振基波磁动势的最大幅值为 $0.9k_{w1}\dfrac{NI}{p}$，其幅值位置处在相绕组的轴线上（亦即构成一对极下的每相线圈组中心线上）。

3）单相脉振基波磁动势即是一对极下一相线圈组的磁动势，对于双层绕组来说含有两

个线圈组，而对单层绕组来说，只含一个线圈组。

二、三相旋转磁动势

现代电力系统都是三相制，除小功率电机外，一般交流电机通常也是三相的。因而，本小节要讨论的三相对称电流流过三相对称绕组时产生的合成基波磁动势，将是研究交流电机的基础。下面分别采用数学分析法和图解法进行讨论。

1. 三相绕组的基波合成磁动势

（1）数学分析法。三相交流电机的定子铁芯中，放置着对称的三相绕组，三相绕组的轴线在空间彼此相差 120°电角度。当对称的三相电流流过对称的三相绕组中，每相绕组各自产生的脉振磁动势，在空间也彼此相差 120°电角度。

若将空间坐标的纵轴取在 U 相绕组轴线上，并以顺相序的方向作为横坐标轴 X 的正方向，同时将 U 相电流达到最大值的瞬间作为时间 t 的起点，则各相脉振磁动势的表达式为

$$\left. \begin{aligned} f_{U1}(x,t) &= F_{\Phi1}\cos\frac{\pi}{\tau}x\cos\omega t \\ f_{V1}(x,t) &= F_{\Phi1}\cos\left(\frac{\pi}{\tau}x - 120°\right)\cos(\omega t - 120°) \\ f_{W1}(x,t) &= F_{\Phi1}\cos\left(\frac{\pi}{\tau}x + 120°\right)\cos(\omega t + 120°) \end{aligned} \right\} \qquad (2\text{-}36)$$

其中，$F_{\Phi1}$ 是各相脉振磁动势的最大幅值，$\cos\frac{\pi}{\tau}x$、$\cos\left(\frac{\pi}{\tau}x-120°\right)$、$\cos\left(\frac{\pi}{\tau}x+120°\right)$ 分别表示三个单相磁动势的空间分布规律；$\cos\omega t$、$\cos(\omega t-120°)$、$\cos(\omega t+120°)$ 则分别表示这三个单相磁动势随时间的变化规律。

利用三角函数公式，将式（2-36）进行分解得

$$\left. \begin{aligned} f_{U1}(x,t) &= \frac{1}{2}F_{\Phi1}\cos\left(\omega t - \frac{\pi}{\tau}x\right) + \frac{1}{2}F_{\Phi1}\cos\left(\omega t + \frac{\pi}{\tau}x\right) \\ f_{V1}(x,t) &= \frac{1}{2}F_{\Phi1}\cos\left(\omega t - \frac{\pi}{\tau}x\right) + \frac{1}{2}F_{\Phi1}\cos\left(\omega t + \frac{\pi}{\tau}x - 240°\right) \\ f_{W1}(x,t) &= \frac{1}{2}F_{\Phi1}\cos\left(\omega t - \frac{\pi}{\tau}x\right) + \frac{1}{2}F_{\Phi1}\cos\left(\omega t + \frac{\pi}{\tau}x - 120°\right) \end{aligned} \right\} \qquad (2\text{-}37)$$

式（2-37）中的三式相加可知，由于等式右边后三相表示的三个余弦波在空间相位互差 120°电角度，故三项之和为零，则三相合成磁动势为

$$\begin{aligned} f_1(x,t) &= f_{U1}(x,t) + f_{V1}(x,t) + f_{W1}(x,t) \\ &= \frac{3}{2}F_{\Phi1}\cos\left(\omega t - \frac{\pi}{\tau}x\right) \\ &= F_1\cos\left(\omega t - \frac{\pi}{\tau}x\right) \end{aligned} \qquad (2\text{-}38)$$

$$F_1 = \frac{3}{2}F_{\Phi1}$$

式中　F_1——三相合成磁动势幅值。

从式（2-38）可见，当 $t=0$，即 $\omega t=0$ 时，$f_1(x,0)=F_1\cos\left(-\frac{\pi}{\tau}x\right)$；再经过某一瞬时，当 $t=t_1$，即 $\omega t_1=\theta_0$ 时，$f_1(x,t)=F_1\cos\left(\theta_0-\frac{\pi}{\tau}x\right)$。若将这两个不同瞬时的磁动势波

按选定的坐标轴画出和进行比较，可知磁动势的幅值 F_1 并没有改变，但 $f_1(x, t)$ 磁动势沿 x 轴的正方向移动了 θ_0 角，如图 2-47 所示。这就是说，式（2-38）表示一个空间按余弦规律分布，幅值 F_1 恒定不变，随时间推移的正向旋转磁动势波。

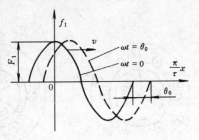

图 2-47　$\omega t = 0$ 和 $\omega t = \theta_0$ 时磁动势波的位置

磁动势波的旋转速度可由波上任意一点的移动速度来确定，若选择磁动势波幅点，则要求式（2-38）中的 $\cos\left(\omega t - \dfrac{\pi}{\tau}x\right) = 1$，即 $\omega t - \dfrac{\pi}{\tau}x = 0$ 或 $x = \dfrac{\tau}{\pi}\omega t$，磁动势波移动的速度 v，可用 x 对 t 的导数求得

$$v = \frac{\mathrm{d}x}{\mathrm{d}t} = \frac{\tau}{\pi}\omega = 2f\tau \tag{2-39}$$

由于 x 是沿定子圆周的空间距离，圆周长度为 $2p\tau$，故磁动势波的旋转速度为

$$n_1 = \frac{2f\tau}{2p\tau} = \frac{f}{p}\ (\mathrm{r/s}) = \frac{60f}{p}\ (\mathrm{r/min}) \tag{2-40}$$

式（2-40）说明，旋转磁动势波的转速 n_1 与同步发电机的转子转速是相等的，故称为同步速。

（2）图解法。三相合成磁动势还可用较为直观的图解法来分析。

图 2-48 为对称三相交流电流的波形。三相对称绕组在定子中采用集中线圈表示，如图 2-49 所示。为了便于分析，假定某瞬间电流正值时，从绕组的尾端流入，首端流出；某瞬间电流负值时则从绕组的首端流入，尾端流出。电流流入绕组用 $\otimes$ 表示，流出绕组用 $\odot$ 表示。

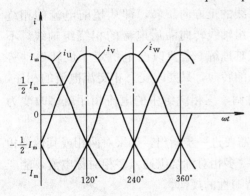

图 2-48　三相对称交流电流

前面已述，每相交流电流产生脉振磁动势的大小与电流成正比，其方向可用右手螺旋定则确定。每相磁动势的幅值位置均处在该相绕组的轴线上。

由图 2-48 可见，当 $\omega t = 0$ 时，$i_U = I_m$，$i_V = i_W = -\dfrac{1}{2}I_m$。U 相磁动势 $\overline{F}_U$ 幅值为最大，等于 $F_{\Phi 1}$，V、W 相磁动势幅值等于 $-\dfrac{1}{2}F_{\Phi 1}$，如图 2-49（a）所示。此时，U 相电流达到最大值，三相合成磁动势 $\overline{F}_1$ 的幅值恰好处在 U 相绕组的轴线上，将各相磁动势向量相加其幅值 $F_1 = \dfrac{3}{2}F_{\Phi 1}$。

按同样方法，继续分析 120°、240°、360° 的几个瞬时。当 $\omega t = 120°$ 时，V 相电流达到最大值，合成磁动势 $\overline{F}_1$ 旋转到 V 相绕组的轴线上，如图 2-49（b）所示。当 $\omega t = 240°$ 时，W 相电流达到最大值，合成磁动势 $\overline{F}_1$ 旋转到 W 相绕组轴线上，如图 2-49（c）所示。当 $\omega t = 360°$ 时，U 相电流又达到最大值，合成磁动势 $\overline{F}_1$ 又旋转到 U 相绕组轴线上，如图 2-49（d）所示。可见，无论哪一瞬时合成磁动势的幅值 $F_1 = \dfrac{3}{2}F_{\Phi 1}$ 始终保持不变。同时，电流变化一个

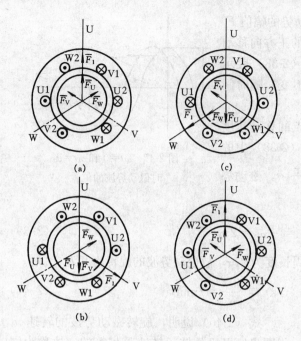

图 2-49　三相合成磁动势的图解

(a) $\omega t=0°$；(b) $\omega t=120°$；(c) $\omega t=240°$；(d) $\omega t=360°$

周期，合成磁动势 $\overline{F}_1$ 相应地在空间旋转了 360°电角度。对于一对极电机，合成磁动势 $\overline{F}_1$ 也旋转了 360°机械角度，即旋转了一周。对于 p 对极的电机，则合成磁动势 $\overline{F}_1$ 在空间旋转了 $\dfrac{360°}{p}$ 机械角度，即旋转了 $\dfrac{1}{p}$ 周。因此，p 对极的电机，当电流变化 f_1 时，旋转磁动势在空间的转速 $n_1=\dfrac{f_1}{p}$（r/s）$=\dfrac{60f_1}{p}$（r/min），即为同步速。

图 2-49 中，电流的相序为 U—V—W，则合成磁动势旋转方向便沿着 U 相绕组轴线→V 相绕组轴线→W 相绕组轴线的正方向旋转，即从超前电流的相绕组轴线转向滞后电流的相绕组轴线。不难理解，若要改变电机定子旋转磁动势的转向，只要改变三相交流电流的相序，

即把三相电源接到电机三相绕组的任意两根导线对调，三相绕组中的电流相序就将改变为 U—W—V，旋转磁动势随之改变为反向旋转。

上述两种分析方法所得结论是相同的。这里还需要进一步指出，如果对两相或其他多相交流电机再进行分析，同样可得到类似的结论，即"多相对称绕组通入多相对称电流，能产生幅值恒定的基波旋转磁动势波"。这是一条具有普遍性的规律。

综合上述分析结果，可得如下结论：

1）当多相对称绕组通入多相对称电流时，合成磁动势的基波是一个幅值恒定的旋转磁动势波，其幅值为每相脉振磁动势波最大幅值的 $\dfrac{m}{2}$ 倍，即

$$F_1=\frac{m}{2}F_{\Phi 1}=\frac{m}{2}\times 0.9k_{w1}\frac{NI}{p} \tag{2-41}$$

式中　m——相数。

2）当某相电流达到最大值时，合成磁动势波幅值正好处在该相绕组的轴线上。

3）合成磁动势波的转速决定于电流的频率 f_1 和电机的磁极对数 p，即同步转速

$$n_1=\frac{60f_1}{p}(\text{r/min})$$

4）合成磁动势的转向与电流的相序有关，即从超前电流的相绕组轴线转向滞后电流的相绕组轴线。

2. 单相脉振磁动势的分解

式（2-35）是单相脉振磁动势的表达式，可分解为如式（2-37）所示的两项，以 U 相为例，即

$$f_{\Phi 1}(x,t) = F_{\Phi 1}\cos\frac{\pi}{\tau}x\cos\omega t$$

$$= \frac{1}{2}F_{\Phi 1}\cos\left(\omega t - \frac{\pi}{\tau}x\right) + \frac{1}{2}F_{\Phi 1}\cos\left(\omega t + \frac{\pi}{\tau}x\right)$$

$$= f'_{\Phi 1}(x,t) + f''_{\Phi 1}(x,t)$$

显然，每一项都是一个旋转磁动势波表达式，其中 $f'_{\Phi 1}(x,t) = \dfrac{1}{2}F_{\Phi 1}\cos\left(\omega t - \dfrac{\pi}{\tau}x\right)$ 是幅值为 $\dfrac{1}{2}F_{\Phi 1}$ 的正向旋转磁动势波，第二项 $f''_{\Phi 1}(x,t) = \dfrac{1}{2}F_{\Phi 1}\cos\left(\omega t + \dfrac{\pi}{\tau}x\right)$ 则是幅值为 $\dfrac{1}{2}F_{\Phi 1}$ 的反向旋转磁动势波，它们的转速均为 $\dfrac{60f_1}{p}$ r/min。

图 2-50 画出了 $\omega t = 0$，$\omega t = \dfrac{\pi}{6}$，$\omega t = \dfrac{\pi}{3}$ 和 $\omega t = \dfrac{\pi}{2}$ 四个不同瞬时，基波脉振磁动势波分解为两个转速相同，转向相反的旋转磁动势波的情况。在磁动势波的空间分布图中可以看

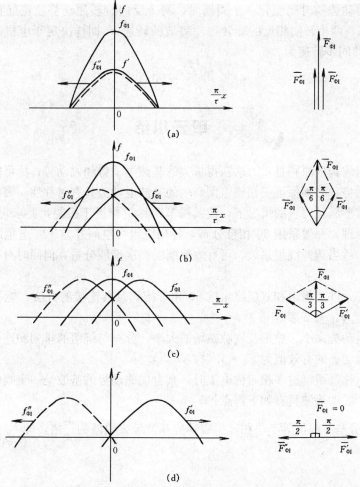

图 2-50 基波脉振磁动势分解为两个反向旋转的旋转磁动势

(a) $\omega t = 0$；(b) $\omega t = \dfrac{\pi}{6}$；(c) $\omega t = \dfrac{\pi}{3}$；(d) $\omega t = \dfrac{\pi}{2}$

97

到，对应于任何时刻，基波脉振磁动势都可看成是由两个反向旋转的磁动势波 $f'_{\Phi 1}(x, t)$ 和 $f''_{\Phi 1}(x, t)$ 逐点相加而成的。

正弦规律分布的空间磁动势波可用磁动势向量表示，因而可用磁动势向量作图法表示基波脉振磁动势和旋转磁动势之间的相互关系。在图 2-50 的磁动势向量中，$\overline{F}_{\Phi 1}$ 表示基波脉振磁动势向量，$\overline{F}'_{\Phi 1}$ 和 $\overline{F}''_{\Phi 1}$ 分别为两个朝着相反方向旋转的磁动势向量。显然，基波脉振磁动势 $\overline{F}_{\Phi 1}$ 可看成是由两个反向旋转的磁动势向量 $\overline{F}'_{\Phi 1}$ 和 $\overline{F}''_{\Phi 1}$ 相加而成。而且 $\overline{F}_{\Phi 1}$ 的位置始终处于 U 相绕组的轴线上，其长度随时间按余弦规律变化。代表两个反向旋转的磁动势向量 $\overline{F}'_{\Phi 1}$ 和 $\overline{F}''_{\Phi 1}$，其长度为脉振磁动势 $\overline{F}_{\Phi 1}$ 最大幅值的一半。对应于不同瞬时，$\overline{F}'_{\Phi 1}$ 和 $\overline{F}''_{\Phi 1}$ 在空间分别处于 $+\omega t$ 和 $-\omega t$ 电角度的位置上。

综上所述，可以得到这样的结论：

（1）一个空间按余弦规律分布的脉振磁动势，可以分解为两个转速相同、转向相反的旋转磁动势；

（2）每一旋转磁动势的幅值是脉振磁动势最大幅值的一半；

（3）当脉振磁动势随时间变化一个周期时，两个反向旋转磁动势波正好在空间旋转了 $360°$ 电角度。所以，两个转向相反的旋转磁动势波的转速 n_1 同样决定于电机的磁极对数 p 和电流频率 f_1，即同步转速为

$$n_1 = \frac{60 f_1}{p}(\text{r/min})$$

 **单元小结**

（1）三相绕组的构成原则是：力求获得最大的基波电动势和磁动势，尽可能地削弱高次谐波电动势和磁动势，必须保证三相绕组所产生的基波电动势具有对称性。因而要求在基波电动势和磁动势波形满足要求的情况下，使线圈节距尽量接近于极距，要求每相槽数相等，相带排列要正确合理，一般采用 $60°$ 相带分布，各相绕组在空间互差 $120°$ 电角度放置。采用短距和分布绕组，适当选择绕组系数，可有效地削弱高次谐波分量，但同时对基波分量也有一定的削弱。

要熟悉单层等元件式绕组和双层绕组按 $60°$ 相带排列及其连接的方法。能看懂展开图并能指出 Z、$2p$、τ、y、q、α 及相带。

交流绕组的电动势大小、波形及气隙磁场的大小、分布与绕组的排列和连接方式都有密切关系。基波相电动势的有效值为 $E_\Phi = 4.44 f N k_{w1} \Phi_m$。

（2）当多相对称绕组流过多相对称电流时，其合成磁动势的基波是一个幅值恒定的旋转磁动势波。该旋转磁动势波具有如下特点：

1）合成磁动势基波幅值等于单相脉振磁动势基波最大幅值的 $\frac{m}{2}$ 倍，即 $F_1 = \frac{m}{2} F_x = \frac{m}{2} \times 0.9 k_{w1} \frac{NI}{p}$；

2）当某相电流达到最大值时，合成磁动势波的幅值正好处在该相绕组的轴线上；

3）合成磁动势波的转速，即为同步速 $n_1 = \frac{60 f_1}{p}$（r/min）；

4）合成磁动势的转向与电流相序有关，即从通入超前相电流的绕组轴线转向通入滞后相电流的绕组轴线。

（3）单相绕组流过交流电流，将产生脉振磁动势波，基波的最大幅值为 $0.9k_{w1}\dfrac{NI}{p}$，其幅值位置处在相绕组的轴线上，磁动势的脉振频率为电流的频率。基波脉振磁动势波可以分解为两个转速相同、转向相反的旋转磁动势波，每一旋转磁动势波幅值为脉振磁动势波最大幅值的一半。

习　题

1. 一台三相单层绕组电机，极数 $2p=4$，定子槽数 $Z_1=36$，每相支路数 $2a=2$，试画出等元件式绕组展开图，并标出 $60°$ 相带的分相情况。

2. 一台三相双层叠绕组电机，极数 $2p=4$，定子槽数 $Z_1=36$，节距 $y_1=7\tau/9$，每相支路数 $2a=2$，试画出绕组展开图和简图，并标出 $60°$ 相带的分相情况。

3. 一台三相交流发电机、双层叠绕组，$2p=2$，$q=3$，线圈匝数 $N_c=6$，节距 $y_1=8$，每相支路数为 $2a=1$，每极磁通 $\Phi_m=1.203\text{Wb}$。求相电动势基波的有效值。

4. 一台汽轮发电机，定子槽数 $Z=36$，极数 $2p=2$，节距 $y_1=14$，线圈匝数 $N_c=1$，每相支路数 $2a=1$。频率 50Hz，每极磁通 $\Phi_m=2.63\text{Wb}$，试求极相组电动势 E_q 和相电动势 E_Φ。

5. 三相同步发电机 $2p=2$，$Z=54$，$2a=1$，$y_1=22\tau/27$，Y 接法，50Hz，已知空载线电压 $U_0=6.3\text{kV}$，求每极磁通量 Φ_m。

6. 一台三相双层绕组，$Z=36$，$2p=4$，$f_1=50\text{Hz}$，$y_1=7\tau/9$，试求基波，5 次和 7 次谐波绕组系数。

7. 比较单相交流绕组与三相交流绕组产生的基波磁动势的特点有何异同？（针对振幅大小，振幅位置，极对数、转速和转向进行说明）

8. 说明短距系数 k_{y1} 和分布系数 k_{q1} 的物理意义。

9. 三相绕组中通入三相负序电流时，与通入幅值相同的三相正序电流时相比较，磁动势有何不同？分别用数学分析法和空间向量法说明。

10. 若在对称两相绕组（两相绕组的匝数相同，在空间相隔 $90°$ 电角度）中，通入对称的两相电流（$i_U=\sqrt{2}\cos\omega t$，$i_V=\sqrt{2}\sin\omega t$）。试用数学分析法和空间向量法，证明两相的合成磁动势为旋转磁动势。

11. 一台三相水轮发电机，$S_N=10\text{MVA}$，$U_N=11\text{kV}$，$\cos\varphi_N=0.8$，$n_N=75\text{r/min}$，$Z=480$，双层短距绕组 $y_1=5$，$N_c=8$，$2a=1$。试完成：

（1）相绕组磁动势的基波幅值和三相合成磁动势的基波幅值，并写出它们的基波磁动势表达式。

（2）画出当 V 相电流达最大值时，各相磁动势向量及其合成磁动势的向量图。

第三单元 同步发电机的运行原理和运行特性

三相对称负载下的稳定运行是同步发电机的主要运行方式。本单元首先讨论对称负载时的电枢反应，并以此为基础分析同步发电机的各物理量（电压、电动势、电流、同步电抗、功率因素和励磁电流等）之间的关系，即电动势平衡方程式、相量图和运行特性。

课题一 对称负载时的电枢反应及其电抗

一、对称负载时的电枢反应

同步发电机空载时，气隙中只有转子的励磁磁动势产生的主极磁场，带上负载后，三相定子绕组中流过三相对称电流产生电枢磁动势。因而，负载时同步发电机的气隙中同时存在着励磁磁动势和电枢磁动势共同建立的磁场。由于定子绕组感应电动势和电流的频率决定于转子的转速 n 和极对数 p，即 $f = \dfrac{pn}{60}$，而定子绕组的极对数是按转子同一极对数设计的，所以电枢磁动势基波的转速 $n_1 = \dfrac{60f}{p} = n$。这两个磁动势以相同的转速、相同的转向旋转，彼此没有相对运动，两者共同建立负载时气隙的合成磁动势。因此，对称负载时，电枢磁动势基波将对主极磁场基波产生影响，这种现象称之为电枢反应。

电枢反应的性质（去磁、助磁或交磁），与电枢磁动势基波和励磁磁动势基波的大小及其空间相对位置有关。

由于励磁磁动势 $\overline{F}_f$ 产生主磁通使定子绕组感应电动势 $\dot{E}_0$，而电枢磁动势基波 $\overline{F}_a$ 是由定子电流 $\dot{I}$ 建立的。因此，研究电枢反应性质时，本来决定于电枢磁动势基波 $\overline{F}_a$ 与励磁磁动势基波 $\overline{F}_f$ 在空间上的相对位置，而今可归结为研究电动势 $\dot{E}_0$ 与定子电流 $\dot{I}$ 在时间上的相位差 ψ 角（称内功率因数角）。ψ 角大小与同步发电机的内阻抗及外加负载性质有关，即外加负载性质不同（电阻、电感或电容），$\dot{E}_0$ 与 $\dot{I}$ 之间的相位差 ψ 随之不同，电枢反应性质也不同。

下面分析不同负载性质的电枢反应时，设相电流和电动势的正方向为"相尾端进，相首端出"，磁动势正方向与电流正方向符合右手螺旋定则（也称右手定则），图中定子绕组每一相均用一个"集中"线圈表示。为画图清晰起见，采用具有一对极的凸极同步发电机为例。

1. $\psi = 0°$ 时的电枢反应

内功率因数角 $\psi = 0°$，表明同步发电机负载（定子）电流 $\dot{I}$ 和空载电动势 $\dot{E}_0$ 同相。现以图 2-51（a）所示的瞬时状态进行分析，U 相绕组导体正处在旋转的转子磁极轴线位置，U 相电动势瞬时值达到最大值，其方向可按右手定则决定。由于 $\psi = 0°$，U 相电流瞬时值也达到最大值，即 $i_U = +I_m$，与此同时，$i_V = i_W = -\dfrac{I_m}{2}$，如图 2-51（b）所示。当 U 相电流达最大值时，三相合成的电枢磁动势 $\overline{F}_a$ 的轴线就处在 U 相绕组轴线位置上。此时电枢磁动势 $\overline{F}_a$

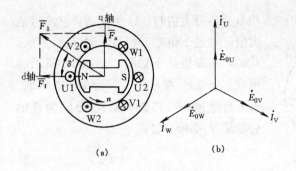

图 2-51 $\psi=0°$ 时的电枢反应

(a) 空间向量图；(b) 时间相量图

滞后励磁磁动势 $\overline{F}_f$ 90°，如图 2-51（a）所示，通常以转子磁极的轴线称为直轴（或称纵轴），用符号 d 表示；两相邻主磁极间的中心线称为交轴（或称横轴），用符号 q 表示。显然，当 $\psi=0°$ 时，电枢磁动势 $\overline{F}_a$ 的轴线位于交轴（q 轴）上，称此为交轴电枢反应，而将此时的电枢磁动势 $\overline{F}_a$ 称为交轴电枢磁动势 $\overline{F}_{aq}$。

由图 2-51（a）可知，两向量相加得气隙合成磁动势 $\overline{F}_\delta=\overline{F}_f+\overline{F}_a$。因此，交轴电枢反应使气隙磁场轴线位置从空载时的直轴处逆转向后移了一个角度。

2. $\psi=90°$ 时的电枢反应

内功率因数角 $\psi=90°$ 时，同步发电机负载电流 $\dot{I}$ 滞后空载电动势 $\dot{E}_0$ 90°。当 U 相电流瞬时值达最大值时，U 相电动势瞬时值为零，如图 2-52（a）所示。此时，主磁极轴线位于 U 相轴线的反向位置。这样，处于 U 相轴线位置的电枢磁动势 $\overline{F}_a$ 也就位于直轴（d 轴）的反方向位置，故称其为直轴电枢反应，而此时的电枢磁动势 $\overline{F}_a$ 称为直轴电枢磁动势 $\overline{F}_{ad}$，如图 2-52（b）所示。因此，电枢磁动势 $\overline{F}_a$ 与励磁磁动势 $\overline{F}_f$ 的方向相反，两者相减可得气隙合成磁动势 $\overline{F}_\delta$，气隙磁场被削弱了，故该直轴电枢反应的性质为去磁作用。

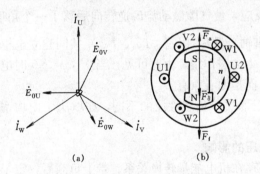

图 2-52 $\psi=90°$ 时的电枢反应

(a) U 相电流达最大值的时间相量图；(b) U 相电流达最大值的转子位置及空间向量图

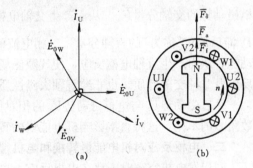

图 2-53 $\psi=-90°$ 时的电枢反应

(a) U 相电流达最大值的时间相量图；(b) U 相电流达最大值的转子位置及空间向量图

3. $\psi=-90°$ 时的电枢反应

内功率因数角 $\psi=-90°$ 时，同步发电机负载电流 $\dot{I}$ 超前空载电动势 $\dot{E}_0$ 90°。当 U 相电流瞬时值达最大值时，相电动势瞬时值为零，如图 2-53（a）所示。此时，主磁极轴线位于 U 相轴线位置。这样，处于 U 相轴线位置的电枢磁动势 $\overline{F}_a$ 也就位于直轴（d 轴）上，同样称其为直轴电枢反应，如图 2-53（b）所示。显然，电枢磁动势 $\overline{F}_a$ 与励磁磁动势 $\overline{F}_f$ 的方向相同，两者相加可得气隙磁动势 $\overline{F}_\delta$，气隙磁场被加强了，因而，该直轴电枢反应的性质为助磁作用。

4. 一般情况下的电枢反应

同步发电机正常运行时，$0°<\psi<90°$，即负载电流 $\dot{I}$ 滞后空载电动势 $\dot{E}_0$ ψ 角，这时当 U

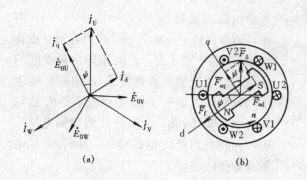

图 2-54　0°<ψ<90°时的电枢反应
(a) U 相电流达最大值的时间相量图；(b) U 相
电流达最大值的转子位置及空间向量图

相电流达最大值时，U 相电动势已经过最大值又转过 ψ 角度，如图 2-54（a）所示。此时，主磁极处于如图 2-54（b）所示的位置。显然 $\overline{F}_a$ 滞后 $\overline{F}_f$（90°＋ψ）电角度。为分析简便，可将磁动势 $\overline{F}_a$ 分解为直轴分量 $\overline{F}_{ad}$ 和交轴分量 $\overline{F}_{aq}$，即

$$\overline{F}_a = \overline{F}_{ad} + \overline{F}_{aq} \tag{2-42}$$

其中

$$\left. \begin{array}{l} F_{ad} = F_a \sin\psi \\ F_{aq} = F_a \cos\psi \end{array} \right\} \tag{2-43}$$

相应地可将负载电流 $\dot{I}$ 分解为直轴分量 $\dot{I}_d$ 和交轴分量 $\dot{I}_q$，如图 2-54（a）所示，即

$$\dot{I} = \dot{I}_d + \dot{I}_q \tag{2-44}$$

其中

$$\left. \begin{array}{l} I_d = I \sin\psi \\ I_q = I \cos\psi \end{array} \right\} \tag{2-45}$$

$\dot{I}_q$ 与 $\dot{E}_0$ 同相称为 $\dot{I}$ 的交轴分量，三相电流的交轴分量 $\dot{I}_q$（$\dot{I}_{Uq}$、$\dot{I}_{Vq}$、$\dot{I}_{Wq}$）共同建立电枢磁动势的交轴分量 $\overline{F}_{aq}$，从而产生交轴电枢反应，使气隙磁动势 $\overline{F}_\delta$ 逆转向后移了一个角度；$\dot{I}_d$ 滞后 $\dot{E}_0$90°称为 $\dot{I}$ 的直轴分量，三相电流的直轴分量 $\dot{I}_d$（$\dot{I}_{Ud}$、$\dot{I}_{Vd}$、$\dot{I}_{Wd}$）共同建立电枢磁动势，从而产生直轴电枢反应，使气隙磁场产生去磁作用。由此可见，当 0°<ψ<90°时电枢反应既非纯交磁性质，也非纯直轴去磁性质，而是两者兼有。

励磁磁动势 $\overline{F}_f$ 与电枢磁动势 $\overline{F}_a$ 的相对位置取决于负载性质的不同，亦取决于内功率因数角 ψ 的不同，这将直接影响机电能量的转换。

二、电枢反应对机电能量转换和电机端电压的影响

同步发电机空载时不存在电枢反应，也不存在机电能量转换关系。带上负载后，定子电流产生了电枢磁场，它与转子之间有相互电磁作用。由于负载性质的不同，电枢磁场与转子之间的电磁作用也将不同。下面分析不同负载性质时，电机内部的机电能量转换和端电压变化的影响。

1. 有功电流在电机内部产生的制动转矩

当同步发电机负载电流 $\dot{I}$ 与空载电动势 $\dot{E}_0$ 同相时，电枢磁动势产生交轴电枢反应。交轴电枢磁场与转子电流产生电磁力 f 的情况可由左手定则确定，如图 2-55（a）所示，这时的电磁力 f_1 和 f_2 将产生电磁转矩，它的方向和转子的转向相反，是制动转矩。显然，当发电机输出有功电流 $\dot{I}$，即输出有功功率 P 时，原动机（如汽轮机或水轮机）必须克服交轴电枢反应对转子的制动转矩。负载电流 $\dot{I}$ 的交轴分量越大，输出的有功功率 P 就越大，对转子的制动转矩也就越大。为了维持转子转速（或频率）不变，就需要相应地增大汽轮机的进汽量（或增大水轮机的进水量），用于克服制动转矩。

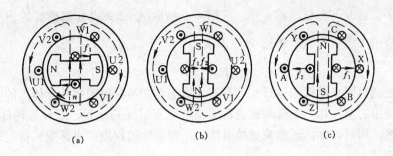

图 2-55 不同负载性质时电枢反应磁场与转子电流的作用

(a) $\psi = 0°$ 时；(b) $\psi = 90°$ 时；(c) $\psi = -90°$ 时

2. 感性无功电流使发电机的端电压降低

同步发电机负载电流 $\dot{I}$ 滞后空载电动势 $\dot{E}_0$ 90° 时（此时 $\dot{I}$ 被认为主要是感性无功电流），电枢磁动势产生直轴电枢反应。直轴电枢磁场与转子电流相互作用产生的电磁力（f_1、f_2），并不产生转矩，如图 2-55 (b) 所示。此时电枢磁动势对转子磁场产生去磁作用，使气隙磁场削弱，发电机的端电压降低，若要维持端电压不变，应增加转子的励磁电流。

3. 容性无功电流使发电机的端电压升高

同步发电机负载电流 $\dot{I}$ 超前空载电动势 $\dot{E}_0$ 90° 时（此时 $\dot{I}$ 被认为主要是容性无功电流），电枢磁动势也产生直轴电枢反应。直轴电枢磁场与转子电流相互作用产生的电磁力（f_1、f_2），同样不产生电磁转矩，如图 2-55 (c) 所示。但此时电枢磁动势对转子磁场产生助磁作用，使气隙磁场增强，发电机的端电压升高。例如同步发电机在接通高压空载长线路时，线路的分布电容可看成容性负载，常出现发电机端电压升高的现象。若要维持端电压不变，需要减少转子的励磁电流。

一般同步发电机是阻感性负载（即 $0° < \psi < 90°$），负载电流 $\dot{I}$ 既有交轴分量 $\dot{I}_q$，也有直轴分量 $\dot{I}_d$；$\dot{I}_q$ 和 $\dot{I}_d$ 分别产生交轴和直轴电枢反应。因此，要维持发电机的转速（或频率）不变，必须随着有功负载的变化，调节原动机的输入功率；要维持发电机的端电压不变，必须随着无功负载的变化调节转子的励磁电流。

三、同步电抗

同步电抗包含定子漏抗和电枢反应电抗。

当同步发电机负载运行时，定子绕组建立电枢磁动势，该磁动势的基波分量所产生的磁通，大部分经过气隙进入转子与励磁绕组相交链。这部分磁通称为电枢反应磁通，还有一小部分磁通仅与定子绕组本身交链，而不进入转子，这部分磁通称为漏磁通（包括定子槽漏磁通和绕组端部漏磁通等），如图 2-56 所示。

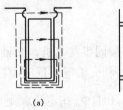

图 2-56 定子漏磁通
(a) 槽漏磁；(b) 端部漏磁

电枢反应磁动势除基波外，其高次谐波分量也将产生谐波磁通，称之为差漏磁通。它在定子绕组中感应的电动势具有基波频率 f_1。

1. 漏抗

由于漏磁通（包括定子槽漏磁通和绕组端部漏磁通）和差漏磁通均具有基波频率 f_1，

故统称为定子漏磁通。和变压器一样，可用一个漏电抗 x_σ 来表征漏磁场的作用，因此，漏磁通在定子绕组中感应漏电动势 $\dot{E}_\sigma$ 可以表示为

$$\dot{E}_\sigma = -\mathrm{j}\,\dot{I}x_\sigma \tag{2-46}$$

定子漏磁通对同步电机的运行性能有很大影响，如槽漏磁通将使导体内的电流产生集肤效应，增加绕组的铜损耗。端部漏磁通将使绕组端部附近的压板、螺栓等构件中产生涡流，引起局部发热。同时，漏抗还影响到端电压随负载变化的程度，也影响到稳定短路电流和瞬变过程中电流的大小。

2. 同步电抗

在分析同步发电机一般负载情况下的电枢反应时，通常把负载电流分解为直轴分量和交轴分量。直轴分量 $I_\mathrm{d} = I\sin\psi$，建立直轴电枢磁动势 $\overline{F}_\mathrm{ad}$；交轴分量 $I_\mathrm{q} = I\cos\psi$，建立交轴电枢磁动势 $\overline{F}_\mathrm{aq}$，它们将相应地建立直轴电枢磁通 $\dot{\Phi}_\mathrm{ad}$ 和交轴电枢磁通 $\dot{\Phi}_\mathrm{aq}$，$\dot{\Phi}_\mathrm{ad}$ 和 $\dot{\Phi}_\mathrm{aq}$ 经过的磁路不同，如图 2-57（a）、（b）所示。

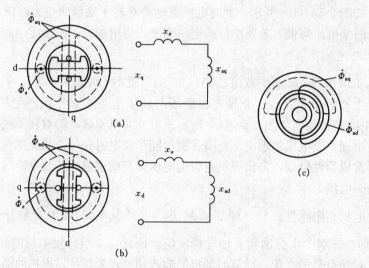

图 2-57　同步电机的磁路及等值电路
（a）交轴电枢反应磁路及等值电路；（b）直轴电枢反应磁路及等
值电路；（c）隐极同步电机的磁路

对于凸极同步发电机，交轴磁路的磁阻远大于直轴磁路的磁阻。同样，可以用直轴电枢反应电抗 x_ad 和交轴电枢反应电抗 x_aq 来分别表示直轴电枢反应磁场和交轴电枢反应磁场的作用。因此 $\dot{\Phi}_\mathrm{ad}$ 和 $\dot{\Phi}_\mathrm{aq}$ 在定子绕组中分别感应出直轴电枢反应电动势 $\dot{E}_\mathrm{ad}$ 和交轴电枢反应电动势 $\dot{E}_\mathrm{aq}$，可表示为

$$\left.\begin{array}{l}\dot{E}_\mathrm{ad} = -\mathrm{j}\,\dot{I}_\mathrm{d}x_\mathrm{ad}\\[2mm]\dot{E}_\mathrm{aq} = -\mathrm{j}\,\dot{I}_\mathrm{q}x_\mathrm{aq}\end{array}\right\} \tag{2-47}$$

对于凸极同步发电机，由于直轴磁阻比交轴磁阻小，故 $x_\mathrm{ad} > x_\mathrm{aq}$；对于隐极同步发电机，由于交轴与直轴磁路的磁阻相同，如图 2-57（c）所示，则 $x_\mathrm{ad} = x_\mathrm{aq} = x_\mathrm{a}$，$x_\mathrm{a}$ 称为电枢反应电抗。由于交轴和直轴电枢反应磁通均通过定子和转子铁芯，故对应的电抗值有未饱和

值和饱和值之分。

考虑到凸极同步发电机的电枢反应磁场及漏磁场的存在，可用直轴同步电抗 x_d 和交轴同步电抗 x_q 表示，则

$$\left. \begin{array}{l} x_d = x_\sigma + x_{ad} \\ x_q = x_\sigma + x_{aq} \end{array} \right\}$$ (2-48)

同步电抗是同步发电机最重要的参数之一，它表征同步发电机在对称稳态运行时，电枢反应磁场和漏磁场的一个综合参数，综合反映了电枢反应磁场和漏磁场对各相电路的作用。同步电抗的大小直接影响同步发电机端电压随负载变化的程度以及运行的稳定性等问题。

表 2-6 列出不同类型同步发电机的同步电抗和漏电抗的标幺值。

表 2-6 同步发电机参数的标幺值

电机类型	参 数		
	x_{d*}	x_{q*}	$x_{\sigma*}$
汽轮发电机（隐极式）	1.60	1.55	0.12
水轮发电机（凸极式）	1.00	0.62	0.11
同步调相机（凸极式）	1.90	1.15	0.14

课题二 同步发电机的电动势方程式和相量图

由于凸极同步发电机和隐极同步发电机的磁路结构不同，将分别对它们进行研究，在分析过程中只考虑磁路未饱和情况，故可利用叠加原理。

1. 凸极同步发电机的电动势方程式和相量图

利用叠加原理可分别讨论励磁磁动势 $\overline{F}_f$ 和电枢反应磁动势 $\overline{F}_{ad}$、$\overline{F}_{aq}$ 单独作用时产生的磁通和每一相电动势，同时也注意到漏磁场的作用。这样，凸极同步发电机的各有关物理量之间的关系如下：

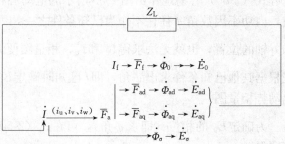

其中 $\dot{E}_0$——空载电动势；

$\dot{E}_{ad}$——直轴电枢反应电动势；

$\dot{E}_{aq}$——交轴电枢反应电动势；

$\dot{E}_\sigma$——定子漏电动势；

$\dot{\Phi}_0$——励磁磁动势产生的主磁通；

$\dot{\Phi}_{ad}$——直轴电枢反应磁通；

$\dot{\Phi}_{aq}$——横轴电枢反应磁通；

$\dot{\Phi}_{\sigma}$——定子漏磁通。

图 2-58 表示发电机各量的正方向。由于三相对称，图中只标出一相的情况。根据电路的基尔霍夫第二定律，定子任一相的电动势方程式为

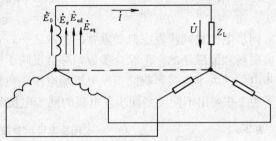

$$\Sigma \dot{E} = \dot{E}_0 + \dot{E}_\sigma + \dot{E}_{ad} + \dot{E}_{aq}$$

$$= \dot{U} + \dot{I} r_a \qquad (2\text{-}49)$$

式中　$\dot{U}$——发电机的相电压；

　　　$\dot{I}$——发电机的定子相电流；

　　　r_a——定子绕组的一相电阻。

图 2-58　同步发电机各量的正方向

将式（2-46）、式（2-47）代入式（2-49），可得

$$\dot{E}_0 - j \dot{I} x_\sigma - j \dot{I}_d x_{ad} - j \dot{I}_q x_{aq} = \dot{U} + \dot{I} r_a$$

或

$$\dot{E}_0 = \dot{U} + \dot{I} r_a + j \dot{I} x_\sigma + j \dot{I}_d x_{ad} + j \dot{I}_q x_{aq}$$

由于 $\dot{I} = \dot{I}_d + \dot{I}_q$，故

$$\dot{E}_0 = \dot{U} + \dot{I} r_a + j(\dot{I}_d + \dot{I}_q) x_\sigma + j \dot{I}_d x_{ad} + j \dot{I}_q x_{aq}$$

$$= \dot{U} + \dot{I} r_a + j \dot{I}_d (x_{ad} + x_\sigma) + j \dot{I}_q (x_{aq} + x_\sigma)$$

$$= \dot{U} + \dot{I} r_a + j \dot{I}_d x_d + j \dot{I}_q x_q \qquad (2\text{-}50)$$

在已知 U、I、负载功率因数 $\cos\varphi$ 和电机参数 r_a、x_d、x_q 的情况下，假定也已知 $\dot{E}_0$ 和 $\dot{I}$ 之间的相位差 ψ（内功率因数角），可根据电动势方程式（2-50）容易地作出图 2-59 所示的电动势相量图。但是在作图之前，内功率因数角 ψ 往往不作为已知条件之一，因而无法直接确定 d 轴和 q 轴的位置，也就无法求得 $\dot{I}_d$ 和 $\dot{I}_q$，相量图便无法绘制。为此，需要先根据其他已知条件求出 ψ 角，即 $\dot{I}$ 已知时确定 $\dot{E}_0$ 的相位，而后再作出电动势相量图。

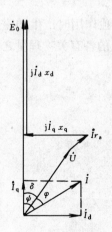

图 2-59　凸极同步
发电机的相量图

为确定 $\dot{E}_0$ 的相位（即求 ψ 角），可在式（2-50）的右边增加 $\pm j \dot{I}_d x_q$ 两项得

$$\dot{E}_0 = \dot{U} + \dot{I} r_a + j \dot{I}_d x_d + j \dot{I}_q x_q - j \dot{I}_d x_q + j \dot{I}_d x_q$$

$$= \dot{U} + \dot{I} r_a + j(\dot{I}_d + \dot{I}_q) x_q + j \dot{I}_d (x_d - x_q)$$

$$= \dot{U} + \dot{I} r_a + j \dot{I} x_q + j \dot{I}_d (x_d - x_q)$$

或

$$\dot{E}_0 - j \dot{I}_d (x_d - x_q) = \dot{U} + \dot{I} r_a + j \dot{I} x_q \qquad (2\text{-}51)$$

在式（2-51）中，因为相量 $\dot{E}_0$ 和 $\dot{I}_d$ 相互垂直，故相量 $-j \dot{I}_d (x_d - x_q)$ 与相量 $\dot{E}_0$ 同相，

所以式（2-51）左边的合成相量应与 $\dot{E}_0$ 同相位。这样，将式（2-51）右边的相量加起来便找到 $\dot{E}_0$ 的位置（$\overline{OC}$），如图 2-60 所示。

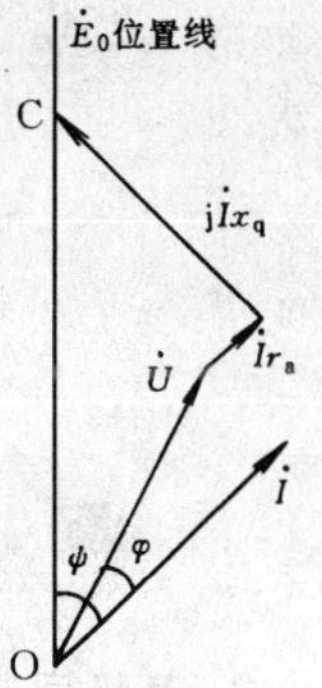

根据以上分析，由式（2-50）和式（2-51）可以作出凸极同步电机的相量图，如图2-61所示。其作图步骤如下：

（1）以端电压 $\dot{U}$ 作为参考相量，先作出电压相量 $\dot{U}$；

（2）根据负载的功率因数角 φ，画出相量 $\dot{I}$；

（3）在相量 $\dot{U}$ 端画出与 $\dot{I}$ 平行（同相位）的相量 $\dot{I}r_a$；

（4）在相量 $\dot{I}r_a$ 端画出超前 $\dot{I}$ 90°的相量 $j\dot{I}x_q$，把相量 $j\dot{I}x_q$ 端点 C 与 O 连接并延长，显然相量 $\dot{E}_0$ 的位置线就在直线 $\overline{OC}$ 的延长线上，ψ 角便可确定；

图 2-60 确定 $\dot{E}_0$ 位置的相量图

（5）按 ψ 角将 $\dot{I}$ 分解为 $\dot{I}_d$、$\dot{I}_q$；

（6）在 $\dot{I}r_a$ 顶端接画超前 $\dot{I}_q$ 90°的相量 $j\dot{I}_q x_q$；

（7）在相量 $j\dot{I}_q x_q$ 顶端接画超前 $\dot{I}_d$ 90°的相量 $j\dot{I}_d x_d$；

（8）连接原点和相量 $j\dot{I}_d x_d$ 的顶端，即可得 $\dot{E}_0$。

在图 2-61 中还可根据三角函数的关系，求得 ψ 角的计算公式为

$$\psi = \tan^{-1}\frac{Ix_q + U\sin\varphi}{Ir_a + U\cos\varphi} \tag{2-52}$$

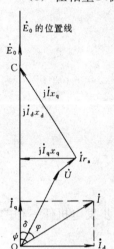

图 2-61 凸极同步发电机相量图的绘制

【例 2-4】 有一台凸极同步发电机，定子绕组 Y 接法，额定电压 $U_N=10.5kV$，$I_N=165A$，$\cos\varphi_N=0.8$（滞后），已知 $x_d=36.7\Omega$，$x_q=22\Omega$，忽略定子绕组电阻 r_a，试求额定负载下运行时的 ψ、I_d、I_q、E_0 各为多少（不计饱和影响）？

解 x_d 及 x_q 的标幺值：

$$x_{d*} = \frac{I_N x_d}{U_{N\varphi}} = \frac{165 \times 36.7}{\frac{10.5}{\sqrt{3}} \times 10^3} = 1.0$$

$$x_{q*} = \frac{I_N x_q}{U_{N\varphi}} = \frac{165 \times 22}{\frac{10.5}{\sqrt{3}} \times 10^3} = 0.6$$

$$\psi = \tan^{-1}\frac{I_N x_q + U_N\sin\varphi}{I_N r_a + U_N\cos\varphi} = \tan^{-1}\frac{1 \times 0.6 + 1 \times 0.6}{1 \times 0.8} = 56.3°$$

定子电流的直轴和交轴分量分别为

$$I_{d*} = I_{N*}\sin\psi = 1 \times \sin56.3° = 0.832$$

$$I_{q*} = I_{N*}\cos\psi = 1 \times \cos56.3° = 0.555$$

$$I_d = I_{d*} I_N = 0.832 \times 165 = 137.28(A)$$

$$I_q = I_{q*} I_N = 0.555 \times 165 = 91.575(A)$$

$$E_{0*} = U_{N\varphi*} \cos(\psi - \varphi) + I_{d*} x_{d*}$$

$$= 1 \times \cos(56.3° - 36.8°) + 1 \times 0.832 = 1.775$$

$$E_0 = E_{0*} U_{N\varphi} = 1.775 \times \frac{10.5}{\sqrt{3}} = 10.76(kV)$$

2. 隐极同步发电机的电动势方程式和相量图

隐极同步发电机的各有关物理量之间的关系如下：

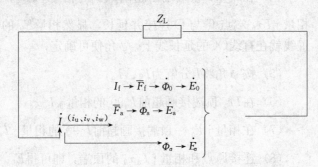

按图 2-58 的正方向，根据电路的基尔霍夫第二定律，可列出隐极同步发电机任一相的电动势方程式为

$$\Sigma \dot{E} = \dot{E}_0 + \dot{E}_\sigma + \dot{E}_a = \dot{U} + \dot{I}r_a$$

或

$$\dot{E}_0 = \dot{U} + \dot{I}r_a - \dot{E}_a - \dot{E}_0 = \dot{U} + \dot{I}r_a + j\dot{I}x_t \tag{2-53}$$

$$x_t = x_d + x_q$$

式中　x_t——同步电抗。

根据式（2-53）可作隐极同步发电机电动势相量图，如图 2-62 所示。

已知 I、U、$\cos\varphi$、r_a 及 x_t，则可由式（2-53）求得相量 $\dot{E}_0$。也可用该相量图计算出 $\dot{E}_0$ 值为

$$E_0 = \sqrt{(U\cos\varphi + Ir_a)^2 + (U\sin\varphi + Ix_t)^2} \tag{2-54}$$

$$\psi = \tan^{-1} \frac{Ix_t + U\sin\varphi}{Ir_a + U\cos\varphi} \tag{2-55}$$

根据式（2-53），从电路的角度看，隐极同步发电机对称稳定运行时，每相绕组相当于一个由阻抗（$r_a + jx_t$）、电动势 $\dot{E}_0$ 组成的电源，如图 2-63 所示。在大、中型电机中，定子绕组电阻 r_a 很小，对端电压的影响不大，可略去不计，其简化相量图如图 2-64 所示。等值电路简单，其物理意义十分清晰，配以简化相量图，对隐极电机作定性分析和某些工程计算甚为方便。但是，由于不计磁路饱和的影响，其计算结果误差较大。

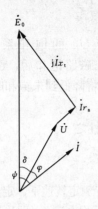

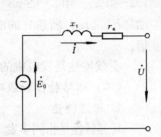

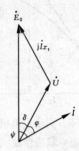

图 2-62　隐极同步
发电机的相量图　　　　　图 2-63　隐极同步
发电机的等值电路　　　　　图 2-64　隐极同步
发电机简化相量图

课题三　同步发电机的运行特性

同步发电机稳态对称运行时，在保持同步转速不变的前提下，其端电压 U、定子电流 I、励磁电流 I_f 均可在运行中测得。这三个物理量之间的相互关系可用运行特性曲线的形式来描述。在分析正常负载运行时还要注意负载性质（即功率因数 $\cos\varphi$）的影响。

同步发电机的主要特性分别有：用以确定发电机的同步电抗及表示电机磁路饱和情况的空载特性和短路特性，用以确定发电机的电压变化率、额定励磁电流及表明运行性能的外特性和调整特性。

（一）空载特性

空载特性是指发电机空载并保持额定转速不变，空载电压 U_0 与励磁电流 I_f 的关系，即 $n=n_N$、$I=0$ 时，$U_0=f(I_f)$。

空载特性可采用空载试验测定。试验时，应在空载的情况下，原动机把发电机拖动到同步转速，并维持不变。然后增加励磁电流 I_f，直到空载电压等于 1.3 倍额定电压为止。在电压上升时记取对应的电压 U_0 和励磁电流 I_f 值，便可作出空载特性的上升分支，如图 2-65 所示。然后逐步减小励磁电流，同样记取对应的 U_0 和 I_f 值，便得下降分支。因为电机有剩磁，当 I_f 减至零时，空载电压不为零，其值即为剩磁电压。发电机的空载特性曲线为上升和下降的两条分支的平均值，如图 2-65 中虚线所示。往往将虚线右移使之过原点，作为实用的空载特性曲线，如图 2-66 中曲线 1 所示。

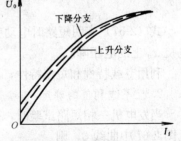

图 2-65　同步发电机的
空载特性曲线

空载特性曲线表明了电机磁路的饱和情况，具有磁化曲线的特征。其开始部分是直线，铁芯未饱和；弯曲部分，表明铁芯已有不同程度的饱和；其后段，铁芯已达到深度饱和。

将空载特性的直线段延长后所得直线（图 2-66 中曲线 2）称为气隙线。这样，对应于空载额定电压 U_N，磁路的饱和系数为

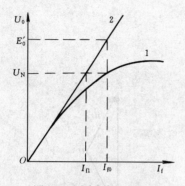

图 2-66 同步发电机的
实用空载特性曲线

1—空载特性曲线；2—气隙线

$$k_\mu = \frac{I_{f0}}{I_{f1}} = \frac{E'_0}{U_N} \tag{2-56}$$

一般同步发电机对应于 U_N 的饱和系数 $k_\mu = 1.2\sim1.25$。由式（2-56）可见，磁路饱和后，由励磁磁动势 $\overline{F}_{f0}$（I_{f0}）所建立的电压 U_N 将降低到未饱和时的 $1/k_\mu$ 倍。

空载特性是发电机的基本特性之一。

（二）短路特性和短路比

1. 短路特性

短路特性是指同步发电机保持额定转速下，定子三相绕组的出线端持续稳态短路时，定子相电流 I（即稳态短路电流）与励磁电流 I_f 的关系，即 $n=n_N$，$U=0$ 时，$I=f(I_f)$。

短路特性可以通过三相稳态短路试验测定，试验时，先将三相绕组的出线端短接，维持额定转速不变，调节励磁电流 I_f，使定子短路电流 I 从零逐渐增加，直到短路电流等于 1.25 倍的额定电流为止。记取对应的 I 和 I_f，作出短路特性 $I=f(I_f)$，如图2-67中直线 2 所示。短路特性为一条直线是因为当定子绕组短路时，端电压 $U=0$，限制短路电流的仅是发电机的内部阻抗。由于定子绕组电阻 r_a 远小于同步电抗 x_d，所以短路电流可以认为是纯感性的，即 $\psi=90°$，故电枢磁动势是起去磁作用的直轴磁动势，气隙合成磁动势就很小，它所产生的气隙磁通也就很小，磁路处于不饱和状态，所以短路特性是一条直线。若忽略隐极同步发电机的定子绕组电阻 r_a，则短路时，电动势方程式（2-53）为

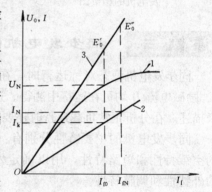

图 2-67 短路比和 x_d 值的确定

1—空载特性；2—短路特性；3—气隙线

$$\dot{E}_0 = j\dot{I}x_t \tag{2-57}$$

式（2-57）表明短路时电动势 $\dot{E}_0$ 仅用来平衡稳态短路电流在同步电抗 x_t 亦即直轴同步电抗 x_d 上的电压降。

利用空载特性和短路特性，可确定直轴同步电抗 x_d 的不饱和值和短路比 k_c。

2. x_d 不饱和值的确定

当发电机三相短路试验时，磁路处于不饱和状态，确定 x_d 不饱和值应从气隙线上查取，见图 2-67 中曲线 3，则

$$x_d = \frac{E'_0}{I_k} \tag{2-58}$$

x_d 值是在电机磁路不饱和状态下求得的，故为不饱和值。

3. 短路比的确定

短路比是空载时建立额定电压所需的励磁电流 I_{f0} 与短路时产生额定电流所需励磁电流 I_{fN} 的比值。如图 2-67 所示，短路比用 k_c 表示，即

$$k_c = \frac{I_{f0}(U_0 = U_N)}{I_{fN}(I_k = I_N)} = \frac{I_k}{I_N} \tag{2-59}$$

由式（2-58）得 $I_k = \dfrac{E'_0}{x_d}$，并代入式（2-59），得

$$k_c = \frac{E'_0/x_d}{I_N} = \frac{E'_0/U_N}{I_N x_d/U_N} = k_\mu \frac{1}{x_{d*}} \tag{2-60}$$

式（2-60）表明，短路比 k_c 等于不饱和直轴同步电抗标幺值 x_{d*} 的倒数乘上饱和系数 k_μ。显然，短路比 k_c 是一个计及饱和影响的参数。短路比的大小对同步电机有如下影响：

（1）影响电机尺寸。短路比大，即 x_{d*} 小，气隙就大，转子励磁安匝将增加，导致增加电机的用铜量、尺寸和造价。

（2）短路比大，则 x_{d*} 小，负载电流引起的端电压的波动幅度较小，但短路电流则较大。

（3）影响运行的静态稳定度。短路比越大，则 x_{d*} 越小，静态稳定极限越高（见第四单元）。

通常隐极同步发电机的短路比 k_c 为 $0.5 \sim 0.7$，凸极同步发电机的短路比 k_c 为 $1.0 \sim 1.4$。

（三）外特性和电压变化率

1. 外特性

外特性是指发电机保持额定转速不变，励磁电流 I_f 和负载的功率因数 $\cos\varphi$ 不变时，发电机端电压 U 与负载电流 I 的关系曲线。即 $n = n_N$，$I_f =$ 常数，$\cos\varphi =$ 常数时，$U = f(I)$。

对应于不同的负载功率因数有不同的外特性，如图 2-68 所示。从图中可以看出，在感性负载 $\cos\varphi = 0.8$ 和纯电阻性负载 $\cos\varphi = 1$ 时，外特性是下降的，这两种情况下电枢反应均为去磁作用，同时定子漏阻抗压降亦引起一定的端电压下降。但在容性负载 $\cos(-\varphi) = 0.8$ 时，电枢反应为助磁作用，气隙磁通增加，因此端电压 U 升高。

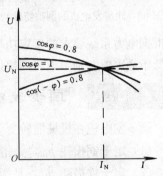

图 2-68 同步发电机的外特性

2. 电压变化率

外特性用曲线形式表明了发电机端电压变化的情况。而电压变化率则定量地表示出运行时端电压的波动程度。

电压变化率是指同步发电机在保持同步转速和额定励磁电流（发电机在额定运行状态下所对应的励磁电流 I_{fN}）下，从额定负载（$I = I_N$，$\cos\varphi = \cos\varphi_N$）变到空载时端电压变化与额定电压的比值，用百分数表示，即

$$\Delta U = \frac{E_0 - U_N}{U_N} \times 100\% \tag{2-61}$$

电压变化率是表征同步发电机运行性能的数据之一。现代的同步发电机大多数装有快速自动调压装置，故 ΔU 值可大些。但为了防止卸去负载时端电压上升过高，可能导致击穿定

子绕组绝缘，ΔU 最好小于 50%，汽轮发电机的 $\Delta U=30\%\sim48\%$，水轮发电机的 $\Delta U=18\%\sim30\%$［均为 $\cos\varphi_N=0.8$（滞后）时的数据］。

（四）调整特性

从外特性可见，当负载发生变化时端电压也随之变化，为了保持发电机的端电压不变，必须同时调节发电机的励磁电流。当发电机保持额定转速不变，端电压和负载的功率因数恒定时，励磁电流 I_f 与负载电流 I 的关系。即 $n=n_N$，$U=$ 常数，$\cos\varphi=$ 常数时，$I_f=f(I)$ 曲线。

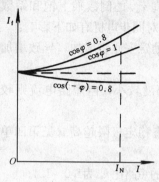

图 2-69 同步发电机的调整特性

对应于不同负载功率因数有不同的调整特性，如图 2-69 所示。对于感性和纯阻性负载，为了补偿负载电流所产生的电枢反应去磁作用和定子漏阻抗压降，保持发电机端电压 U 不变，必须随负载电流 I 的增加相应地增大励磁电流 I_f。因此图中调整特性曲线是上升的，如图中 $\cos\varphi=0.8$ 和 $\cos\varphi=1$ 的曲线所示。对于容性负载，为了抵消电枢反应的助磁作用，保持发电机端电压不变，必须随负载电流的增加相应地减少励磁电流，因此调整特性曲线是下降的，如图中 $\cos(-\varphi)=0.8$ 的曲线所示。

发电机的额定功率因数一般规定为 0.8（滞后），制造厂是根据电力系统要求的额定功率因数来设计的。因此，电机运行在额定情况下，功率因数如果低于额定值，励磁电流则超过额定值，转子绕组将过热。

课题四 同步发电机的损耗与效率

同步发电机在机械能转变为电能过程中，会产生各种损耗，下面分别简介这些损耗。

（1）定子铜损耗 p_{cu}，是指三相绕组的电阻损耗。

（2）定子铁损耗 p_{Fe}，是指主磁通在定子铁芯中所引起的铁损耗。

（3）励磁损耗 p_f，是指包括励磁绕组基本铜损耗在内的整个励磁回路中的所有损耗，如同轴有励磁机，也包括励磁机的损耗在内。

（4）机械损耗 p_Ω，包括轴承和电刷的摩擦损耗以及通风损耗。

（5）附加损耗 p_Δ，主要包括：①定子端部漏磁在各金属件内引起的涡流损耗，以及定、转子铁芯由齿槽引起的表面损耗；②定子的高次谐波磁场在转子表面引起的损耗等。

综上所述，同步发电机的总损耗 Σp、输入功率 P_1 与输出功率 P_2 具有如下关系

$$P_1 = P_2 + \Sigma p \tag{2-62}$$

式中 Σp——总损耗，$\Sigma p=p_{cu}+p_{Fe}+p_f+p_\Omega+p_\Delta$。

显然，同步发电机的效率 η 为

$$\eta = \frac{P_2}{P_1} \times 100\% = \frac{P_2}{P_2+\Sigma p} \times 100\% \tag{2-63}$$

效率也是同步发电机运行性能的重要数据之一。现代大型汽轮发电机 $\eta=94\%\sim97.8\%$，大型水轮发电机 $\eta=96\%\sim98.5\%$。

单元小结

（1）在对称负载时，电枢磁动势的基波对主极磁场基波的影响，称为电枢反应。电枢反应取决于负载的性质及其大小。

（2）电枢反应的存在是实现机电能量转换的关键。$\psi=0°$时的电枢反应是交磁性质的，发电机输出有功功率。$\psi=90°$时的电枢反应是直轴去磁性质的，为维持发电机的端电压需增加直流励磁电流，发电机输出感性无功功率。$\psi=-90°$时的电枢反应是直轴助磁性质的，为维持发电机的端电压需减少直流励磁电流，发电机输出容性无功功率。

一般情况负载是阻感性负载（$0<\psi<90°$）时，电枢反应的性质既有交磁作用，也有去磁作用，即发电机既有有功功率的输出，也有感性无功功率的输出。

（3）同步电抗包括定子漏抗和电枢反应电抗。定子漏抗表征定子漏磁场的作用；电枢反应电抗表征电枢反应磁场的作用。对于凸极同步发电机，由于直轴和交轴磁路的磁阻不同，电枢反应磁通可分为直轴和交轴电枢反应磁通，它们分别对应于直轴和交轴电枢反应电抗，故有直轴和交轴同步电抗之分。对于隐极同步发电机，直轴和交轴同步电抗相等，用同步电抗表示。

（4）同步发电机的电动势相量图，是在不考虑磁路饱和的情况下，利用叠加原理分析电机参数对各物理量的影响。利用相量图和电动势方程式可分别描述电机各物理量之间的相互关系。

（5）同步发电机的运行特性主要有空载特性、短路特性、外特性和调整特性。空载特性反映磁路的饱和情况；而短路特性反映磁路不饱和时，定子电流和转子励磁电流的关系；外特性反映了负载功率因数不变、励磁电流恒定时，负载变化对端电压的影响情况；调整特性则反映了负载功率因数不变、端电压恒定时，负载变化对励磁电流的影响情况。

（6）直轴同步电抗的未饱和值可从空载和短路特性上确定。短路比是同步发电机的一个重要参数，主要影响电机的造价和运行性能，它与不饱和的直轴同步电抗标幺值成反比，与磁路饱和系数成正比，因而短路比是一个计及磁路饱和的参数。

习 题

1. 为什么同步发电机的电枢磁动势$\overline{F}_a$的转速n_1总是与转子（主磁极）的转速n相同？

2. 试以气隙合成磁动势$\overline{F}_δ$与主极磁动势$\overline{F}_f$的相对位置（$δ$角）的变化，分析同步发电机的有功和无功功率输出情况。

3. 试分析同步电机内功率因数角$\psi=180°$时的运行状态。

4. 试分析$\psi=-30°$时的电枢反应情况。

5. 说明定子漏抗和电枢反应电抗的物理意义，希望它们的数值大一些好还是小一些好？

6. 一台三相凸极同步发电机，额定功率$P_N=72500kW$，额定电压$U_N=10.5kV$，Y形接法，$\cos\varphi_N=0.8$（滞后），$x_{d*}=1.3$，$x_{q*}=0.78$，试求发电机在额定负载下的空载电动势E_0和$\dot{E}_0$与$\dot{U}$的夹角$δ$及ψ、I_d、I_q（不计定子绕组电阻）。

7. 为什么说短路比是同步发电机的重要参数之一？短路比与同步电抗的关系如何？汽轮发电机的短路比为什么一般比水轮发电机的小？

8. 试说明同步发电机的外特性和调整特性的内在联系。

9. 试分析下列几种情况对同步电抗的影响：

（1）定子绕组匝数增加；

（2）铁芯饱和程度增加；

（3）气隙加大；

（4）励磁绕组匝数增加。

10. 分别绘制凸极式隐极式同步发电机带上阻容性负载时的相量图。

11. 为什么同步发电机稳态短路时电流不太大，而变压器稳态短路电流却很大？

12. 一台水轮发电机 $x_{d*} = 0.845$，$x_{q*} = 0.554$，试求该发电机在额定电压、额定电流且额定功率因数为 0.8（滞后）情况下的电压变化率（不计定子绕组电阻）。

13. 同步发电机的电枢反应主要决定于什么？在下列情况下电枢反应是助磁还是去磁？

（1）三相对称电阻负载；

（2）纯电容性负载 $x_{c*} = 0.8$，发电机同步电抗 $x_{t*} = 1.0$；

（3）纯电感性负载 $x_{L*} = 0.7$。

第四单元　同步发电机的并列运行

　　现代电力系统将许多不同类型的发电厂并列运行，组成强大的电力系统共同向用户供电，以便有效地提高整个电力系统运行的稳定性、经济性和可靠性，如图 2-70 所示。

　　同步发电机投入电力系统并列运行，必须具备一定的条件，否则可能造成严重的后果。因此本单元首先讨论同步发电机的并列条件和方法，然后分析运行时有功功率和无功功率调节过程中的电磁关系，以及静态稳定等问题。

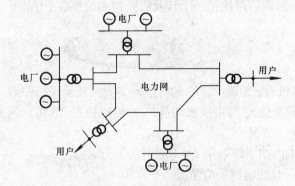

图 2-70　电力系统中并列运行的发电机

课题一　同步发电机并列的条件与方法

　　同步发电机与电力系统并列合闸时，为了避免产生冲击电流和并列后能稳定运行，需要满足一定的并列条件。根据待并列的发电机励磁情况的不同，并列方法和条件也不同。

一、准同步并列法

准同步并列法并列的待并发电机首先应处在空载励磁状态下工作，然后调节发电机使其满足如下条件方可并入电力系统，并列条件有：

（1）待并发电机端电压 U_F 与系统电压 U 大小相等，即 $U_F=U$；

（2）待并发电机端电压的相位与电力系统电压的相位相同；

（3）待并发电机的频率 f_F 与电力系统频率 f 相等，即 $f_F=f$；

（4）待并发电机的相序与电力系统相序相同。

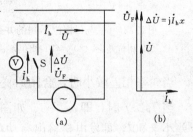

图 2-71　$U_F \neq U$ 时的并列情况
(a) 并列单线图；(b) 相量图

上述四条件中，条件（4）决定于发电机的旋转方向，制造厂已有明确规定，同时在发电机的出线端标明了相序，只要安装时符合规定要求，条件（4）也就满足了。因此对于运行人员来说，在将发电机并列时，要调节发电机使之满足前三个条件。下面分别讨论这三个条件中有一个条件不满足而进行并列时，对发电机所造成的不良后果。以隐极发电机为例说明如下。

1. 待并发电机电压 U_F 与电力系统电压 U 大小不相等

如图 2-71 (a) 所示，当 $U_F \neq U$ 时，在断路器两端存在着电压差 $\Delta\dot{U}=\dot{U}_F-\dot{U}$。在 $\Delta\dot{U}$ 作用下，发电机与电力系统所组成的回路中将产生冲击电流。假定电力系统为无穷大容量（指 $\dot{U}=$常数，$f=$常数，综合阻抗为零），当忽略待并发电机的定子绕组电阻，根据图中所示的电压正方向，断路器合闸时冲击电流为

$$\dot{I}_h = \frac{\Delta\dot{U}}{jx} = \frac{\dot{U}_F - \dot{U}}{jx} \tag{2-64}$$

式中　x——发电机并列合闸过程中的电抗，$x \ll x_t$（详见第五单元）。

由图 2-71 (b) 所示相量图可知，$\dot{U}_F$ 与 $\dot{U}$ 同相位，$\dot{I}_h$ 落后 $\Delta\dot{U}90°$，是无功性质的。由于发电机电抗 x 属于瞬变性质，其值很小，即使 $\Delta\dot{U}$ 较小，也会产生很大的冲击电流 $\dot{I}_h$，该电流将对发电机的定子绕组产生巨大的电磁力。

2. 待并发电机电压 U_F 与电力系统电压 U 相位不同

此时在发电机与电力系统所组成的回路中，将因相位不同而产生的电压差 $\Delta\dot{U}=\dot{U}_F-\dot{U}$，因而断路器合闸时，也将产生冲击电流 $\dot{I}_h$，如图 2-72 所示。当 $\dot{U}_F$ 与 $\dot{U}$ 的相位差达 $180°$ 时 $\Delta\dot{U}$ 最大，冲击电流有最大值，可达额定电流的 $20\sim30$ 倍，其巨大的电磁力将损坏发电机。

3. 待并发电机的频率 f_F 与电力系统频率 f 不等

由于频率不相等，$\dot{U}_F$ 与 $\dot{U}$ 两个相量的旋转角速度也不相等，两相量之间出现了相对运动。若以 $\dot{U}$ 作为参考相量，则 $\dot{U}_F$ 相量将以角速度（$\omega_F-\omega$）旋转，如图 2-73 所示。两相量之间的相位差 α 在 $0°\sim360°$ 之间变化，电压差 $\Delta\dot{U}$ 的值忽大忽小，其值在 $(0\sim2)U_N$ 之间变化，这个变化的电压称为拍振电压。在拍振电压的作用下将产生大小和相位都不断变化的拍振电流 $\dot{I}_h$，$\dot{I}_h$ 滞后 $\Delta\dot{U}$ 近 $90°$，拍振电流的有功分量 $\dot{I}_{hp}$ 和转子磁场相互作用所产生的转矩也时大时小，导致发电机产生振动。

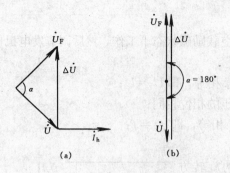

图 2-72　$\dot U_F$ 与 $\dot U$ 相位不同的并列情况

（a）相位差 $\alpha<180°$；（b）相位差 $\alpha=180°$

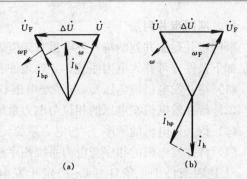

图 2-73　$f_F\neq f$ 并列投入的自整步作用

（a）$f_F>f$；（b）$f_F<f$

当频率相差较小时，合闸后变化缓慢的电压差 $\Delta\dot U$ 将起"自整步"作用，分析如下：

当 $f_F>f$ 时，即 $\omega_F>\omega$，如图 2-73（a）所示，$\dot U_F$ 超前 $\dot U$。图中所示瞬间，$\dot I_h$ 与 $\dot U_F$ 相位差小于 $90°$，即发电机输出有功功率，其相应的转矩为制动性质的转矩，将使发电机转子减速牵入同步。

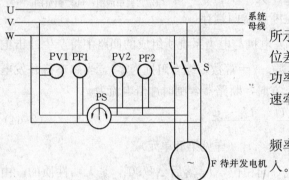

图 2-74　同步法的原理接线图

当 $f_F<f$ 时，即 $\omega_F<\omega$，如图 2-73（b）所示，$\dot U_F$ 滞后 $\dot U$。图中所示瞬间，$\dot I_h$ 与 $\dot U_F$ 相位差大于 $90°$，即发电机从电力系统吸取有功功率，其相应的转矩为驱动转矩，将使转子加速牵入同步。

通常使待并发电机的频率稍高于电力系统频率，并且在 $\Delta\dot U=0$ 的瞬间将待并发电机投入。

4. 同步操作方法

按准同步条件进行并列操作，可采用同步表法，也可采用旋转灯光法。

（1）同步表法。同步表法是在仪表的监视下，调节待并发电机的电压和频率，使之符合与电力系统并列的条件，其原理接线图如图 2-74 所示。电力系统电压和待并发电机的电压分别由电压表 PV1 和 PV2 监视，调节待并发电机的励磁电流，可达到调节电压的目的。电力系统的频率和待并发电机的频率分别由频率表 PF1 和 PF2 监视，调节待并发电机的原动机转速，可达到调节频率的目的。准同步并列前三个条件都可由同步表 PS（见图 2-75）监视。同步表的指针向"快"的方向摆，则表明待并发电机的频率高于电力系统频率，此时应减小原动机转速。反之亦然。调节待并发电机的励磁和转速，使仪表 PV2、PF2 与 PV1、PF1 的读数分别相同，同步表 PS 的指针偏摆缓慢，摆幅越来越小。当同步表 PS 的指针接近红线时，表示待并发电机与电力系统已达到同步，满足了并列条件，应迅速合闸，完成并列操作。

这一操作过程，包括各量的调节及并列断路器的投入，可由运

图 2-75　同步表的外形

行人员手动完成，也可用一套自动准同步装置来完成。

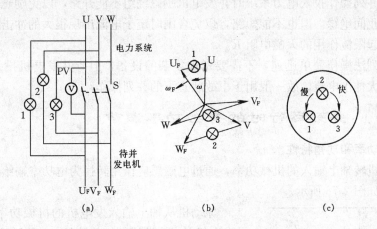

图 2-76 旋转灯光法

(a) 接线图；(b) 相量图；(c) 发电机的转速与灯光旋转方向的关系

（2）旋转灯光法。检查准同步并列条件，还可以用跨接在待并发电机和电力系统之间的灯光明暗情况来判断。这是最简单的准同步指示器，原理接线图如图 2-76（a）所示。在相序正确的前提下，当发电机的频率和电力系统的频率不等时，由图 2-76（b）相量图中可见，三只指示灯端电压交替地变化，如果发电机的频率高于电力系统的频率，应先"1"灯亮，然后"2"灯亮，再"3"灯亮，紧接着又是"1"灯亮，并按此顺序交替闪亮。这时灯光在"旋转"，可调节发电机的转速使灯光旋转速度逐渐缓慢，同时调节发电机的励磁，使电压差 ΔU 的大小接近于零，当接在同名相（此图指 U 相）上的相灯"1"完全熄灭，交流电压表 PV 读数为零时，可将发电机投入电力系统。

在并列操作过程中，可能不是出现三个灯光在旋转，而是三个指示灯光同时明暗的现象，这说明待并发电机与电力系统的相序不相同，这时绝对不容许投入并列，而应先停下机组，改正发电机的相序后，再重新进行并列操作。

灯光法在电力系统中一般不采用，但在分析如何满足并列条件时较为直观形象。

二、自同步并列法

准同步并列虽然可避免过大的冲击电流，但操作复杂，要求有较高的精确性，需要较长时间进行调整，因而要求操作人员具有熟练的技能。特别是电力系统在发生故障时，其电压和频率均在变化，采用准同步并列法较为困难。此时，发电机可采用自同步并列法将发电机投入电力系统。

用自同步法进行并列操作，首先要验证发电机的相序是否与电力系统相序相同。如图 2-77 所示，将发电机的转子绕组经灭磁电阻短路，灭磁电阻的阻值约为转子绕组的 10 倍。操作时发电机是在不给励磁的情况下，调节发电机的转速使之接近于同步转速，合上并列断路器，并立即加上直流励磁，此时依靠定

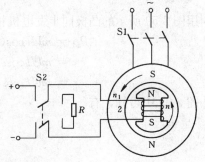

图 2-77 自同步法的原理接线图

子和转子磁场间形成的电磁转矩，可将转子迅速地牵入同步。

自同步法并列操作投入电力系统时，发电机励磁绕组不能开路，以免励磁绕组产生高电压，击穿绕组匝间绝缘。但也不能短路，以免合闸时定子电流出现很大的冲击值。为此，励磁回路应串入起限流作用的灭磁电阻 R。

自同步并列法操作简单迅速，不需要增加复杂的设备，但待并发电机投入电力系统瞬间，将产生较大冲击电流，故一般用于事故状态下的并列操作。

课题二　并列运行时的有功功率调节

一、电磁功率和功角特性

同步发电机转轴上输入的机械功率，通过电磁感应作用转换为电功率输给负载。发电机能量传递过程如图 2-78 所示。

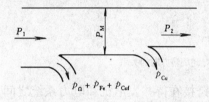

图 2-78　同步发电机的功率流程图

原动机从轴上输入发电机的机械功率为 P_1，扣除了发电机的机械损耗 p_Ω、铁耗 p_{Fe} 和励磁损耗 p_{Cuf} 后，通过电磁感应作用转换为电磁功率 P_M，即

$$P_M = P_1 - (p_\Omega + p_{Fe} + p_{Cuf}) = P_1 - p_0$$

或

$$P_1 = P_M + p_0 \tag{2-65}$$

$$p_0 = p_\Omega + p_{Fe} + p_{Cuf}$$

式中　p_0——空载损耗。

因为功率和转矩间的关系是 $P = M\Omega$。其中，P 为功率，M 为转矩，Ω 为转子的机械角速度 $\Omega = 2\pi n/60$。所以式（2-65）除以 Ω 可得转矩方程式为

$$M_1 = M + M_0 \tag{2-66}$$

$$M_1 = P_1/\Omega$$

$$M = P_M/\Omega$$

$$M_0 = P_0/\Omega$$

式中　M_1——从原动机输入的驱动转矩；

　　　M——发电机负载时制动性质的电磁转矩；

　　　M_0——发电机的空载制动转矩。

从转子方向通过气隙合成磁场传递到定子的电磁功率 P_M，扣除定子绕组的铜损耗 p_{Cu}，便得到发电机输出电功率 P_2，即

$$P_2 = P_M - p_{Cu} \tag{2-67}$$

在大中型同步发电机中，p_{Cu} 不超过额定功率的 1%，因而

$$P_M \approx P_2 = mUI\cos\varphi \tag{2-68}$$

利用图 2-59 所示的凸极同步发电机相量图可得

$$\begin{aligned}
P_M &= mUI\cos(\psi - \delta) \\
&= mUI\cos\psi\cos\delta + mUI\sin\psi\sin\delta \\
&= mUI_q\cos\delta + mUI_d\sin\delta
\end{aligned} \tag{2-69}$$

从图 2-59 中可知，有

$$I_q = \frac{U\sin\delta}{x_q}$$

$$I_d = \frac{E_0 - U\cos\delta}{x_d} \tag{2-70}$$

将式（2-70）代入式（2-69）即得

$$P_{M} = m\frac{E_0 U}{x_d}\sin\delta + m\frac{U^2}{2}\left(\frac{1}{x_q} - \frac{1}{x_d}\right)\sin2\delta = P'_{M} + P''_{M} \qquad (2-71)$$

$$P'_{M} = m\frac{E_0 U}{x_d}\sin\delta$$

$$P''_{M} = m\frac{U^2}{2}\left(\frac{1}{x_q} - \frac{1}{x_d}\right)\sin2\delta$$

式中 P'_{M}——基本电磁功率；

P''_{M}——附加电磁功率。

对于隐极同步发电机，$x_d = x_q = x_t$，所以只有基本电磁功率，即

$$P_{M} = m\frac{E_0 U}{x_t}\sin\delta \qquad (2-72)$$

对于凸极同步发电机，因为 $x_d \neq x_q$，电磁功率 P_{M} 包括两部分，一是基本电磁功率，二是附加电磁功率。由式（2-71）可知附加电磁功率是由于直轴、交轴磁阻不同（$x_d \neq x_q$）引起的，与励磁无关，故附加电磁功率也称磁阻功率。附加电磁功率必有一相对应的附加电磁转矩，由图2-79分析其物理意义为：当凸极发电机转子不加励磁时，因定子与电力系统相连，仍有定子电流产生气隙里的定子磁场，用N、S表示定子旋转磁场的磁极。当旋转磁场轴线与转子直轴方向一致时，定子磁通所经磁路的磁阻最小，如图2-79（a）所示；若旋转磁场轴线与转子交轴方向一致时，磁路磁阻最大，如图2-

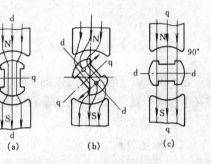

图 2-79　产生磁阻转矩的物理模型
（a）旋转磁场的轴线与直轴方向一致；
（b）旋转磁场的轴线与直轴夹角小于90°；
（c）旋转磁场的轴线与交轴方向一致

79（c）所示；旋转磁场处于其他位置时，磁路磁阻则介于上述两者之间，如图2-79（b）所示。该图表明了旋转磁场的轴线与转子直轴错开了一个角度 δ，这时磁力线被拉长并扭曲了，由于磁力线有收缩的特性，使其所经磁路磁阻为最小，因此转子受到了磁力线收缩时的转矩作用，这一转矩称为附加电磁转矩（又称磁阻转矩）。附加电磁转矩的方向，趋向于将转子磁极轴线拉回，使其与定子磁极的轴线重合。

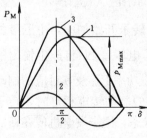

图 2-80　同步发电机
的功角特性
1—隐极电机的功角特性；
2—附加电磁功率曲线；
3—凸极电机的功角特性

式（2-71）说明，转子励磁电流和电力系统电压恒定时，电磁功率只取决于功率角 δ 的关系，用 $P_{M} = f(\delta)$ 表示，称为同步发电机的功角特性，如图2-80所示。由图可见，对隐极同步发电机，功角特性如图中曲线1所示，当角 δ 在 $0° \sim 90°$ 范围内时，功角 δ 增大，电磁功率 P_{M} 也增大。当 $\delta = 90°$ 时将产生最大的电磁功率 $P_{M\,max} = m\frac{E_0 U}{x_t}$，称此为功率极限值；当角 δ 在 $90° \sim 180°$ 范围内时，功率角 δ 增大，电磁功率 P_{M} 减小；$\delta = 180°$ 时，电磁功率为零。当角 δ 超过 $180°$ 时，电磁功率 P_{M} 为负值，这说明发电机不向电力系统输送有功功率，而是从电力系统吸收有功功率，同步电机运行在电动机工作状态。对于凸极同步发电机，由

于附加电磁功率 P''_M 的存在，在 $\delta<90°$ 时就达到功率极限值，如图 2-80 中曲线 3 所示。通常，附加电磁功率 P''_M 只占电磁功率 P_M 的百分之几。

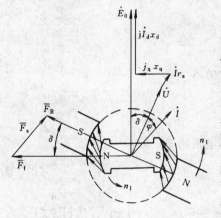

图 2-81　功率角 δ 的物理意义

功率角 δ 有双重的物理意义：一是空载电动势 $\dot{E}_0$ 和端电压 $\dot{U}$ 两个相量的夹角；另一是主极励磁磁场 $\overline{F}_f$（$\dot{\Phi}_0$）轴线和合成等效磁场 $\overline{F}_R$（$\dot{\Phi}_R$）轴线之间的夹角（电角度），如图 2-81 所示。其中，$\overline{F}_f$（$\dot{\Phi}_0$）超前 $\dot{E}_0$ $90°$，$\overline{F}_R$（$\dot{\Phi}_R$）超前 $\dot{U}$ $90°$。因此，夹角 δ 的存在使两磁极间的气隙中通过的磁力线扭斜了，产生了磁拉力，这些磁力线像弹簧那样有弹性地将两磁极联系在一起。对于并列运行在无穷大容量电力系统的发电机，在励磁电流不变的情况下，功率角 δ 越大，则磁拉力越大，相应的电磁转矩和电磁功率也越大。

功率角 δ 是同步发电机并列运行的一个重要的物理量，它不仅反映了转子主磁极的空间位置，也决定着并列运行时输出功率的大小。功率角的变化势必引起同步发电机的有功功率和无功功率的变化。下面对这一物理过程分别进行分析。

二、有功功率的调节

为了简化分析，下面以并列在无穷大容量电力系统的隐极同步发电机为例，不考虑磁路饱和及定子电阻的影响，且维持发电机的励磁电流不变。

当同步发电机投入电力系统运行时，因 $\dot{E}_0=\dot{U}$，故 $\delta=0°$，发电机处于空载运行状态，$P_M=0$ 在功角特性上的 O 点工作，如图 2-82（a）所示。从 $P_M=m\dfrac{E_0U}{x_t}\sin\delta$ 可知，要使发电机输出有功功率 $P_2\approx P_M$，就必须调节 $\dot{E}_0$ 的相位角，使 $\dot{E}_0$ 和端电压 $\dot{U}$（即恒定不变的无穷大容量电力系统电压）之间的功率角 $\delta\neq0°$。这就需要增加原动机的输入功率（增大汽门或水门

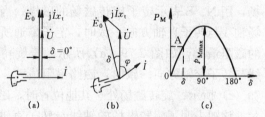

图 2-82　与无穷大电力系统并列时，
同步发电机有功功率的调节
(a) 空载运行；(b) 负载运行；
(c) 在功角特性上 A 点运行

的开度），使原动机的驱动转矩大于发电机的空载制动转矩，于是转子开始加速，主磁极的位置逐步超前气隙等效磁极的位置。故 $\dot{E}_0$ 将超前 $\dot{U}$ 一个功率角 δ，电压差 $\Delta\dot{U}$ 将产生输出的定子电流 $\dot{I}$，如图 2-82（b）所示。显然，功率角 δ 逐步增大使电磁功率 P_M 及其对应的制动性质的电磁转矩 M 也将逐渐增大，当电磁制动转矩增大到与输入的驱动转矩相等时，转子就停止加速。这样，发电机输入功率与输出功率将达到新的平衡状态，同步发电机便在新的运行点 A 稳定运行，如图 2-82（c）所示。

由此可见，要调节与电力系统并列运行的同步发电机输出功率，就必须调节原动机的输入功率，改变功率角使电磁功率改变，输出功率也随之改变。还需指出，并不是无限制地增加原动机的输入功率，发电机的输出功率就会相应地增加，这是因为发电机的电磁功率有一功率极限值，即最大的电磁功率 P_{Mmax} 的缘故。

三、静态稳定

并列在无穷大容量电力系统的同步发电机，经常会受到来自电力系统或原动机方面某些微小的瞬息即逝的扰动，导致发电机输入功率产生微小的扰动，同步发电机能否在这种瞬间扰动消除后，恢复到原来的稳定运行状态，这是同步发电机运行的静态稳定问题。如果能够恢复到原来的运行状态，则发电机处在"静态稳定"状态；反之，则处在"静态不稳定"状态。

图 2-83 所示功角特性曲线，设发电机原先在 a 点工作，对应的功率角为 δ_a，原动机的输入功率为 P_1，不考虑发电机内部损耗时 $P_1 = P_M$，此时发电机的电磁功率为 P_{Ma}，假若由于某种原因，原动机的输入功率瞬时增加了 ΔP_1，则功率角将从 δ_a 增大到 $\delta_c = \delta_a + \Delta\delta$，相应地发电机的电磁功率将增加 ΔP_M，发电机运行在工作点 c，电磁功率为 P_{Mc}。当扰动很快消失（即 ΔP_1 变为零）时，发电机的功率角仍为 δ_c，电磁功率 $P_{Ma} + \Delta P_M$ 仍为 P_{Mc}，P_{Mc} 将大于输入功率 P_1 一个功率差 ΔP_M，此 ΔP_M 对应的转矩差 ΔM 具有制动性质的作用，便使转子减速，功率角由 δ_c 减少到 δ_a，功率恢复到 P_{Ma}，输入与输出功率得到了平衡，发电机又恢复到 a 点稳定运行。

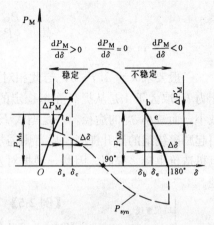

图 2-83 同步发电机的静态稳定分析

若发电机工作在功角特性曲线的 b 点，对应的功率角为 δ_b，电磁功率为 P_{Mb}。当原动机由于某种原因发生瞬时扰动，导致功率角从 δ_b 增加到 $\delta_b + \Delta\delta$，这时 δ 角处在 $90°\sim180°$ 范围内，功率角增大反而使电磁功率减小为 $P_{Mb} - \Delta P'_M$，即使扰动很快消失，发电机的输入功率（$P_1 = P_{Mb}$）将大于发电机的电磁功率（$P_{Mb} - \Delta P'_M$），此功率差 $\Delta P'_M$ 对应的转矩差 $\Delta M'$ 具有驱动性质作用，便使转子继续加速。随之功率角 δ_e 继续增大，电磁功率 P_M 将进一步减小。所以，输入与输出功率得不到平衡，在 b 点发电机不能稳定运行，最终将导致转子主磁极和气隙等效磁极失去同步。这种情况称为发电机"失步"。

综上所述，从发电机功角特性曲线上可看出，凡是发电机功率角 δ 和电磁功率 P_M 同是增大的部分（即曲线的上升部分），发电机运行是静态稳定的，用数学式表示为

$$\frac{dP_M}{d\delta} > 0 \tag{2-73}$$

这是发电机静态稳定的条件。

反之，凡是功率角 δ 增大而电磁功率 P_M 减小的部分（即曲线的下降部分），则 $\frac{dP_M}{d\delta} < 0$，发电机的运行是不稳定的。在 $\frac{dP_M}{d\delta} = 0$ 处，就是同步发电机的静态稳定极限。

显然，$\frac{dP_M}{d\delta}$ 所具有的大小及其正、负数值，表征了该同步发电机抗干扰保持静态稳定的能力，故将它称为比整步功率，用 P_{syn} 表示。对于隐极同步发电机的比整步功率为

$$P_{syn} = \frac{dP_M}{d\delta} = m\frac{E_0 U}{x_t}\cos\delta \tag{2-74}$$

根据式（2-74）作出比整步功率与功率角的关系曲线，如图 2-83 中虚线所示。可见，功率角 δ 在 $0°\sim90°$ 范围比整步功率为正值，发电机是静态稳定的。当 δ 值越小，比整步功

率越大，发电机的稳定性越好。功率角在 $90°\sim180°$ 范围，比整步功率为负值，发电机是静态不稳定的。因此，发电机正常运行所能发出的容量，不但要受到电机本身温升的限制，而且还要考虑发电机的稳定性要好。因此，实际运行时，要求发电机的功率极限值 P_{Mmax} 比额定功率 P_N 大一定的倍数，这个倍数称为静态过载能力，即

$$k_{m}=\frac{P_{Mmax}}{P_{N}}=\frac{m\dfrac{E_{0}U}{x_{t}}}{m\dfrac{E_{0}U}{x_{t}}\sin\delta_{N}}=\frac{1}{\sin\delta_{N}} \tag{2-75}$$

一般要求 $k_m=1.7\sim3$，与此相对应的发电机额定运行时的功率角 $\delta_N=20°\sim35°$。过载能力 k_m 取大于 1 是从提高静态稳定的角度考虑的。但是，k_m 值提高，额定功率角 δ_N 必须减小，而减小 δ_N 的途径，一是增大 E_0，二是减小同步电抗 x_t。前者需增大励磁电流，这将引起励磁绕组的温升提高；后者则需加大气隙，这将导致励磁安匝的增加，电机尺寸加大，电机造价也随之提高。因此，根据对发电机运行提出的要求，设计时应当综合地考虑这些问题。

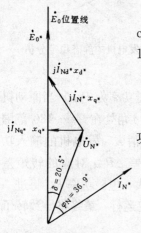

图2-84　［例 2-5］的相量图

【例 2-5】　有一台凸极式水轮发电机数据如下：$S_N=8750\text{kVA}$，$\cos\varphi_N=0.8$（滞后），$U_N=11\text{kV}$，Y 形接法，每相同步电抗 $x_d=17\Omega$，$x_q=9\Omega$，定子绕组电阻略去不计。试求：

(1) 同步电抗的标幺值；

(2) 该机在额定运行情况下的功率角 δ_N 及空载电动势 E_0；

(3) 该机的最大电磁功率 P_{Mmax}，过载能力及产生最大功率时的功率角 δ。

解　(1) 额定电流

$$I_N=\frac{S_N}{\sqrt{3}U_N}=\frac{8750\times10^3}{\sqrt{3}\times11\times10^3}=460\ (\text{A})$$

阻抗基值

$$Z_N=\frac{U_N^2}{S_N}=\frac{(11\times10^3)^2}{8750\times10^3}=13.828\ (\Omega)$$

同步电抗标幺值

$$x_{d*}=\frac{x_d}{Z_N}=\frac{17}{13.828}=1.23$$

$$x_{q*}=\frac{x_q}{Z_N}=\frac{9}{13.828}=0.65$$

(2) 先作出相量图，如图 2-84 所示，以下计算均采用标幺值。

令端电压为参考相量，则

$$\dot{U}_*=1.0+j0$$

$$\dot{I}_{N*}=0.8-j0.6$$

$$\dot{U}_*+j\dot{I}_{N*}x_{q*}=1.0+j(0.8-j0.6)\times0.65=1.39+j0.52$$

功率角

$$\delta_N=\tan^{-1}\frac{0.52}{1.39}=\tan^{-1}0.376=20.5°$$

负载功率因数角

$$\varphi_{\mathrm{N}} = \cos^{-1}0.8 = 36.9°$$

内功率角

$$\psi = \delta_{\mathrm{N}} + \varphi_{\mathrm{N}} = 20.5° + 36.9° = 57.4°$$

直轴、交轴电流分量

$$I_{\mathrm{d}*} = I_* \times \sin\psi = \sin 57.4° = 0.842$$

$$I_{\mathrm{q}*} = I_* \times \cos\psi = \cos 57.4° = 0.538$$

空载电动势每相实际值

$$E_0 = E_{0*}\frac{U_{\mathrm{N}}}{\sqrt{3}} = 1.971 \times 6350 = 12520(\mathrm{V})$$

（3）将具体数据代入功角特性公式

$$\begin{aligned}
P_{\mathrm{M}*} &= \frac{E_{0*}U_*}{x_{\mathrm{d}*}}\sin\delta + \frac{U_*^2(x_{\mathrm{d}*} - x_{\mathrm{q}*})}{2x_{\mathrm{d}*}x_{\mathrm{q}*}}\sin 2\delta \\
&= \frac{1.971 \times 1}{1.230}\sin\delta + \frac{1^2 \times (1.230 - 0.650)}{2 \times 1.230 \times 0.650}\sin 2\delta \\
&= 1.602\sin\delta + 1.362\sin 2\delta
\end{aligned}$$

令 $\dfrac{\mathrm{d}P_{\mathrm{M}}}{\mathrm{d}\delta} = 0$，则有

$$\frac{\mathrm{d}P_{\mathrm{M}}}{\mathrm{d}\delta} = 1.602\cos\delta + 0.724\cos 2\delta = 1.602\cos\delta + 0.724(2\cos^2\delta - 1) = 0$$

解得

$$\cos\delta = \frac{-1.602 \pm \sqrt{1.602^2 + 4 \times 1.448 \times 0.724}}{2 \times 1.448} = \frac{-1.602 \pm 2.60}{2.896}$$

发电机运行时，$0° < \delta < 90°$，$0 < \cos\delta < 1$，故分子应取正号，于是

$$\cos\delta = \frac{0.998}{2.896} = 0.344, \ \delta = 69.8°$$

$$\sin\delta = 0.94, \ \sin 2\delta = 0.648$$

代入 $P_{\mathrm{M}*}$ 公式中，得

$$\begin{aligned}
P_{\mathrm{M}*} &= \frac{E_{0*}U_*}{x_{\mathrm{d}*}}\sin\delta + \frac{U_*^2(x_{\mathrm{d}*} - x_{\mathrm{q}*})}{2x_{\mathrm{d}*}x_{\mathrm{q}*}}\sin 2\delta \\
&= 1.602\sin 69.8° + 1.362\sin(2 \times 69.8°) \\
&= 1.74
\end{aligned}$$

最大电磁功率

$$P_{\mathrm{Mmax}} = P_{\mathrm{Mmax}*}S_{\mathrm{N}} = 1.74 \times 8750 = 15225(\mathrm{kW})$$

静态过载倍数

$$k_{\mathrm{m}} = \frac{P_{\mathrm{Mmax}*}}{P_{\mathrm{N}*}} = \frac{1.74}{0.8} = 2.18$$

课题三　并列运行时的无功功率的调节

电力系统的负载中包括有功功率和无功功率，并列在无穷大容量电力系统上的发电机，

若只向电力系统输送有功功率，而不能满足电力系统对无功功率的要求时，就会导致电力系统电压的降低。因此，并网后的发电机，不仅要输送有功功率，还应输送无功功率。

为了简单起见，以隐极同步发电机为例，并忽略定子绕组电阻，说明并列运行时发电机无功功率的调节。

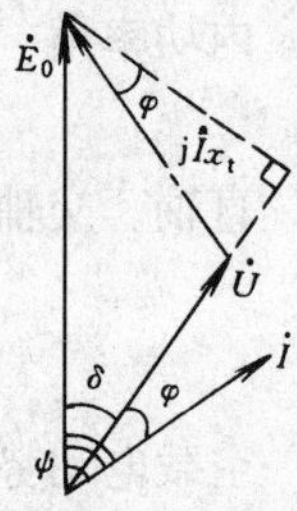

一、无功功率的功角特性

同步发电机输出的无功功率为

$$Q = mUI\sin\varphi \tag{2-76}$$

图 2-85 为不计定子绕组电阻的隐极发电机相量图，由图可得

$$Ix_t\sin\varphi = E_0\cos\delta - U$$

或

$$I\sin\varphi = \frac{E_0\cos\delta - U}{x_t} \tag{2-77}$$

将式（2-77）代入式（2-76）得

$$Q = m\frac{E_0 U}{x_t}\cos\delta - m\frac{U^2}{x_t} \tag{2-78}$$

图 2-85　不计定子绕组电阻时的隐极发电机相量图

式（2-78）即为无功功率的功角特性。无功功率 Q 与功率角 δ 的关系如图 2-86 中 $Q = f(\delta)$ 曲线所示。

二、无功功率的调节

从能量守恒的观点来看，同步发电机与电力系统并列运行，如果仅调节无功功率，是不需改变原动机的输入功率的。从无功功率的功角特性式（2-78）可知，只要调节励磁电流，就可改变同步发电机发出的无功功率。如图 2-87 所示，设发电机原来运行的功率角为 δ_a，此时对应于有功功率和无功功率的功角特性曲线上的运行点分别为 a 和 Q_a。令维持从原动机输入的有功功率 P_1 不变，而只增大励磁电流（电动势 E_0 随之增大），有功和无功功率的功角特性的幅值都将随之增大，如图中的功角特性曲线 $P_2 = f(\delta)$ 和 $Q_2 = f(\delta)$ 所示。发电机的功率角将从 δ_a 减小到 δ_b，对应于有功和无功功率的功角特性曲线上的运行点分别为 b 和 Q_b。显然，增大励磁电流后，无功功率的输出将增加（$Q_b > Q_a$），功率角将减小（$\delta_b < \delta_a$），反之亦然。

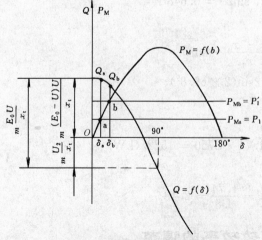

图 2-86　隐极发电机的有功功率和无功功率的功角特性

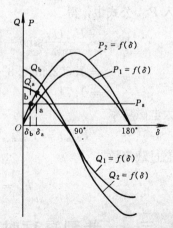

图 2-87　励磁电流改变时的功角特性及无功功率特性

上述的分析说明，调节无功功率，对有功功率不会产生影响，这是符合能量守恒的。但调节无功功率将改变功率极限值和功率角的大小，从而影响静态稳定度。这里必须指出，当调节有功功率时，由于功率角大小发生变化，无功功率也随之改变，如图 2-86 所示。

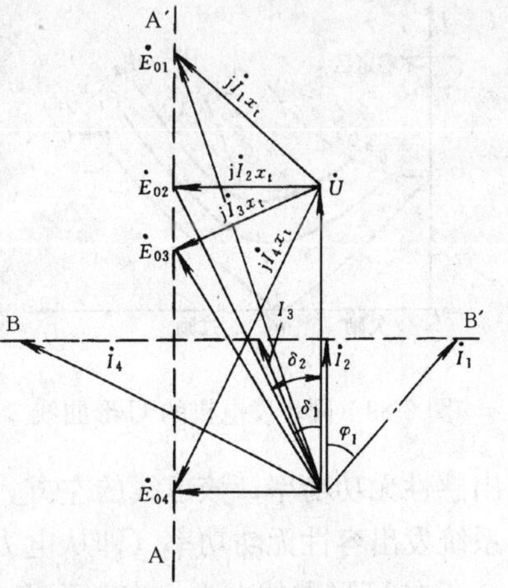

三、U 形曲线

发电机并列运行时，改变励磁电流调节无功功率，也可以用相量图来加以说明，如图 2-88 所示。以隐极发电机为例，不计定子绕组电阻，且保持输出有功功率不变时，则

$$P_2 = mUI\cos\varphi = 常数$$

$$P_M = m\frac{E_0 U}{x_t}\sin\delta = 常数 \qquad (2\text{-}79)$$

即

$$\left.\begin{array}{r} I\cos\varphi = 常数 \\ E_0\sin\delta = 常数 \end{array}\right\} \qquad (2\text{-}80)$$

图 2-88　调节励磁电流时发电机容量的变化情况

式（2-80）表示，无论励磁电流如何变化，定子电流 $\dot{I}$ 在 $\dot{U}$ 纵坐标上的投影 $I\cos\varphi$ 和电动势 $\dot{E}_0$ 在 $\dot{U}$ 的垂直线上横坐标的投影 $E_0\sin\delta$ 都是常数。可见，当调节励磁电流使电动势 $\dot{E}_0$ 和定子电流 $\dot{I}$ 均发生变化时，$\dot{E}_0$ 和 $\dot{I}$ 相量顶端的轨迹都应是一条直线，A—A′ 是 $\dot{E}_0$ 顶端的轨迹线，它与 $\dot{U}$ 平行；B—B′ 是 $\dot{I}$ 顶端的轨迹线，它与 $\dot{U}$ 垂直。图 2-88 中画出四种不同励磁时的情况，分别讨论如下：

（1）当励磁电流 $I_f = I_{f2}$ 时，相应的电动势为 E_{02}，此时的 $\dot{I}$ 与 $\dot{U}$ 同相位（即功率因数 $\cos\varphi = 1$），定子电流只含有功分量，为最小值 $\dot{I}_2$。发电机只输出有功功率，此状态下的励磁情况称为"正常励磁"。

（2）增加励磁电流，使 $I_f > I_{f2}$，则 $E_{01} > E_{02}$，功率因数变为滞后，定子电流 $\dot{I}_1$ 除有功分量 $\dot{I}_2$ 外，还增加一个滞后的无功分量，即发电机在输出有功功率的同时也向电力系统输出感性无功功率。此状态下的励磁情况称为"过励"。显然，"过励"较之"正常励磁"的功率角减小了，这将提高发电机运行的静态稳定。当然，增加感性无功功率的输出，将受到励磁电流和定子电流的限制，均不允许超过额定值。

（3）减少励磁电流，使 $I_{f3} < I_{f2}$，则 $E_{03} < E_{02}$，功率因数变为超前，定子电流 $\dot{I}_3$ 除有功分量 $\dot{I}_2$ 外，还增加一个超前的无功分量，即发电机在输出有功功率的同时也向电力系统输出容性无功功率（即从电力系统吸收感性无功功率）。此状态下的励磁情况称为"欠励"。显然，"欠励"较之"正常励磁"的功率角增大了，发电机的静态稳定性变差。

（4）当励磁电流减小到 I_{f4}，使 $\dot{E}_{04}$ 与 $\dot{U}$ 的夹角 $\delta = 90°$ 时，发电机处于静态稳定极限。所以，发电机"欠励"状态下增加容性无功功率输出时，不仅要受到定子电流的限制，还要受到静态稳定的限制。

因此从相量图可知，对应于每一个给定的有功功率，若调节励磁电流使 $\cos\varphi = 1$ 时，定子电流有最小值。这时，无论增大或减小励磁电流都将使定子电流增加。因此在有功功率

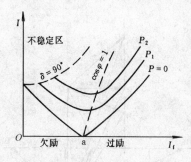

图 2-89　同步发电机的 U 形曲线

保持不变时，定子电流 I 随励磁电流 I_f 变化的关系绘成曲线，就是如图 2-89 所示的 U 形曲线。图中可见，对应于不同的有功功率，有不同的一组 U 形曲线，功率越大，曲线越向上移。各条 U 形曲线的最低点都是 $\cos\varphi=1$ 的情况，连接 $\cos\varphi=1$ 各点的曲线略微向右倾斜，这可以从图 2-86 中看出，当输出的有功功率增大时，将出现功率角增大，输出的无功功率随之减少，保持 $\cos\varphi=1$，必须相应地增加励磁电流。在这条虚线的右方，发电机处于过励状态，功率因数是滞后的，发电机向电力系统发出感性无功功率；该虚线的左方，发电机处于欠励状态，功率因数是超前的，发电机向电力系统发出容性无功功率（即从电力系统吸收感性无功功率）。

在 U 形曲线左上方有一不稳定区，发电机在该区内将不能保持静态稳定。这是因为对应一定的有功功率输出，励磁电流有一最小限值，此时，发电机运行于功率角 $\delta=90°$，电磁功率 P_M 即为功率极限值 P_{Mmax}，如果再减小励磁电流，发电机的功率极限值将小于原动机输入的机械功率，发电机将因功率得不到平衡而被加速，以致失去同步。为了维持发电机的稳定运行，对应于不同的有功功率输出，励磁电流就有不同的最小限值，输出的有功功率越大，最小励磁电流的限值也就越大。现代的同步发电机额定运行时，励磁电流的额定值都定在过励状态，一般额定功率因数为 0.8～0.85（滞后）。

【例 2-6】　有一台并列于无穷大电力系统的汽轮发电机数据如下：

$S_N=31250\mathrm{kVA}$，$U_N=10.5\mathrm{kV}$，Y 形接法，$\cos\varphi=0.8$（滞后），定子每相同步电抗 $x_t=7.0\Omega$，定子绕组电阻忽略不计。试求：

（1）当发电机在额定状态下运行时的功率角 δ_N、电磁功率 P_M、比整步功率 P_{syn} 及静态过载倍数 k_m。

（2）若维持上述励磁电流不变，但输出有功功率减半时，δ、P_M、P_{syn} 及 $\cos\varphi$ 将变为多少？

（3）发电机原来在额定状态下运行，现在仅将其励磁电流加大 10%，δ、P_M、P_{syn} 及 $\cos\varphi$ 和 I 将变为多少？

解　（1）以发电机端（电力系统）电压 $\dot{U}$ 作为参考相量，即令

$$\dot{U}_* = 1.0 + \mathrm{j}0$$

阻抗基值

$$Z_N = \frac{U_N^2}{S_N} = \frac{(10.5 \times 10^3)^2}{31250 \times 10^3} = 3.528 \ (\Omega)$$

同步电抗标幺值

$$x_{t*} = \frac{x_t}{Z_N} = \frac{7}{3.528} = 1.984$$

已知额定运行时 $I_*=1$，$\cos\varphi=0.8$，$\sin\varphi=0.6$，故负载电流有功分量标幺值 I_{a*} 即为发电机输出的有功功率标幺值 P_{N*}

$$P_{N*} = I_{a*} = I_* \cos\varphi_N = 1 \times 0.8 = 0.8$$

负载电流无功分量标幺值 I_{r*} 即发电机输出的无功功率标幺值 Q_*

$$Q_* = Ir_* = I_* \sin\varphi_N = 1 \times 0.6 = 0.6$$

励磁电动势标幺值（参照图 2-90）

$$\dot{E}_{0*} = \dot{U}_* + j\dot{I}x_{t*} = 1 + j(0.8 - j0.6) \times 1.984 = 2.19 + j1.587 = 2.704\angle 35.93°$$

故得 $E_{0*} = 2.704$，功率角 $\delta_N = 35.93°$。

静态过载倍数

$$k_m = \frac{1}{\sin\delta_N} = \frac{1}{\sin 35.93°} = 1.704$$

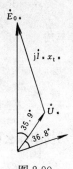

图 2-90
[例 2-6] 图

励磁电动势

$$E_0 = E_{0*} \frac{U_N}{\sqrt{3}} = 2.704 \times \frac{10.5 \times 10^3}{\sqrt{3}} = 16392\,(\text{V})$$

电磁功率

$$P_{MN} = 3\frac{E_0 U}{x_t}\sin\delta_N = 3 \times \frac{16392 \times \dfrac{10.5}{\sqrt{3}} \times 10^3}{7}\sin 35.93° = 25000\,(\text{kW})$$

比整步功率

$$P_{syn} = 3\frac{E_0 U}{x_t}\cos\delta_N = 3 \times \frac{16392 \times \dfrac{10.5}{\sqrt{3}} \times 10^3}{7}\cos 35.93° = 34500\,(\text{kW})$$

（2）已知励磁电流不变，有功功率减少一半。设对应的功率角为 δ'，则

$$P_{M*} = \frac{E_{0*} U_*}{x_{t*}}\sin\delta' = \frac{1}{2}P_{MN*} = \frac{1}{2} \times 0.8 = 0.4$$

因励磁电流不变，则 E_0 不变，故

$$\delta' = \sin^{-1}\frac{0.4x_{t*}}{E_{0*} U_*} = \sin^{-1}\frac{0.4 \times 1.984}{2.704 \times 1} = 17.06°$$

电磁功率

$$P_M = P_{M*} S_N = 0.4 \times 31250 = 12500\,(\text{kW})$$

比整步功率

$$P_{syn} = 3\frac{E_0 U}{x_t}\cos\delta' = 3 \times \frac{16392 \times \dfrac{10.5}{\sqrt{3}} \times 10^3}{7}\cos 17.06° = 40700\,(\text{kW})$$

无功功率标幺值

$$Q_* = \frac{E_{0*} U_*}{x_{t*}}\cos\delta' - \frac{U_*^2}{x_{t*}} = \frac{2.704 \times 1}{1.984}\cos 17.06° - \frac{1}{1.984} = 0.7989$$

功率因数

$$\varphi = \tan^{-1}\frac{Q_*}{P_{M*}} = \tan^{-1}\frac{0.7989}{0.4} = 63.4°$$

$$\cos\varphi = \cos 63.4° = 0.447$$

（3）已知励磁电流增加 10%，设对应的励磁电动势为 E'_{0*}，功率角为 δ'，则有

$$P_{M*} = P_{MN*} = 0.8$$

电磁功率

127

$$P_{M} = S_{N}P_{N*} = 31250 \times 0.8 = 25000 \ (\text{kW})$$

功率角

$$E'_{0*} \sin\delta' = 1.1E_{0*} \sin\delta' = E_{0*} \sin\delta_{N}$$

$$\sin\delta' = \frac{E_{0*} \sin\delta_{N}}{1.1E_{0*}} = \frac{\sin 35.93°}{1.1} = 0.533$$

$$\delta' = 32.24°$$

无功功率标幺值

$$Q_{*} = \frac{E_{0*}U_{*}}{x_{t*}}\cos\delta' - \frac{U_{*}^{2}}{x_{t*}} = \frac{2.704 \times 1.1}{1.984}\cos 32.24° - \frac{1}{1.984} = 0.764$$

功率因数

$$\varphi = \tan^{-1}\frac{Q_{*}}{P_{M*}} = \tan^{-1}\frac{0.764}{0.8} = 43.68°$$

$$\cos\varphi = \cos 43.68° = 0.723$$

定子电流

$$I_{*} = \frac{P_{M*}}{\cos\varphi} = \frac{0.8}{0.723} = 1.1062$$

$$I = I_{*}\frac{S_{N}}{\sqrt{3}U_{N}} = 1.1062 \times \frac{31250 \times 10^{3}}{\sqrt{3} \times 10.5 \times 10^{3}} = 1900 \ (\text{A})$$

课题四　同步电机的调相运行

同步电机与其他电机一样,既可作发电机运行,也可作电动机运行。作发电机运行时,除向电力系统输送有功功率外,还可向电力系统输送或吸收感性的无功功率;作电动机运行时,从电力系统吸收有功功率,还可从电力系统吸收或输送感性无功功率。

同步电机的调相运行实质上就是同步电机在不带机械负载情况下,专门向电力系统输送或吸收感性无功功率的同步电动机空载运行状态。其维持空载转动和补偿各种损耗的功率都取自电力系统。下面以隐极同步电机为例分析调相原理。

一、同步电机从发电机运行状态过渡到电动机运行状态的物理过程

若同步电机已并列于无穷大容量电力系统,向电力系统输送有功和无功功率。前述已知,转子磁极轴线超前气隙等效磁极轴线一个正值的功率角 δ,转子磁极拖动着气隙等效磁极以同步转速旋转。电机产生的电磁功率为正值(制动转矩),电磁转矩与原动机输入的驱动转矩相平衡。原动机输入的机械功率转变为电功率输向电力系统,即运行在发电机状态,如图 2-91(a)所示。

若减少原动机输入的机械功率,功率角和电磁功率均将随之减小,输送给电力系统的有功功率也将随之减少,当从原动机输入的机械功率减少到仅能抵偿发电机的空载损耗维持空载转动时,发电机的电磁功率和相应的功率角 δ 等于零,如图 2-91(b)所示。此时,电机处于不输出有功功率的发电机空载运行状态。

若继续减少从原动机输入的机械功率,把原动机的汽门或水门关闭,转子磁极开始落后于气隙等效磁极,但仍以同步速度旋转,功率角 δ 开始变为负值,电磁功率也变为负值(驱动转矩),电机开始从电力系统吸收空载转动所需的少量有功功率,同步电机处于电动机的空载运行状态。此时，电机不带机械负载（δ 很小），调节励磁电流，仅向电力系统输送或吸收感性无功功率，同步电机即处于调相运行状态。如果在轴上加上机械负载，而由机械负载产生的制动转矩使转子磁极更为落后，则负值功率角的绝对值将增大，从电力系统吸收的电功率和作为驱动转矩的电磁功率亦将变大，以平衡电机的输出机械功率，此时同步电机处于电动机负载运行状态，如图 2-91（c）所示。所以，同步电机调相运行功率角 δ 较之同步电动机负载运行是很小的。

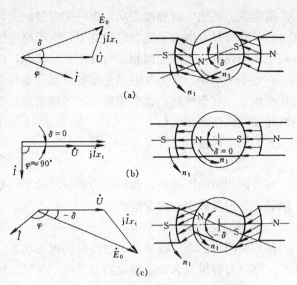

图 2-91　同步电机运行状态形象示意图
(a) 发电机负载状态；(b) 发电机空载
状态；(c) 电动机负载状态

从以上分析可知，同步电机可有如下几种运行状态：

$90° > \delta > 0°$，同步电机处于发电机运行状态，向电力系统输送有功功率，同时可向电力系统送出或吸收无功功率。

$\delta = 0°$，同步电机处于发电机空载运行状态，只向电力系统送出或吸收无功功率。

$-90° < \delta < 0°$，同步电机处于电动机负载运行状态，从电力系统吸收有功功率，同时可向电力系统送出或吸收无功功率。

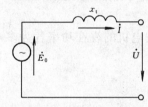

图 2-92　按发电机原则的
调相机运行等值电路图

$\delta \approx 0°$（负值），同步电机处于电动机空载运行状态，从电力系统吸收少量有功功率以抵偿电机空载运转的各种损耗，并可向电力系统送出或吸收无功功率，此为同步电机调相运行。

二、调相运行时的无功功率调节

调相运行时，电磁功率和功率因数均接近于零，若忽略空载损耗，则定子电流为纯无功性质。若电机各物理量正方向按发电机原则作等值电路（见图 2-92），可列出电动势平衡方程式为

$$\dot{E}_0 = \dot{U} + j \dot{I} x_t \qquad (2-81)$$

或 $$\dot{I} = -j \frac{\dot{E}_0 - \dot{U}}{x_t} \qquad (2-82)$$

按式（2-81）画出如图 2-93 所示的相量图。调相运行过励时，$E_0 > U$，定子电流 $\dot{I}$ 滞后 $\dot{U}$ 90°，如图 2-93（a）所示。电机向电力系统输出感性无功功率，即从电力系统吸收容性无功功率，如同电力系统中接入电容器的作用相同。调相运行欠励时，$E_0 < U$，定子电流 $\dot{I}$ 超前 $\dot{U}$ 90°，如图 2-93（b）所示。电机从电力系统吸收感性无功功率，如同电力系统中接入电抗器的作用相同。

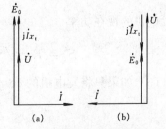

图 2-93　按发电机惯例的调相
运行时的相量图
(a) 过励状态；(b) 欠励状态

因为电力系统中对感性无功功率的需求量较大，故同步电机作为调相运行时，主要运行在过励状态。只有电力系统在轻负载下，由于高电压长距离输电线路分布电容的影响，当用电端电压偏高时，才能让调相运行处于欠励状态，以维持电力系统电压的稳定。

在冬季枯水期，水力发电站往往将一部分水轮发电机作调相机运行，担负电力系统的无功功率调节。在丰水期，让水轮发电机多输出有功功率，使靠近负载中心的火力发电厂里一些汽轮发电机作调相运行。

三、同步调相机

1. 用途

同步调相机的用途是，改善电力系统的功率因数和调节电力系统的电压。为此，调相机一般装在靠近负载中心的变电站中。

2. 调相机的特点

（1）调相机的额定容量是指过励时的视在功率，即输出感性无功功率的允许值。一般调相机欠励时的容量只有额定容量的 $0.5\sim0.65$ 倍。这是因为欠励时可能使电机失去同步。

（2）调相机轴上不带机械负载，转轴较细，没有过载能力的要求，气隙可小些，故同步电抗 x_t 较大，一般 $x_{t*}=2$ 以上。

（3）为节省材料，调相机的转速较高。

（4）调相机的转子上装有笼式绕组，作异步起动之用。

【例 2-7】 有一阻感性负载 1000kW，$\cos\varphi=0.5$，原由一台同步发电机单独供电，为改善功率因数，在用电的负载端并列一台调相机，试求：

（1）发电机单独供电的视在功率；

（2）如果添设的调相机完全补偿负载所需的无功功率，则调相机的容量和发电机的视在功率各为多少？

（3）如果只将发电机的 $\cos\varphi'$ 提高到 0.8，求调相机的容量和发电机的视在功率各为多少？

解 （1）发电机单独供电所需视在功率为

$$S=\frac{P}{\cos\varphi}=\frac{1000}{0.5}=2000\,(\text{kVA})$$

（2）调相机要完全补偿负载所需的无功功率就是发电机单独供给负载时的无功功率，即调相机的容量为

$$Q=S\sin\varphi=2000\times\sin60°=1732\,(\text{kvar})$$

则发电机的视在功率

$$S'=P=\sqrt{S^2-Q^2}=\sqrt{2000^2-1732^2}=1000\,(\text{kW})$$

（3）如果只将发电机的 $\cos\varphi'$ 增加到 0.8，发电机的视在功率应为

$$S'=\frac{P}{\cos\varphi'}=\frac{1000}{0.8}=1250\,(\text{kVA})$$

则发电机所承担的无功功率为

$$S'\sin\varphi'=1250\times0.6=750\,(\text{kvar})$$

故调相机应承担的无功功率，即调相机的容量为
$$Q = S\sin\varphi - S'\sin\varphi' = 1732 - 750 = 982 \text{ (kvar)}$$

单元小结

（1）同步发电机并列运行可提高供电可靠性，改善电能质量，从而达到经济运行。同步发电机投入电力系统的并列方法有准同步法和自同步法两种。准同步法的并列条件为：待并发电机和电力系统的频率相等、电压的大小和相位均相等、相序一致。自同步法的并列投入会产生冲击电流，在电力系统发生故障时才可采用此法。

特别应注意的是：①"准同步法"中的自整步作用只有在频率差不大时，才能将转子牵入同步；②若相序不同而并网，则相当于相间短路，这是绝对不允许的。

（2）有功功率功角特性反映了同步发电机内部各物理量之间的关系。功率角 δ 既是电动势和电压相量的时间相位差，又是气隙等效磁极轴线与转子磁极轴线之间的空间夹角。隐极同步电机在发电机状态下运行时，功率角 $\delta < 90°$，是静态稳定的；发电机并列于电力系统运行时，其静态稳定与比整步功率和过载能力有关。同步电抗越小，短路比越大，输出额定功率时的功率角越小，发电机维持同步运行的能力就越强，静态稳定也就越高。

（3）并列于无穷大容量电力系统运行的同步发电机若要调节输出的有功功率，必须改变从原动机输入的机械功率，从而改变发电机的功率角，使之按功角特性关系输出有功功率。在调节输出有功功率的同时，无功功率的输出也将随之改变。

（4）当输出的有功功率不变时，改变发电机的励磁电流，只能调节发电机的无功功率。过励时，输出感性无功功率；欠励时，输出容性无功功率；正常励磁时，发电机只输出有功功率，此时功率因数 $\cos\varphi = 1$。

在电力系统电压和输出有功功率不变的前提下，反映定子电流和励磁电流的关系是一条 U 形曲线。

（5）同步电机运行于发电机状态时，向电力系统输出有功功率，功率角 $\delta > 0°$；运行于电动机状态时，从电力系统吸取有功功率，功率角 $\delta < 0°$；同步电机调相运行时，仅向电力系统输出感性无功功率。

习　题

1. 同步发电机并联运行时应满足哪些条件？

2. 功率 δ 是电角度还是机械角度？说明它的物理意义。

3. 同步发电机与无穷大容量电力网并列时，采用准同步法，试述下列其中一个条件不满足时，进行并列有何后果？

(1) 当 $f_F < f$ 时；　　　　　　(2) 当 $U_F > U$ 时；

(3) 当 $\dot{U}_F$ 超前 $\dot{U}$ 30°时；　　　　(4) 当发电机相序与电力系统相序不同时。

4. 并列于无穷大容量电力系统的隐极同步发电机，当调节有功功率欲保持无功功率输出不变时，励磁电流应如何改变？功率角 δ 是否改变？试用相量图说明。

5. 并列于无穷大容量电力系统的隐极同步发电机，当保持励磁电流不变而增加有功功

率输出时，功率角 δ 和无功功率输出是否改变？试用相量图说明。

6. 试述 φ、ψ、δ 这三个角所代表的意义。同步电机在下列各种运行状态分别与哪个角度有关？角度的正、负号又如何？

(1) 功率因数滞后、超前；   (2) 过励、欠励；

(3) 去磁、助磁、交磁；   (4) 发电机状态、调相运行状态。

试用相量图说明上述情况，并指出功率的传递情况。

7. 试比较下列情况同步发电机的稳定性：

(1) 当有较大的短路比或较小的短路比时；

(2) 在过励状态下运行或欠励状态下运行时；

(3) 在轻负载下运行或满负载下运行时。

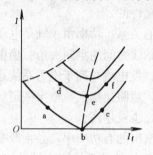

图 2-94 习题 8 的同步
发电机 U 形曲线

8. 图 2-94 为隐极同步发电机的 U 形曲线，试画出图中各点所对应的相量图，并指出其运行状态。

9. 有一汽轮发电机并列于无穷大容量电力系统，额定负载时功率角 $\delta = 20°$，现因外线路发生故障，电力系统电压降到 $60\%U_N$，试求当功率角 δ 小于 $25°$ 的范围内，应加大励磁电流，最少上升为原来的多少倍？

10. 有一台同步发电机与无穷大容量电力系统并列，$U_N = 400V$，$x_t = 1.2\Omega$，Y 接法，当电机输出功率为 80kW 时，$\cos\varphi = 1$，若保持励磁电流不变，减少输出功率到 20kW，不计定子绕组电阻，试求：

(1) 功率角 δ；   (2) 功率因数 $\cos\varphi$；

(3) 定子电流 I；   (4) 输出无功功率 Q（并指出是感性或容性）。

11. 有一汽轮发电机并列于无穷大容量电力系统，$\cos\varphi = 0.8$（滞后），$x_{t*} = 1.0$。求该发电机供给 90% 的额定电流，且 $\cos\varphi = 0.8$（滞后）时输出的有功功率。这时的 E_0 和 δ 为多少？

12. 已知条件同 11 题。如调节原动机的输入功率，使该发电机输出的有功功率达到额定运行情况下的 110%，励磁电流保持不变，这时的 δ 角为多大？该发电机输出的无功功率将如何变化？如欲使输出的无功功率保持不变，试求 E_0 和 δ 角大小。

13. 已知条件同 12 题。如保持从原动机输入的功率不变，调节发电机的励磁电流，使其输出感性无功功率为额定运行情况下的 110%。试求 E_0 和 δ 角的大小。

14. 有一台同步发电机带一感性负载，其有功电流分量 $I_P = 1000A$，感性无功电流分量 $I_Q = 1000A$。为了提高线路的功率因数，在用户端安装了一台同步调相机。若要求将线路的功率因数提高到 0.8，该调相机运行在什么励磁状态？此时调相机的无功电流为多少？

第五单元   同步发电机的异常运行

同步发电机正常运行时，各相物理量不仅对称，且在额定值范围之内。而在某些非正常运行中，有些物理量的大小或超过额定值，或三相严重不对称，如突然短路、不对称运行、无励磁运行、振荡等，这些均属异常运行。

前几单元所讨论的是同步发电机的稳态运行，本单元在"突然短路"中将涉及过渡过程。

异常运行对发电机本身和电力系统的影响很大，特别是影响电力系统运行的可靠性和稳定性。因此，需要对它们作进一步的分析。本单元仅讨论"突然短路"和"不对称运行"。

课 题 一　　同步发电机突然短路

同步发电机出线端发生三相突然短路时，巨大的短路电流将对发电机的一些关键部件以及电力系统的运行产生不利的影响。研究突然短路有利于采取有效的预防措施，合理选择发电机的控制和保护装置。

电机稳态运行时，电枢磁场是一个恒幅、恒速的旋转磁场，与转子主磁极无相对运动，不会在转子励磁绕组和阻尼绕组中感应电动势和电流。但是突然短路时，定子电流及相应的电枢磁场幅值都将发生突然变化，转子的励磁绕组和阻尼绕组因而感应出电动势和电流。转子各绕组之间的相互影响致使突然短路过程中，定子绕组的电抗减少，从而引起定子电流的剧增。

由于在突然短路时定、转子绕组之间相互影响，使得突然短路后的过渡过程变得十分复杂。本课题将着重分析突然短路时电机内部的物理过程。为了简化分析，作如下的假设：

（1）突然短路后，发电机转速以及励磁电流保持不变；

（2）突然短路前，发电机空载运行，以及突然短路发生在电机出线端；

（3）发电机的磁路不饱和，分析时可用叠加原理。

一、磁链守恒原理

图 2-95 表示一电阻为零的超导体闭合回路，当对电磁铁通电时，超导体闭合回路交链了磁链 Ψ_0。由电磁感应定律知道，在该闭合回路中将感应出电动势 e_0，e_0 的正方向与 Ψ_0 的正方向符合右手螺旋定则时，则

$$e_0 = -\frac{\mathrm{d}\Psi_0}{\mathrm{d}t} \tag{2-83}$$

因回路是闭合的，e_0 即在该回路中产生电流 i，i 的正方向与 e_0 一致。此时 i 又在闭合回路中产生自感磁链 Ψ_L 和自感电动势 e_L。它们的正方向按右手螺旋定则标于图 2-95 中，故

$$\Psi_L = Li \tag{2-84}$$

$$e_L = -\frac{\mathrm{d}\Psi_L}{\mathrm{d}t} \tag{2-85}$$

式中　L——闭合回路的自感系数。

根据基尔霍夫第二定律，并忽略闭合回路电阻，则闭合回路的电动势方程式为

$$\Sigma e = e_0 + e_L = -\frac{\mathrm{d}\Psi_0}{\mathrm{d}t} - \frac{\mathrm{d}\Psi_L}{\mathrm{d}t} = ir = 0$$

即

$$\frac{\mathrm{d}(\Psi_0 + \Psi_L)}{\mathrm{d}t} = 0$$

$$\Psi_0 + \Psi_L = 常数 \tag{2-86}$$

式（2-86）说明，对于超导体闭合回路，无论外磁场与它所交链的磁链如何变化，回路中感应的电流所产生的磁链恰好抵消这种变化，超导体闭合回路所交链的总磁链总是保持不变的，这就是超导体闭合回路的磁链守恒原理。

根据上述结论，对于图 2-95 所示的超导体闭合回路，当开关 S 闭合初瞬，磁链 Ψ_0 将不能穿过该回路而被挤到外侧的磁路上，如图 2-96 所示。

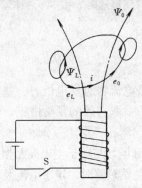

图 2-95 超导体闭合回路

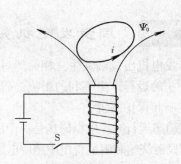

图 2-96 接通电路初瞬，超导体闭合回路磁通实际路径

在研究同步发电机突然短路初瞬情况时，可以将定子绕组、励磁绕组和阻尼绕组看成是超导体闭合回路，然后再计入上述各绕组电阻的影响，引入各绕组的时间常数，说明突然短路电流的衰减过程。

二、突然短路时定子绕组电抗的变化

前已阐述，绕组中的电抗表征了磁场的存在，电抗的大小取决于该磁通所经路径的磁阻。任一绕组产生一定的磁通所需电流的大小，将因磁通所经路径遇到的磁阻不同而不同。如果磁路是铁芯，其磁阻较小，产生一定的磁通时绕组所需的电流也较小，对应的绕组电抗则较大；反之，如果磁路主要是空气或非导磁材料，其磁阻较大，产生一定磁通时绕组所需的电流也较大，对应的绕组电抗则较小。下面就同步发电机突然短路后，电枢磁通所经路径的变化情况，来说明突然短路定子绕组电抗的变化，便可知道这是突然短路定子电流剧增的根本原因之一。

根据第三单元的分析，三相稳态短路时定子电流所产生的电枢反应磁链 Ψ_{ad} 起去磁作用，它与励磁绕组所产生的磁链 Ψ_0 方向相反。其所经磁路如图 2-97 所示。图中 $\Psi_{f\sigma}$ 和 Ψ_σ 分别为励磁绕组和定子绕组的漏磁链。可见，Ψ_{ad} 经过转子铁芯闭合所遇到的磁阻较小，因而电枢反应电抗 x_{ad} 较大，说明三相稳定短路时定子电流受到较大的电枢反应电抗 x_{ad} 的限制，稳态短路电流并不很大。

由图 2-97 可知，转子的阻尼绕组和励磁绕组仅交链主磁链 Ψ_0。当发电机发生突然短路，按照超导体闭合回路磁链守恒原理，阻尼绕组和励磁绕组所交链的总磁链均不能突然改变，在这两个绕组中都会感应电流，产生各自的反磁链，去抵制电枢反应磁链 Ψ_{ad} 对它们的交链，从而迫使电枢反应磁链

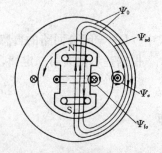

图 2-97 稳态短路时电枢磁链所经的路径

$\boldsymbol{\Psi}_{ad}$对它们的交链，从而迫使电枢反应磁链 $\boldsymbol{\Psi}''_{ad}$ 不能穿过阻尼绕组和励磁绕组，而是被挤到这两个绕组外侧的漏磁路径通过，如图 2-98 所示。因此，电枢反应磁链所经路径的磁阻明显增大，与之相应的定子绕组电抗明显变小，此时用称为直轴超瞬变电枢反应电抗 x''_{ad} 表示，其数值很小。不难理解，再考虑定子绕组漏磁链 $\boldsymbol{\Psi}_\sigma$ 的存在，及其相对应的漏抗 x_σ 的影响，突然短路初瞬，定子绕组直轴超瞬变电抗 x''_d 由 x''_{ad} 和 x_σ 所决定，其数值仍很小。所以，突然短路电流的冲击值可能大到（10~20）I_N。

由于同步发电机中的各绕组都存在电阻，励磁绕组和阻尼绕组中的感应电流都会衰减。阻尼绕组匝数少电流衰减最快，可认为阻尼绕组中的感应电流先衰减到零，然后励磁绕组中的感应电流才开始衰减。所以，电枢反应磁链 $\boldsymbol{\Psi}'_{ad}$ 先穿过阻尼绕组，但仍被挤到励磁绕组外侧的漏磁路通过（这时电枢反应磁链 $\boldsymbol{\Psi}'_{ad}$ 所经磁路的情况与发电机未装设阻尼绕组的情况是相同的），如图 2-99 所示。因此，电枢反应磁链 $\boldsymbol{\Psi}'_{ad}$ 所经磁路的磁阻，显然小于短路初瞬时 $\boldsymbol{\Psi}''_{ad}$ 所经磁路的磁阻。同理，与此电枢磁链相对应的情况可用直轴瞬变电抗 x'_d 表示，其数值稍大于 x''_d，此时突然短路电流还是很大的。由于励磁绕组中有电阻存在，最后感应电流也将衰减到零，电枢反应磁链 $\boldsymbol{\Psi}_{ad}$ 将穿过励磁绕组，对应该电枢磁链即为直轴同步电抗 x_d，短路电流降到稳定值。

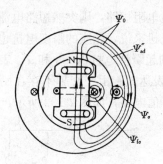

图 2-98　突然短路初瞬
时磁链最初分布

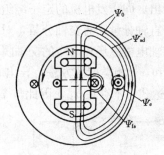

图 2-99　x'_d 对应的磁路

当转子装有阻尼绕组时，在不考虑定、转子铁芯磁阻的情况下，突然短路瞬间，电枢反应磁链 $\boldsymbol{\Psi}''_{ad}$ 在磁路路径上的总磁阻 R''_{ad} 是由两个气隙的直轴电枢磁阻 R_{ad}、励磁绕组漏磁路的磁阻 $R_{f\sigma}$、直轴阻尼绕组漏磁路的磁阻 $R_{Dd\sigma}$ 三部分串联组成，即

$$R''_{ad} = R_{ad} + R_{f\sigma} + R_{Dd\sigma} \tag{2-87}$$

由于电抗与磁路的磁阻成反比，即与磁路的磁导成正比，为了求得电抗的表达式，将式（2-87）改写成磁导的形式，即

$$\lambda''_{ad} = \frac{1}{R''_{ad}} = \frac{1}{R_{ad} + R_{f\sigma} + R_{Dd\sigma}} = \frac{1}{\dfrac{1}{\lambda_{ad}} + \dfrac{1}{\lambda_{f\sigma}} + \dfrac{1}{\lambda_{Dd\sigma}}} \tag{2-88}$$

式中　λ''_{ad}、λ_{ad}、$\lambda_{f\sigma}$、$\lambda_{Dd\sigma}$——磁导，磁阻 R''_{ad}、R_{ad}、$R_{f\sigma}$、$R_{Dd\sigma}$ 的倒数。

从定子侧看，电枢漏磁链 $\boldsymbol{\Psi}_\sigma$ 与直轴电枢反应磁链 $\boldsymbol{\Psi}''_{ad}$ 所经的磁路是相互并联的，因而电枢总磁链对应的磁路的总磁导 λ''_d 为

$$\lambda''_{d} = \lambda_{\sigma} + \lambda''_{ad} = \lambda_{\sigma} + \cfrac{1}{\cfrac{1}{\lambda_{ad}} + \cfrac{1}{\lambda_{f\sigma}} + \cfrac{1}{\lambda_{Dd\sigma}}} \tag{2-89}$$

式中　λ_{σ}——电枢漏磁磁路的磁导。

则直轴超瞬变电抗 x''_{d} 为

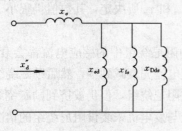

图 2-100　超瞬变电抗
x''_{d} 的等值电路

$$x''_{d} = x_{\sigma} + \cfrac{1}{\cfrac{1}{x_{ad}} + \cfrac{1}{x_{f\sigma}} + \cfrac{1}{x_{Dd\sigma}}} \tag{2-90}$$

式中　x_{σ}——定子绕组漏抗；

$\quad\quad x_{ad}$——直轴电枢反应电抗；

$x_{f\sigma}$ 和 $x_{Dd\sigma}$——折算到定子侧的转子励磁绕组和直轴阻尼绕组漏抗。

用式（2-90）可画出纵轴超瞬变电抗的等值电路，如图 2-100 所示。

同理，直轴瞬变电抗的等值电路，如图 2-101 所示，直轴瞬变电抗 x'_{d} 为

$$x'_{d} = x_{\sigma} + \cfrac{1}{\cfrac{1}{x_{ad}} + \cfrac{1}{x_{f\sigma}}} \tag{2-91}$$

还需指出，同步发电机的定子绕组出线端若通过电阻短路，则突然短路电流所产生的电枢磁场既有直轴分量又有交轴分量，对于凸极同步电机来说，相应的瞬变电抗也不相等。突然短路时交轴电枢磁场相对应的交轴瞬变电抗和交轴超瞬变电抗以 x'_{q} 和 x''_{q} 表示。同样可用推导 x'_{d} 和 x''_{d} 相类似的方法，导出 x'_{q} 和 x''_{q} 的表达式。由于交轴不存在励磁绕组，故在 x''_{q} 的表达式中不存在 $x_{f\sigma}$，因此与 x''_{q} 相对应的等值电路，如图 2-102 所示，则

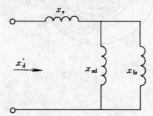

图 2-101　瞬变电抗 x'_{d} 的等值电路

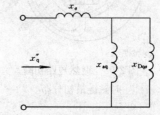

图 2-102　交轴超瞬变电抗的等值电路

$$x''_{q} = x_{\sigma} + \cfrac{1}{\cfrac{1}{x_{aq}} + \cfrac{1}{x_{Dq\sigma}}} \tag{2-92}$$

式中　x_{aq}——交轴电枢反应电抗；

$\quad\quad x_{Dq\sigma}$——交轴阻尼绕组漏抗。

如果交轴没有阻尼绕组，或者交轴阻尼绕组中感应电流已衰减完毕，则图 2-102 中应去除 $x_{Dq\sigma}$ 这条并联支路，则得交轴瞬变电抗

$$x'_{q} = x_{\sigma} + x_{aq} = x_{q} \tag{2-93}$$

一般凸极同步发电机，阻尼绕组在直轴所起的作用比在交轴大，故 x''_{q} 略大于 x''_{d}。

同步发电机的瞬变参数范围列于表2-7。

表 2-7 同步发电机的超瞬变电抗和瞬变电抗（标幺值）

电抗 \ 发电机类型	汽轮发电机	有阻尼绕组的水轮发电机	无阻尼绕组的水轮发电机
x''_{d*}	0.10～0.15	0.14～0.26	0.23～0.41
x'_{d*}	0.15～0.24	0.20～0.35	0.26～0.45
x''_{q*}	0.10～0.15	0.15～0.35	

三、三相突然短路电流

本课题还将应用磁链守恒原理，来分析突然短路初瞬定子各相绕组所交链主磁通的不同，从而得到不同的三相突然短路电流。

1. 突然短路电流的表达式及其最大值

图 2-103 为同步发电机的示意图，图中定子绕组中标出了电流的正方向。设突然短路初瞬（$t=0$），发生在 U 相轴线与转子轴线之间夹角为 $90°-\alpha_0$ 的位置。此时，若发电机主磁链为 Ψ_0，三相定子绕组中将交链按正弦规律变化的磁链 Ψ_{U0}、Ψ_{V0}、Ψ_{W0}，其瞬时值为

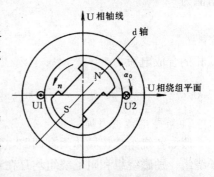

图 2-103 $\Psi(\alpha_0)$ 时三相突然短路

$$
\left.
\begin{aligned}
\Psi_{U0} &= \Psi_0 \sin(\omega t + \alpha_0) \\
\Psi_{V0} &= \Psi_0 \sin(\omega t + \alpha_0 - 120°) \\
\Psi_{W0} &= \Psi_0 \sin(\omega t + \alpha_0 + 120°)
\end{aligned}
\right\}
\tag{2-94}
$$

则突然短路初瞬（$t=0$），U 相绕组所交链的磁链初始值为

$$
\Psi_{U0}(0) = \Psi_0 \sin\alpha_0
\tag{2-95}
$$

对于 V 相或 W 相的表达式，只要将式（2-95）中 α_0 以 $\alpha_0-120°$ 或 $\alpha_0+120°$ 代替即可。为简化和便于理解突然短路时的过渡过程，在后面讨论三相的有关方程式时只列出 U 相。

由于突然短路后，转子仍以同步速旋转，所以各相绕组所交链的主磁链仍按式(2-94)所表示的正弦规律变化，如果将定子绕组看作超导体闭合回路，那么短路初瞬各相绕组所交链的磁通均应保持不变。即等于短路初瞬时所交链的恒定磁链 $\Psi_{U0}(0)$、$\Psi_{V0}(0)$、$\Psi_{W0}(0)$。所以，三相定子绕组将产生电枢反应交变磁链 Ψ_{Ui}、Ψ_{Vi}、Ψ_{Wi} 以便抵消三相定子绕组所交链的主磁链 Ψ_{U0}、Ψ_{V0}、Ψ_{W0} 的变化，故 U 相

$$
\Psi_{U0} + \Psi_{Ui} = \Psi_{U0}(0) = \Psi_0 \sin\alpha_0
$$

或

$$
\Psi_{Ui} = \Psi_0 \sin\alpha_0 + [-\Psi_0 \sin(\omega t + \alpha_0)]
\tag{2-96}
$$

由式（2-96）可见，突然短路后各相绕组交链的电枢反应磁链包含两个分量，则与此磁链对应的突然短路电流也必然包含两个分量：一个是三相对称的交变磁链（$-\Psi_{U0}$，$-\Psi_{V0}$，$-\Psi_{W0}$）相对应的三相突然短路电流的交流分量，用 $i_{U\sim}$、$i_{V\sim}$、$i_{W\sim}$ 表示，它们共同建立一个旋转磁场；另一个是短路初瞬时各相绕组所交链的磁链初始值 $[\Psi_{U0}(0)$、$\Psi_{V0}(0)$、$\Psi_{W0}(0)]$ 相对应的三相突然短路电流的直流分量，用 i_{U-}、i_{V-}、i_{W-} 表示，它们共同建立一个静止磁场。显然，突然短路电流的直流分量和交流分量的幅值大小相等、方向相反，保持短路电流不发生突变。

装有阻尼绕组的同步发电机，若突然短路，各相短路电流的交流和直流分量的幅值为

I''_m，由于电动势 E_0 完全被电抗压降所平衡，E_0 是不变的，故短路电流的交流分量就由超瞬变电抗 x''_d 限制，其幅值为 $I''_m = \dfrac{\sqrt{2}E_0}{x''_d}$，于是

$$i_{U\sim} = -I''_m \sin(\omega t + \alpha_0) = -\frac{\sqrt{2}E_0}{x''_d}\sin(\omega t + \alpha_0) \tag{2-97}$$

其中，$i_{U\sim}$ 称为 U 相绕组超瞬变短路电流的交流分量。相应地，U 相短路电流的直流分量起始值为

$$i_{U-} = I''_m \sin\alpha_0 = \frac{\sqrt{2}E_0}{x''_d}\sin\alpha_0 \tag{2-98}$$

U 相的合成电流为

$$i_U = i_{U-} + i_{U\sim} = \frac{\sqrt{2}E_0}{x''_d}[\sin\alpha_0 - \sin(\omega t + \alpha_0)] \tag{2-99}$$

2. 短路电流的衰减

假如各绕组是超导体闭合回路，它们所产生的交、直流分量都是不衰减的。实际上，定子绕组、励磁绕组和阻尼绕组均存在着电阻，因此，这些绕组的直流分量都要按对应的绕组时间常数衰减。

以 U 相为例考虑衰减时，突然短路电流瞬时值的表达式为

$$i_{kU} = -\sqrt{2}E_0\left[\left(\frac{1}{x''_d} - \frac{1}{x'_d}\right)e^{\frac{t}{T''_d}} + \left(\frac{1}{x'_d} - \frac{1}{x_d}\right)e^{\frac{t}{T'_d}} + \frac{1}{x_d}\right]\sin(\omega t + \alpha_0)$$

$$+ \frac{\sqrt{2}E_0}{x''_d}e^{-\frac{t}{T_a}}\sin\alpha_0 \tag{2-100}$$

式中 T''_d——阻尼绕组的时间常数；

T'_d——励磁绕组的时间常数；

T_a——电枢绕组的时间常数。

式（2-100）表明 U 相短路电流是由交流分量和直流分量合成的，其幅值的包络线描述了突然短路过程中短路电流的衰减规律。

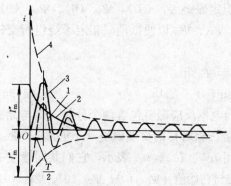

图 2-104　$\alpha_0 = 90°$，$\psi_U(0) = \varphi_m$，
U 相突然短路电流
曲线 1—交流分量；曲线 2—直流分量；
曲线 3—短路电流；曲线 4—包络线

如果需要知道突然短路时 U 相短路电流的最大值，只需考虑 $\alpha_0 = 90°$ 时的情况，此时 U 相绕组交链的主磁链 Ψ_0 为正的最大值，其对应的突然短路电流的直流分量初始值可达 $\dfrac{\sqrt{2}E_0}{x''_d}$，此时短路电流的交流分量初始值为 $-\dfrac{\sqrt{2}E_0}{x''_d}$。显然，若不计电流衰减，由式(2-100)可得 $i_U = \dfrac{\sqrt{2}E_0}{x''_d}(1-\cos\omega t)$，显然短路后再经过半个周期（$\omega t = 180°$），U 相短路电流即可达到最大值，即 $i_U = 2\dfrac{\sqrt{2}E_0}{x''_d}$，如图2-104所示。

但若考虑到衰减，则突然短路电流的最大值减为 $k\dfrac{\sqrt{2}E_0}{x''_{\mathrm{d}}}$，其中 k 为冲击系数，一般为 1.8～1.9。

例如，一台汽轮发电机，$E_{0*}=1.05$，$x''_{\mathrm{d}*}=0.134\,7$，则三相突然短路的最大冲击电流值为

$$i_{\mathrm{k\,max}*}=(1.8\sim1.9)\times\dfrac{\sqrt{2}E_{0*}}{x''_{\mathrm{d}*}}=19.8\sim20.9$$

可见，最大冲击电流可达额定电流的 20 倍左右。因而国家标准规定，同步发电机必须能承受空载电压等于 105% 额定电压下的三相突然短路电流的冲击。

3. 突然短路电流对电机的影响

同步发电机突然短路时，冲击电流持续时间很短，一般只有几秒。由此而引起的绕组发热并不严重。冲击电流最大的危害是在于它所产生的巨大的电磁力和转矩对发电机的影响。

(1) 定子绕组端部承受巨大的电磁力作用。如图 2-105 所示，电磁力包括：①作用于定子绕组端部和转子励磁绕组端部之间的电磁力 F_1。由于短路时电枢磁动势基本上是去磁的，故定子绕组和励磁绕组中的电流方向相反，该电磁力将趋向于使定子绕组端部向外张开。②定子绕组端部电流建立的沿定子铁芯端面闭合的漏磁通，导致定子绕组端部与定子铁芯之间的吸引力 F_2。③作用于定子绕组端部各相邻导体之间的力 F_3，其方向取决于两导体中电流的方向，若两导体中电流方向相同，则 F_3 为引力，反之为斥力。

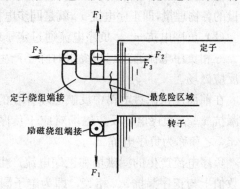

图 2-105　短路时的电磁力

上述三种电磁力的作用趋向于使定子绕组端部向外张开。最危险区域显然发生在线棒伸出的槽口处。

(2) 转轴受到冲击电磁转矩的作用。突然短路时转轴主要受到交变转矩的作用，这是由于定子绕组中短路电流的直流分量所建立的静止磁场与转子的主磁极磁场之间的相互作用引起的，因而其转矩是交变的，时而驱动时而制动。该转矩将随短路电流中的直流分量一同衰减。

课题二　同步发电机不对称运行

前面所讨论的大多为对称稳定运行的问题，实际上，同步发电机可能发生不对称运行。例如，发电机供给容量较大的单相负载，电气设备发生一相断线或不对称短路等。按照电机基本技术的要求：对 10 万 kW 以下的三相同步发电机和调相机（不包括导体内部冷却的电机），若每相电流均不超过额定值，且负序分量不超过额定电流的 8%（汽轮发电机）或 12%（凸极同步发电机、调相机）时应能长期工作。因此，对发电机运行问题的分析，具有实际意义。分析不对称的问题可用对称分量法。

一、不对称运行的分析

发电机的负载不对称时，其定子电流和端电压均变得不对称。应用对称分量法将其不对称系统分为三组对称的正序、负序和零序分量。然后，分别根据三个相序电动势、电流和阻

抗列出各序电动势方程式，最后，用叠加法求得不对称系统的各相物理量。为此，首先要弄清各相序电动势、相序阻抗的物理概念。

1. 相序电动势

空载电动势是转子主极磁场在定子绕组中的感应电动势。空载电动势的相序是作为正序的依据，故正序电动势就是正常运行时的空载电动势。由于同步发电机不存在反转主极磁场，所以不会有负序的空载电动势，也不会有零序的空载电动势。

2. 相序阻抗

相序阻抗包括正序、负序和零序阻抗，均属于同步发电机不对称运行时的内阻抗。由于各序电阻很小，下面讨论序阻抗时可不予考虑。

（1）正序电抗 x_+。正序电流通过定子绕组时所遇到的电抗即为正序电抗。由于发电机的空载电动势即为正序电动势，因此，前面所讨论过的对称运行时发电机的各物理量都可看成正序分量的各物理量，即正序电抗 x_+ 就是同步电抗 x_t。

（2）负序电抗 x_-。负序电流通过定子绕组时所遇到的电抗即为负序电抗。

三相负序电流通过三相绕组时除了产生各相的负序漏磁场外，还产生反向旋转的负序电枢反应磁场。

在前面已讨论过电路中反映磁场存在的参数是电抗，因此，可认为负序漏磁场对应于负序漏抗 $x_{\sigma-}$；负序电枢反应磁场对应于负序电枢反应电抗 x_{a-}。负序漏抗 $x_{\sigma-}$ 与负序反应电抗 x_{a-} 之和称为负序电抗 x_-。

负序电流产生的漏磁场和正序电流产生的漏磁场是没有什么区别的，因此负序漏抗 $x_{\sigma-}$ 在数值上与正序漏抗 $x_{\sigma+}$ 相等，即为定子漏抗 x_σ。

$$x_{\sigma-} = x_{\sigma+} = x_\sigma \tag{2-101}$$

但是，负序电枢反应电抗不同于正序电枢反应电抗。对于正序系统，三相合成磁动势产生的旋转磁场与转子同步旋转，即为正序旋转磁场。而在负序系统，负序电枢反应磁场虽然仍具有同步转速，但其转向与转子转向相反，相对转子则为两倍同步速 $2n_1$ 的转速差。因此，转子的励磁绕组，阻尼绕组及转子的铁芯都将切割负序旋转磁场，而感应两倍频率的电动势和电流，从而建立起转子的反磁动势。这种转子的反磁动势对定子负序磁动势的作用，与突然短路时转子方面也有反磁动势对定子电枢反应磁动势作用的情况相类似，定子负序磁链也被挤到励磁绕组和阻尼绕组的漏磁路上去。故可用导出超瞬变电抗或瞬变电抗相类似的方法，得到负序电抗的表达式。

图 2-106 表示转子上有励磁绕组和阻尼绕组时，直轴与交轴负序电抗的等值电路图。图中 x_σ 是定子漏抗，$x_{f\sigma}$ 是转子励磁绕组折算到定子方面的漏抗，$x_{Dd\sigma}$、$x_{Dq\sigma}$ 分别为折算到定子方面的直轴和交轴阻尼绕组的漏抗，x_{ad}、x_{aq} 分别为电枢反应直轴和交轴电抗。

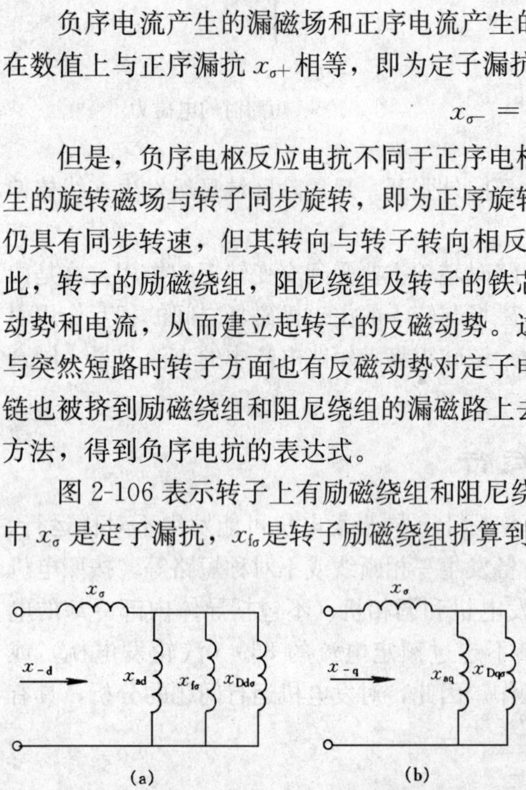

由图 2-106（a）可得出直轴负序电抗

$$x_{-d} = x_\sigma + \cfrac{1}{\cfrac{1}{x_{ad}} + \cfrac{1}{x_{f\sigma}} + \cfrac{1}{x_{Dd\sigma}}} \tag{2-102}$$

由图 2-106（b）可得出交轴负序电抗

图 2-106　负序电抗的等值电路图

(a) 直轴等值电路；(b) 交轴等值电路

$$x_{-q} = x_\sigma + \cfrac{1}{\cfrac{1}{x_{aq}} + \cfrac{1}{x_{Dq\sigma}}} \tag{2-103}$$

由于负序旋转磁场与转子之间以 $2n_1$ 转速差相对运动，负序旋转磁场的轴线时而与转子直轴重合，时而与转子交轴重合。当负序旋转磁场与转子直轴重合时，定子绕组的直轴负序电抗 x_{-d}，应为定子绕组的直轴超瞬变电抗 x''_d，而当负序旋转磁场与转子交轴重合时，定子绕组的交轴负序电抗 x_{-q}，应为定子绕组的交轴超瞬变电抗 x''_q。因此，负序电抗的平均值 x_- 将介于直轴和交轴负序电抗之间，可近似地认为 x_- 等于 x_{-d} 和 x_{-q} 的算术平均值，即

$$x_- = \frac{x_{-d} + x_{-q}}{2} = \frac{x''_d + x''_q}{2} \tag{2-104}$$

对于没有阻尼绕组的同步发电机，直轴和交轴的负序电抗分别为

$$x_{-d} = x_\sigma + \cfrac{1}{\cfrac{1}{x_{ad}} + \cfrac{1}{x_{f\sigma}}} = x'_d \tag{2-105}$$

$$x_{-q} = x_\sigma + \cfrac{1}{\cfrac{1}{x_{aq}}} = x_\sigma + x_{aq} = x_q \tag{2-106}$$

$$x_- = \frac{x_{-d} + x_{-q}}{2} = \frac{x'_d + x_q}{2} \tag{2-107}$$

负序电抗的大小与转子结构及铁芯的饱和程度有关，其数值范围为 $x_\sigma < x_- < x_d$。

（3）零序电抗 x_0。零序电流通过定子绕组时所遇到的电抗，即为零序电抗。由于各相零序电流大小相等，相位相同，通入三相绕组时，三相的零序磁动势在空间上互差 $120°$，它们将互相抵消不形成旋转磁场。所以，零序电流只产生定子绕组的漏磁场。

同步发电机负序和零序电抗的标幺值列于表 2-8。

表 2-8　　　　　　　　　同步发电机的负序电抗和零序电抗（标幺值）

电机型式	x_{-*} （额定电流时）	x_{0*} （额定电流时）
二极汽轮发电机	0.155/（0.134～0.18）	0.015～0.08
装有阻尼绕组的水轮发电机	0.24/（0.13～0.35）	0.02～0.20
不装阻尼绕组的水轮发电机	0.55/（0.30～0.70）	0.04～0.25

注　表中斜线以下的数字为参数范围，斜线以上的数字为平均值。

3. 不对称运行时发电机端电压的变动

发电机负载不对称，会引起端电压的不对称。这里以隐极同步发电机为例分析如下。

首先列出任一相各序的电动势方程，当忽略各序电阻，其通用式为

$$\left. \begin{array}{l} \dot{E}_0 = \dot{U}_+ + j\,\dot{I}_+\,x_+ \\ 0 = \dot{U}_- + j\,\dot{I}_-\,x_- \\ 0 = \dot{U}_0 + j\,\dot{I}_0 x_0 \end{array} \right\} \tag{2-108}$$

因 $\dot{U}_+ + \dot{U}_- + \dot{U}_0 = \dot{U}$，由式（2-108）可得三相端电压为

$$\left.\begin{aligned}
\dot{U}_{\mathrm{U}} &= \dot{E}_{\mathrm{U}} - \mathrm{j}\,\dot{I}_{\mathrm{U}+}x_{+} - \mathrm{j}\,\dot{I}_{\mathrm{U}-}x_{-} - \mathrm{j}\,\dot{I}_{\mathrm{U}0}x_{0} \\
\dot{U}_{\mathrm{V}} &= \dot{E}_{\mathrm{V}} - \mathrm{j}\,\dot{I}_{\mathrm{V}+}x_{+} - \mathrm{j}\,\dot{I}_{\mathrm{V}-}x_{-} - \mathrm{j}\,\dot{I}_{\mathrm{V}0}x_{0} \\
\dot{U}_{\mathrm{W}} &= \dot{E}_{\mathrm{W}} - \mathrm{j}\,\dot{I}_{\mathrm{W}+}x_{+} - \mathrm{j}\,\dot{I}_{\mathrm{W}-}x_{-} - \mathrm{j}\,\dot{I}_{\mathrm{W}0}x_{0}
\end{aligned}\right\} \qquad (2\text{-}109)$$

如果所研究的是一台星形联结且中性点不接地的同步发电机，电流中将不存在零序分量，只含有正序和负序分量（各序电流可用对称法求得）。由于各对称分量的电流各自构成独立的对称系统，因此各序电流流过定子绕组时均会产生对应的电动势，如图 2-107 所示。由于发电机为星形联结且中性点不接地，故只存在正序和负序电流，式（2-109）可改写成

$$\left.\begin{aligned}
\dot{U}_{\mathrm{U}} &= \dot{E}_{\mathrm{U}} - \mathrm{j}\,\dot{I}_{\mathrm{U}+}x_{+} - \mathrm{j}\,\dot{I}_{\mathrm{U}-}x_{-} \\
\dot{U}_{\mathrm{V}} &= \dot{E}_{\mathrm{V}} - \mathrm{j}\,\dot{I}_{\mathrm{V}+}x_{+} - \mathrm{j}\,\dot{I}_{\mathrm{V}-}x_{-} \\
\dot{U}_{\mathrm{W}} &= \dot{E}_{\mathrm{W}} - \mathrm{j}\,\dot{I}_{\mathrm{W}+}x_{+} - \mathrm{j}\,\dot{I}_{\mathrm{W}-}x_{-}
\end{aligned}\right\} \qquad (2\text{-}110)$$

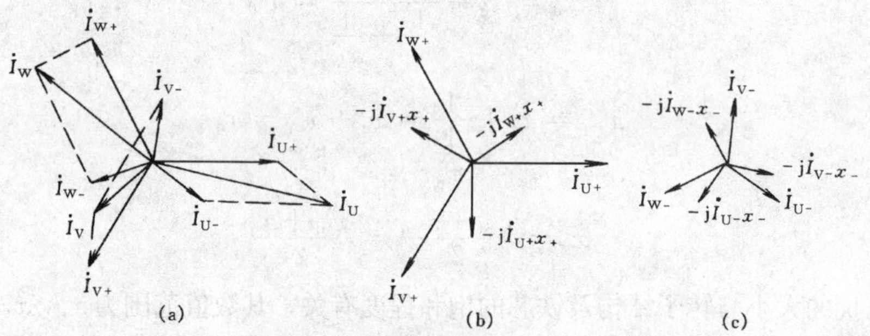

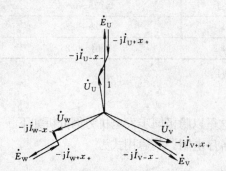

图 2-107　不对称电流的对称分量及产生的电动势

(a)三相不对称电流及其分量；(b)正序电流及电动势；(c)负序电流及电动势

根据式（2-110）作出发电机不对称负载时的相量图，如图 2-108 所示。此外，还作出了不对称负载时的线电压 $\dot{U}_{\mathrm{UV}}$、$\dot{U}_{\mathrm{VW}}$、$\dot{U}_{\mathrm{WU}}$ 和相电压 $\dot{U}_{\mathrm{U}}$、$\dot{U}_{\mathrm{V}}$、$\dot{U}_{\mathrm{W}}$ 相量图，如图 2-109 所示。由图中可见，三相的相电压和线电压均出现不对称的情况。显然，造成电压不对称的主要原因是发电机中存在负序电压降 $\mathrm{j}\,\dot{I}_{-}x_{-}$。

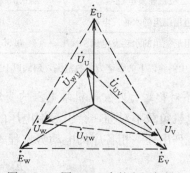

图 2-108　同步发电机不对称负载时的相量图

图 2-109　图 2-108 中的电压相量

电压的不对称度以负序电压降占额定电压的百分值计算，如果这个值太大，作为负载的异步电动机、照明等电气设备将不能正常工作，甚至被损坏。此外，对发电机本身的正常运行也将发生不利影响。

二、不对称运行对发电机的影响

不对称运行对发电机本身的影响主要有两个方面。

1. 引起转子表面发热

不对称运行时，负序旋转磁场以两倍同步转速切割转子表面，从而使转子铁芯表面槽楔、励磁绕组、阻尼绕组以及转子的其他金属构件中感应出两倍定子电流频率的电流。这种频率较高的电流在转子表面流通，引起转子表面的损耗，这对隐极同步发电机励磁绕组的散热更加困难。同时，在护环与转子本体搭接的区域，由于接触电阻较大，将产生局部过热甚至烧坏。

2. 引起发电机振动

不对称运行时的负序磁场相对转子以两倍同步转速旋转。它与正序主极磁场相互作用，将在转子上产生一个交变的附加转矩，引起机组振动并产生噪声。凸极同步发电机由于直轴和交轴磁阻的差别，交变的附加转矩使机组振动更为严重。

综上所述，对于汽轮发电机，不对称负载的允许值由转子发热条件决定；对于水轮发电机，不对称负载允许值由振动的条件决定。

同步发电机要减少不对称运行的不良影响，就必须削弱负序磁场的作用。因此，发电机的转子上装设阻尼绕组，可有效地削弱负序磁场。汽轮发电机转子本身就起着阻尼作用，水轮发电机中装设阻尼绕组后，不但负序磁场可大为削弱，同时还对励磁绕组起屏蔽作用，使负序磁场在励磁绕组里感应两倍频率的电流大为减小。

课题三 同步发电机的常见故障及处理

在电力系统中，同步发电机是最关键的电气设备之一，它的安全运行对电力系统的稳定和电能质量起着十分重要的作用。

同步发电机的故障一般发生在定子绕组、定子铁芯、转子绕组以及冷却系统等部位。其故障有的与发电机的设计水平和制造质量有关，也有的与发电机的运行状况有关，以及与安装维护水平等因素有密切的关系。

一般同步发电机每隔 3～5 年大修一次，5～10 个月小修一次，若运行及维护得当，发电机的运行寿命可达 30 年以上。为了便于检修维护，表 2-9 给出了同步发电机的常见故障现象、发生故障的可能原因及处理方法。

表 2-9 　　　　　　　　同步发电机的常见故障现象、原因及处理方法

故障现象	故障可能原因	处理方法
定子线棒松动（一般大小修时能发现）	(1)木质槽楔和垫块变形 (2)绕组端部绑线松脱 (3)运行中的震动或短路电流产生的巨大电磁力的作用	(1)更换合格的槽楔和垫块 (2)在槽楔下加垫条 (3)重新扎紧绑线
定子线棒接头开焊（运行时，可发现三相电流不对称且不稳定）	(1)受短路电流产生的电磁力的作用引起 (2)绕组过热引起 (3)发电机制造的焊接质量低	重新焊接牢靠，可考虑采用银焊或银磷铜焊
定子绕组绝缘老化（绕组对地及相间绝缘电阻下降）	(1)长期运行，绕组温升使绝缘自然老化 (2)短时的温升过高使绝缘出现裂缝甚至脱落	(1)更换全部绕组及槽绝缘、相间绝缘 (2)少数绕组的绝缘损坏，可局部修补绝缘或更换故障线棒，并进行绝缘处理

故障现象	故障可能原因	处理方法
定子绕组绝缘击穿（测量对地绝缘电阻为零）	(1)雷电过电压或操作过电压 (2)绝缘受潮或老化 (3)绕组匝间短路或接地	(1)更换被击穿的线棒 (2)进行干燥或更换绕组 (3)加强绕组匝间和对地的绝缘
电腐蚀	(1)定子线棒与槽壁嵌合不紧存在气隙 (2)定子线棒绝缘与防晕层黏合不良	(1)槽内加半导体垫条 (2)采用黏合性能好的半导体液
定子铁芯松动（运行时定子铁芯的噪声加大）	长期振动使铁芯片同绝缘层磨损、脱落	(1)在铁芯缝隙中塞入绝缘楔块 (2)片间注入绝缘漆
定子铁芯短路（定子铁芯温升超标）	(1)硅钢片间绝缘老化、振动磨损或过热被损坏 (2)定子绕组对地或相间击穿时产生电弧将局部铁芯烧熔	(1)清理片间杂质和氧化物，重涂绝缘漆或塞入绝缘片 (2)清除熔渣，修复片间绝缘
转子绕组匝间短路	(1)长期运行的振动和铜线的热胀冷缩引起的匝间绝缘的磨损 (2)绕组端部变形，绝缘受损 (3)局部过热使绝缘老化	(1)修复匝间绝缘 (2)修护或更换个别线圈 (3)绕组端部更换垫块后重新绑扎牢靠
转子绕组接地或绝缘电阻降低	(1)绝缘受潮 (2)有刷励磁系统的滑环下有炭粉和油污堆积 (3)绕组端部护环内有大量的积灰 (4)转子槽内及槽口绝缘损坏 (5)滑环与轴之间的绝缘损坏、引线绝缘损坏	(1)干燥处理 (2)清除炭灰及油污 (3)拉出护环，清理积灰 (4)修补或更换槽绝缘 (5)更换滑环绝缘，并加强引线的绝缘
氢冷发电机漏氢	(1)焊点开焊 (2)结合面密封不良 (3)密封面、螺栓等处密封不好 (4)引出线密封不良 (5)冷却器泄漏	(1)焊点重焊 (2)研磨面加密封垫、拧紧螺钉 (3)更新密封垫 (4)找漏点，堵漏
水冷发电机漏水	(1)绝缘水管老化开裂 (2)绝缘水管接头松动 (3)空心导线开裂 (4)转子绕组引水弯脚开裂 (5)冷却器渗漏	(1)更换绝缘水管 (2)打紧或更换接头 (3)更换空心导线 (4)更换引水弯脚 (5)堵漏

 单元小结

（1）分析突然短路的理论基础是超导体闭合回路磁链守恒原理。突然短路时，为了保持磁链不变，阻尼绕组和励磁绕组中将感应出对电枢反应磁链起抵制作用的电流，从而使电枢反应磁链被挤到阻尼绕组和励磁绕组的漏磁路径上，磁阻增大很多，故 x''_d、x'_d 比 x_d 小得多，使突然短路电流比稳态短路电流增大很多倍。

（2）突然短路时，定子绕组也要保持磁链守恒。由于突然短路时，各相绕组交链的主磁链初始有一定值，而且主磁链又以同步转速切割三相定子绕组使其交链的磁链发生变化。所以，定子绕组中突然短路电流既含有交流分量，也含有直流分量。当交流分量在半个周期以内与直流分量同方向时，突然短路电流将达最大值。

（3）定子短路电流的交流分量可分成三部分，其中超瞬变分量的起始幅值为 $\sqrt{2}E_0\left(\dfrac{1}{x''_d}-\dfrac{1}{x'_d}\right)$，它以阻尼绕组的时间常数 T''_d 而衰减；瞬变分量的起始幅值为 $\sqrt{2}E_0\left(\dfrac{1}{x'_d}-\dfrac{1}{x_d}\right)$，它以励磁绕组的时间常数 T'_d 而衰减；稳态分量 $\sqrt{2}E_0/x_d$ 不随时间衰减。定子短路电流的直流分量则以定子绕组的时间常数 T_a 而衰减。

（4）三相突然短路，最大冲击电流为 $k\dfrac{\sqrt{2}E_0}{x''_d}$，冲击系数 $k=1.8\sim1.9$。它将产生巨大的电磁力和电磁转矩，危及发电机的安全运行。

（5）同步发电机不对称运行的分析方法和变压器一样，也是用对称分量法。然而同步发电机各相序的阻抗比变压器要来得复杂。发电机的正序电抗就是对称运行的同步电抗；而负序电抗就与变压器中所遇到的情况不同了，变压器是静止的电器，正序与负序电抗相等且为短路电抗，而同步发电机中，由于转子是转动的，负序磁场与转子转向相反，转子感应电流对负序磁场将起到削弱作用，从而造成负序电抗小于正序电抗；零序电流建立的气隙合成磁场为零，故零序电抗属于漏电抗性质，而且一般小于漏电抗。

不对称运行对隐极同步发电机的影响主要是转子发热，而对凸极同步发电机的影响则主要是引起电机的振动。

习　题

1. 为什么变压器的 $x_+=x_-$，而同步发电机的 $x_+\neq x_-$？

2. 试说明 x_d、x_q、x''_q 和 x_d、x'_d、x''_d 电抗的物理意义，并按其大小次序排列。

3. 三相突然短路时，为什么短路电流变大？各相短路电流数值一样吗？为什么？

4. 为什么气隙均匀的隐极同步发电机 $x_d=x_q$，而 $x''_d\neq x''_q$？为什么 $x'_q=x_q$ 而 $x''_q\neq x'_q$？

5. 三相突然短路时，最大的短路电流出现在什么情况下？数值多大？

6. 一台汽轮发电机 $x''_{d*}=0.117$，$x'_{d*}=0.192$，$x_{d*}=1.86$，$T''_d=0.105\,5s$，$T'_d=0.84s$，$T_a=0.16s$。设在 $E_0=U_N$ 的情况下发生三相突然短路，且短路时（$t=0$）Ψ_{U0} 有最大值。试完成：

（1）写出三相短路电流瞬时值表达式；

（2）哪一相短路电流最大？其值为多少？最大短路电流发生在什么时刻？

异 步 电 机

异步电机是交流电机的一种，主要用作电动机。三相异步电动机在工农业生产中使用极为广泛。在发电厂中，锅炉、汽轮机的附属设备如球磨机、水泵、风机等也大多由异步电动机驱动。单相异步电动机则多用于家用电器及自动装置中。

异步电动机结构简单、运行可靠、维护方便、效率较高，故得到广泛使用。但因调速性能较差、功率因数较低，还不能在生产中完全取代直流电动机和同步电动机。

第一单元　异步电动机的基本工作原理和结构

本单元主要讨论异步电动机的基本原理，介绍其结构和铭牌，明确转差率的概念。

课题 一　异步电动机的基本工作原理

一、异步电动机工作原理

图 3-1 是异步电动机工作原理图，它由定子和转子两部分组成，二者之间有一个很小的空气隙。定子的结构与同步电机相似，铁芯槽内放置对称三相绕组。转子绕组则是自成闭路的。

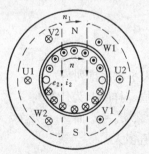

定子对称三相绕组接入交流电源，通入对称三相交流电流，将建立定子三相合成旋转磁动势并产生定子旋转磁场。图 3-1 中虚线表示某一瞬时定子旋转磁场的磁通，它以同步转速 n_1 顺时针方向旋转，转子导体切割磁场感应电动势，感应电动势方向可用右手定则确定。该电动势在闭路的转子绕组中产生电流。转子电流有功分量与电动势同相位。

载流的转子绕组在旋转磁场中，将受到电磁力作用。可用左手定则确定此时转子绕组受到一个顺时针方向的电磁力和电磁转矩作用，使转子以转速 n 随着定子旋转磁场转向旋转。如果转轴

图 3-1　异步电动机工作原理图

带上机械负载，电动机便拖动该机械做功，将输入的电功率转换为轴上输出的机械功率。

从上述分析可见，异步电动机转子旋转的转速 n 不能等于定子旋转磁场转速 n_1，因为如果 $n = n_1$，转子与定子旋转磁场之间就没有相对运动，转子绕组中就没有感应电动势和感应电流，也就不能产生推动转子转动的电磁转矩，所以，异步电动机运行的必要条件是转子转速和定子旋转磁场转速之间存在差异，"异步"之名，由此而来。

二、转差率 s

异步电机转子转速 n 与定子旋转磁场转速 n_1 之间存在着转速差 $\Delta n = n_1 - n$，此转速差

正是定子旋转磁场切割转子导体的速度。下面分析中将表明，它的大小决定着转子电动势及其频率的大小，直接影响到异步电机的工作状态。通常将转速差与同步速之比率，称为转差率 s，即

$$s = \frac{n_1 - n}{n_1} \tag{3-1}$$

由式（3-1）可知，转子静止（$n=0$）时，则 $s=1$；转速 $n=n_1$ 时，则 $s=0$，所以，异步电动机运行时 s 值的范围为 $0<s<1$。一般异步电动机在额定负载运行时，额定转差率 $s_N = 0.01 \sim 0.06$。下面将根据转差率 s 的大小及其正负，分析异步电机的三种运行状态。

三、异步电机的三种运行状态

1. 电动机运行状态（$0<s<1$）

如图 3-2（b）所示，用虚线表示定子旋转磁的等效磁极，它以转速 n_1 旋转，为了简化，转子只画出了两根导体。在电动机运行状态下，n 与 n_1 方向相同且 $n<n_1$。根据电磁感应和电磁力定律可知，定子旋转磁场与转子电流相互作用将产生驱动性质的电磁力 f 和电磁转矩。这说明，定子从电力系统吸收电功率转换为机械功率输送给转轴上的负载。

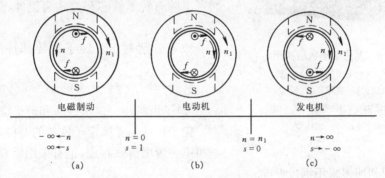

图 3-2 异步电机三种运行状态
(a) 电磁制动状态；(b) 电动机状态；(c) 发电机状态

2. 发电机运行状态（$-\infty<s<0$）

当异步电机由原动机驱动，使转子转速 n 与 n_1 不但同方向且超过 n_1 时，即 $n>n_1$，转差率 s 变为负值，定子旋转磁场切割转子导体的方向与电动机相反，如图 3-2（c）所示。根据电磁感应和电磁力定律可知，转子电流反向，定子旋转磁场与转子电流相互作用，将产生制动性质的电磁力 f 和电磁转矩。若要维持转子转速 n 且大于 n_1 时，原动机必须向异步电机输入机械功率，从而克服电磁转矩做功。这说明，输入的机械功率转换为电功率输送给电力系统，此时，异步电机运行于发电机状态。

3. 电磁制动运行状态（$1<s<+\infty$）

如图 3-2（a）所示，异步电机定子绕组流入三相交流电流产生旋转磁场，以转速 n_1 顺时针方向旋转，同时，转子被一个外加转矩驱动以转速 n 反时针方向旋转。同理，这时定子旋转磁场切割转子导体的方向与电动机状态相同，产生的电磁力 f 和电磁转矩与电动机状态相同，其方向也是顺时针的，但此时外加转矩使转子以逆时针方向旋转，电磁转矩对转子的旋转是制动性质的。这说明，一方面定子从电力系统吸收电功率，另一方面驱动转子反转

的外加转矩克服电磁转矩做功，向异步电机输入机械功率。这时异步电机运行在电磁制动状态。可见，从两方面输入的功率将转变为电机内部的热能。

异步电动机的基本结构

异步电动机有笼式和绕线式两类。它们的区别在于转子绕组的结构不同。绕线式电机结构较复杂，一般用于对起动和调速性能要求较高的场合。本课题主要介绍笼式电动机的结构。

一、笼式电动机结构

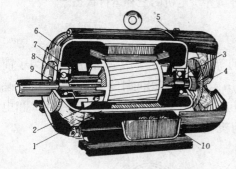

图 3-3　笼式电动机结构图

1—定子；2—定子绕组；3—转子；

4—风扇；5—风罩；6—端盖；

7—轴承内盖；8—轴承；9—轴

承外盖；10—出线盒

笼式电动机结构如图 3-3 所示，它由静止的定子部分和转动的转子部分组成。定、转子之间有一空气隙，这个气隙很小，一般为 0.2～2mm。此外，在定子两端有起支撑作用的端盖。轴承以及轴承内外盖，为了形成冷却风路，在定子一侧装有风罩。定子绕组端头引线连接到机座外接线盒的端子上。转子上除有转子铁芯和笼式绕组外，还有轴、风扇等部件。

以下分别对定、转子主要部件的结构进行介绍。

1. 定子

定子由机座、定子铁芯和定子绕组等构成。

定子机座是支撑定子铁芯的部件，小型异步电动机机座一般用铸铁制成，也有采用铝合金铸成的。大型异步电动机机座多采用钢板焊成。

定子铁芯用于构成电动机磁路和安放定子绕组，它由厚 0.5mm 硅钢片叠压成整体后，装入机座，定子硅钢片形状如图 3-4（a）所示。为了减小涡流损耗，叠片间需经绝缘处理。一般小容量电动机由硅钢片表面的氧化膜绝缘，大容量电动机硅钢片间涂有绝缘漆。

小型异步电动机的定子绕组用高强度漆包圆铜线或铝线绕制而成；大型异步电动机的导线截面较大，采用矩形截面的铜线或铝线制成线圈，再放置在定子槽内。定子绕组和转子绕组是电动机的电路部分。

2. 转子

转子由转轴，转子铁芯和转子绕组等构成。

转轴一般用中碳钢作材料，起到支撑、固定转子铁芯和传递转矩的作用。

转子铁芯也是电机磁路的一部分。转子硅钢片形状如图 3-4（b）所示。转子铁芯也采用厚 0.5mm 的硅钢片，叠压成整体的圆柱形套装在转轴上，转子铁芯外圆的槽内放置转子绕组。

笼式电动机的转子绕组如图 3-5 所示。没有铁芯时，整个绕组的外形就像一个笼子。它用铜条或铝条

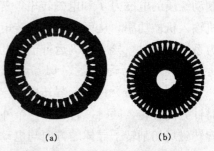

(a)　　　　(b)

图 3-4　定、转子铁芯的硅钢片

(a) 定子硅钢片；(b) 转子硅钢片

作转子导体（通常称为导条），在导条的两端用短路环（也称为端环）短接，形成闭合回路如图 3-5 (a) 所示。多数小型异步电动机的笼式绕组由铝铸成。制造时，把叠好的转子铁芯放在铸铝的模具内，把"笼子"和端部的内风扇一次铸成。铸好的笼子转子外形如图 3-5 (b) 所示。

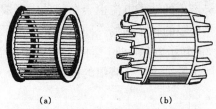

图 3-5 笼式转子绕组

(a) 笼式绕组；(b) 铸铝笼式转子

二、笼式转子绕组分析

笼式绕组与普通对称三相绕组差别很大，它的相数、极数和绕组系数可通过以下分析来确定。

1. 笼式绕组的相数 m_2 和匝数 N_2

图 3-6 (a) 是笼式绕组展开图，图中用虚线画出了一对极的旋转定子气隙磁密波，该磁密波在空间按正弦分布并相对于转子导条以转速差 $\Delta n = n_1 - n$ 旋转。图中转子圆周上均匀分布着 12 根导条，在旋转磁密波切割下，每根导条内感应电动势依次滞后相位角 α，即 $\alpha = \dfrac{p \times 360°}{Z_2}$（式中 p 为磁密波极对数，Z_2 为转子槽数）。此时计算出 $\alpha = 30°$。可画出各导条的槽电动势相量图如图 3-6 (b) 所示。考虑到所有导条在转子上是对称的，故每一导条中电流滞后电动势的相角 ψ_2 相同。因此只需把图 3-6 (b) 顺时针转过 ψ_2 角就可表示出笼式绕组各导条中电流相量的相位关系，即各导条中电流大小相等，相位依次滞后 α 角，导条的电流也是对称的。

由图 3-6 (a) 可知，笼式绕组各导条电动势间通过端环并联，并非互相串联。可见，笼式绕组每一根导条就是一相，即每一对极下的导条数等于相数，笼式绕组的相数为 $m_2 = Z_2 / p$（转子槽数 Z_2 等于导条数）。由于绕组各导条中电流是对称的，故为对称多相绕组。由于每相只有一根导条，相当于半匝，所以每相匝数 $N_2 = 1/2$。

2. 笼式绕组极数 $2p$

设定子一对极的气隙磁密波旋转到图 3-6 (a) 所示位置，可用箭头的长短在导条内画出该瞬间各导条的电动势大小。

由 $e = Blv$ 可知，当导体有效长度 l、导体运动速度 v 一定时，感应电动势 e 正比于气隙磁密 B，即某瞬时每一根导条电动势的大小决定于当时该导条在气隙磁密波下所处的位置。例如，在磁密幅值下的导条电动势最大，磁密波过零处的导条电动势为零。也就是说，每一时刻导条电动势瞬时值的空间分布规律与气隙磁密的空间分布规律完全相同。同时，转子电

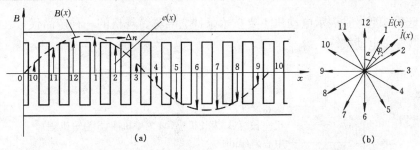

图 3-6 笼式绕组展开图中的磁密 B、电动势 E、电流 I 分布示意图

(a) 某一时刻的磁密波及 E 瞬时值分布；(b) 导条电动势 $\dot{E}$、$\dot{i}$ 的相量图

动势产生的转子电流也会在导条内形成与电动势类似的一半正、一半负的电流分布波，从而产生两极的转子磁场。同理，如果定子绕组决定的磁密波为 4 极，感应的转子电流也将产生 4 极的转子磁场。推广而言，笼式转子的极数由产生上述磁密波的定子绕组极数决定，即转子的极数等于定子绕组的极数。

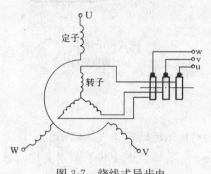

图 3-7 绕线式异步电
动机接线示意图

3. 笼式绕组的绕组系数 k_{w2}

讨论交流绕组时已经知道，绕组系数实质上是一相绕组中各导体电动势串联叠加成一相电动势时应打的折扣，这是由于绕组的分布、短距原因引起的。对于笼式转子来说，一根导条即为一相，各导条电动势是并联的，不存在串联叠加问题，也不需打折扣，故 $k_{w2}=1$。

三、绕线式异步电动机结构简介

绕线式异步电动机与笼式异步电动机的差别在于转子绕组，绕线式转子槽内放置着与定子相类似的三相对称绕组。三相绕组尾端在内部接成星形，三相首端由转子轴中心引出接到集电环，其接线示意图如图 3-7 所示。集电环经电刷再串入外接电阻可改善电动机的起动和调速性能。有的绕线式电动机还装设提刷装置，在串入的外接电阻起动完毕后，将电刷提起，三相集电环直接短路，减小运行中的损耗。

课题三　异步电动机的铭牌数据

异步电动机的铭牌上标明了型号、额定值和主要技术数据，见表 3-1。下面对铭牌分别进行说明。

表 3-1　　　　　　　　　　　　　三相异步电动机铭牌

三 相 异 步 电 动 机				
型　号	Y200L2-6	电压	380V	接法	△
容量	22kW	电流	45A	工作方式	连续
转速	970r/min	功率因数	0.83	温升	80℃
频率	50Hz	绝缘等级	B	重量	
×××电机厂　　　产品编号×××　　　××××年××月				

（1）型号。型号是表示电动机主要技术条件、名称、规格的一种产品代号。如：中小型异步电动机

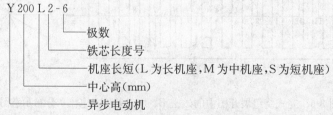

大型异步电动机

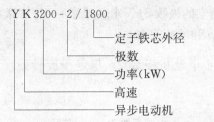

(2) 额定功率 P_N。P_N 是指额定运行状态下由转轴端输出的机械功率（kW）。

(3) 额定电压 U_N。U_N 是指额定运行状态下定子绕组施加的线电压（V）。

(4) 额定电流 I_N。I_N 是指额定运行状态下定子绕组流过的线电流（A）。

(5) 额定功率因数 $\cos\varphi_N$。中小型异步电动机 $\cos\varphi_N$ 一般为 0.8 左右。

(6) 额定效率 η_N。中小型异步电动机 η_N 一般为 0.9 左右。

上述几个额定值的关系为

$$P_N = \sqrt{3}\eta_N U_N I_N \cos\varphi_N$$

(7) 接法。三相定子绕组接法，可丫形接，也可△形接。接法是电动机出厂时已定的，但只在电动机出线盒中引出三相绕组的 6 个首、尾端头，使用时根据铭牌要求接成丫形或△形。接法如图 3-8 所示，括弧内为 J2、JO2 旧系列采用的端头符号；括弧外为 Y 系列电动机采用的端头符号。

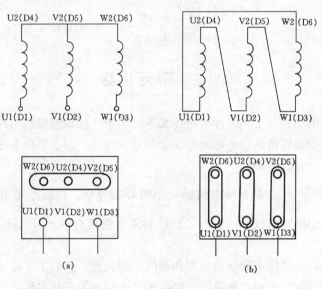

图 3-8 异步电动机引出线的接法

(a) 丫形接法；(b) △形接法

(8) 额定转速 n_N。n_N 是指额定运行状态下的转速（r/min）。

(9) 运行方式。运行方式按电动机运行允许的持续时间，分"连续"、"短时"、"断续"三种。后两种运行方式电动机只能短时、间歇地使用。

此外，铭牌上还标明了额定功率、绝缘等级、温升和重量等。

绕线式电动机还标明转子电压(定子施加额定电压时的转子开路电压)和转子电流等数据。

【例 3-1】 一台异步电动机，铭牌已丢失，现已知其容量为 11kW，380V，测得负载时转速为 1460r/min，试判断它的极数 $2p$，求转差率 s，并估算其工作电流 I_N。

解 （1）判断极数 $2p$ 和求转差率 s：

由式 $n_1 = \dfrac{60f}{p}$ 可得异步电动机极数 $2p$ 与定子旋转磁场同步转速 n_1 的关系见表 3-2（$f = 50\text{Hz}$）。

表 3-2 　　　　　　　　　　　　　　　　极数 $2p$ 与 n_1 关系

$2p$	2	4	6	8	10	12	⋯
n_1 (r/min)	3000	1500	1000	750	600	500	⋯

异步电动机正常运行时转差率很小且为正值，故转子转速 n 接近并小于 n_1。故可由表 3-2 判断出电动机的转速 n 和极数 $2p$。

已知 $n = 1460\text{r/min}$，故 $n_1 = 1500\text{r/min}$，则 $2p = 4$。

$$转差率\ s = \frac{n_1 - n}{n_1} = \frac{1500 - 1460}{1500} = 0.0267$$

（2）根据容量估算工作电流：

公式 $I = \dfrac{P_N}{\sqrt{3}\,\eta_N U_N \cos\varphi_N}$ 中的 $\cos\varphi_N$ 和 η_N 均为未知，但估算工作电流时可按 $\cos\varphi_N = 0.8$ 和 $\eta = 0.9$ 代入，则

$$I_N = \frac{11 \times 1000}{\sqrt{3} \times 380 \times 0.8 \times 0.9} \approx 22(\text{A})$$

 单元小结

（1）三相异步电动机的工作原理可简述如下：定子三相绕组流过三相对称电流产生旋转磁场，转子导体切割旋转磁场产生感应电动势和感应电流，转子感应电流与旋转磁场相互作用产生电磁转矩拖动转子转动。

（2）转差率 $s = \dfrac{n_1 - n}{n_1}$，是异步电机的一个重要物理量。按转差率不同，异步电机可分为三种运行状态：①电动机状态（$0 < s < 1$）；②发电机状态（$-\infty < s < 0$）；③电磁制动状态（$1 < s < +\infty$）。

（3）异步电动机按结构不同分为笼式和绕线式两大类，它们定子结构相同，但转子结构不同。笼式的转子绕组是多相对称绕组，绕线式转子绕组为三相对称绕组。

习　题

1. 什么是转差率？为什么异步电动机不能在转差率 $s = 0$ 时正常工作？

2. 一台绕线式三相异步电动机，如将定子三相绕组短路，转子三相绕组通入三相交流电流，这时电动机能转动吗？转向如何？

3. 有一台异步电动机，如果 $p = 3$，$s = 0.05$，$f = 50\text{Hz}$，求电动机的同步转速和额定转速各是多少？

4. 三相异步电动机的转向取决于什么？如何使一台三相异步电动机反向旋转？

第二单元 三相异步电动机的运行原理及工作特性

本单元将讨论异步电动机运行的物理过程，深刻理解其内部的电磁关系，从而导出异步电动机的等值电路，研究转矩特性及运行性能。

异步电动机定子、转子之间的电磁关系和变压器一、二次侧的电磁关系很相似，定子侧相当于变压器的一次侧，转子侧相当于变压器的二次侧。因此，可将分析变压器的理论用到异步电机中来。

课题一 异步电动机负载运行时的磁动势和电动势方程式

转子不动是电动机运行的特殊情况。异步电动机的这种运行方式与变压器二次侧短路时的运行状态非常相似。因此，本课题的分析就从转子不动开始，再逐步展开。为了使问题简化，以绕线式异步电动机为例，设定、转子都具有 p 对极的三相对称绕组，转子被堵住，且转子三相绕组是闭路的。

一、异步电动机运行时的电磁过程

当定子三相绕组接到三相对称电源时，定子绕组中流过三相对称电流，建立定子旋转磁动势 $\overline{F}_1$，产生以同步速 $n_1 = \dfrac{60f_1}{p}$ 的旋转磁场。该磁场切割定子绕组和转子绕组，并在其中感应电动势。因转子绕组是闭路的，在转子感应电动势作用下，转子绕组中也将流过电流。该电流建立转子旋转磁动势 $\overline{F}_2$。

如果定子旋转磁动势按 U→V→W 相序沿顺时针方向旋转，转子也按顺时针方向旋转，则转子感应电动势和电流的相序也是 u→v→w，因而转子旋转磁动势也按顺时针方向旋转，即转子旋转磁动势与定子旋转磁动势同方向。转子不动时，转子感应电动势的频率 $f_2 = \dfrac{pn_1}{60} = f_1$，

即等于定子电流的频率，因此，转子旋转磁场的速度 $n_2 = \dfrac{60f_2}{p} = \dfrac{60f_1}{p} = n_1$，可见，转子旋转磁动势和定子旋转磁动势在空间以同转向、同速度旋转，即相对静止。

转子磁动势的出现，就像是变压器二次侧的磁动势一样。因此，气隙中的主磁通 $\dot{\Phi}_m$ 也由 $\overline{F}_1$ 和 $\overline{F}_2$ 共同产生。主磁通同时交链定子和转子绕组，分别在其中感应电动势 $\dot{E}_1$ 和 $\dot{E}_2$。此外，定子电流还产生仅与定子绕组交链的定子漏磁通 $\dot{\Phi}_{1\sigma}$，$\dot{\Phi}_{1\sigma}$ 在定子绕组中产生漏电动势 $\dot{E}_{1\sigma}$，转子电流也产生仅与转子绕组交链的转子漏磁通 $\dot{\Phi}_{2\sigma}$，$\dot{\Phi}_{2\sigma}$ 在转子绕组中产生漏电动势 $\dot{E}_{2\sigma}$。

这样，定子绕组在外加电压和内部感应电动势的作用下，流过电流 $\dot{I}_1$；转子绕组在转子电动势作用下，流过电流 $\dot{I}_2$，整个电机的电磁过程处于平衡状态。

二、转子不动时的电磁关系

1. 异步电动机磁路

根据磁路不同，异步电动机的磁通可分为主磁通和漏磁通。如图 3-9 所示，主磁通穿过

气隙，同时与定、转子绕组交链。异步电动机就是依仗主磁通实现定、转子之间能量传递的。异步电动机运行时气隙磁通也即是主磁通。

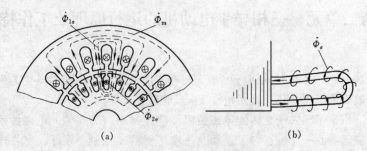

图 3-9　主磁通和漏磁通

(a) 主磁通和槽漏磁通；(b) 端部漏磁通

漏磁通由槽漏磁通和端部漏磁通组成。定、转子漏磁通分别由定、转子电流在自身绕组上产生，仅与自身绕组交链。漏磁通只起电压降作用。

2. 电动势平衡方程式

转子不动时，主磁通 $\dot{\Phi}_m$ 以同步速 n_1 切割定、转子绕组，感应电动势 $\dot{E}_1$、$\dot{E}_{20}$，其有效值为

$$E_1 = 4.44 f_1 N_1 k_{w1} \Phi_m \tag{3-2}$$

$$E_{20} = 4.44 f_1 N_2 k_{w2} \Phi_m \tag{3-3}$$

式中　Φ_m——气隙旋转磁场的每极磁通量；

　　　f_1——定子感应电动势的频率，转子感应电动势频率在转子不动时与定子感应电动势的频率相同；

N_1、N_2——定、转子绕组每相串联匝数；

k_{w1}、k_{w2}——定、转子绕组的基波绕组系数。

用式（3-2）除以式（3-3），可得异步电动机电动势变比 k_e，即

$$k_e = \frac{E_1}{E_{20}} = \frac{4.44 f_1 N_1 k_{w1} \Phi_m}{4.44 f_1 N_2 k_{w2} \Phi_m} = \frac{N_1 k_{w1}}{N_2 k_{w2}} \tag{3-4}$$

漏磁通 $\dot{\Phi}_{1\sigma}$、$\dot{\Phi}_{2\sigma}$ 分别在定、转子绕组中感应漏电动势 $\dot{E}_{1\sigma}$、$\dot{E}_{2\sigma}$，可将漏电动势用漏抗压降来表示，即

$$\dot{E}_{1\sigma} = -j \dot{I}_1 x_1 \tag{3-5}$$

$$\dot{E}_{2\sigma} = -j \dot{I}_2 x_{20} \tag{3-6}$$

$$x_1 = 2\pi f_1 L_1, \quad x_{20} = 2\pi f_1 L_2$$

式中　x_1——定子每相绕组漏电抗；

　　　x_{20}——转子不动时转子每相绕组漏电抗；

L_1、L_2——定、转子每相绕组漏电感。

由于漏磁通的磁路主要是空气，故漏电抗 x_1、x_{20} 为常数。

仿照变压器各电磁量正方向的规定，应用基尔霍夫定律，可写出定、转子回路电动势方程式为

$$\dot{U}_1 = -\dot{E}_1 + j \dot{I}_1 x_1 + \dot{I}_1 r_1 = -\dot{E}_1 + \dot{I}_1 Z_1 \tag{3-7}$$

$$\dot{E}_{20} = \dot{I}_2 r_2 + j\dot{I}_2 x_{20} \tag{3-8}$$
$$Z_1 = r_1 + jx_1$$
$$Z_{20} = r_2 + jr_{20}$$

式中 Z_1——定子漏阻抗；

Z_{20}——转子不动时转子漏阻抗。

3. 磁动势平衡方程式

与变压器相类似，在异步电动机施加的电源电压不变时，可认为气隙磁通 Φ_m 基本不变，则空载时由励磁磁动势单独建立的气隙磁通与 $\overline{F}_1$ 和 $\overline{F}_2$ 共同建立的气隙磁通基本相同。于是有

$$\overline{F}_m = \overline{F}_1 + \overline{F}_2 \tag{3-9}$$

式（3-9）称为异步电动机的磁动势平衡方程式，可改写为

$$\overline{F}_1 = \overline{F}_m + (-\overline{F}_2) = \overline{F}_m + \overline{F}_{1L} \tag{3-10}$$

其中 $\overline{F}_{1L} = -\overline{F}_2$。

将多相交流绕组磁动势的一般表达式 $\overline{F} = \dfrac{m}{2} \times 0.9 \dfrac{Nk_w}{p} \dot{I}$ 代入式（3-9），即

$$\frac{m_1}{2} \times 0.9 \frac{N_1 k_{w1}}{p} \dot{I}_m = \frac{m_1}{2} \times 0.9 \frac{N_1 k_{w1}}{p} \dot{I}_1 + \frac{m_2}{2} \times 0.9 \frac{N_2 k_{w2}}{p} \dot{I}_2 \tag{3-11}$$

式中 $\dot{I}_m$——励磁电流；

m_1、m_2——定子、转子绕组的相数。

将式（3-11）除以 $\dfrac{m_1}{2} \times 0.9 \dfrac{N_1 k_{w1}}{p}$，得

$$\dot{I}_m = \dot{I}_1 + \frac{m_2 N_2 k_{w2}}{m_1 N_1 k_{w1}} \dot{I}_2 = \dot{I}_1 + \frac{1}{k_i} \dot{I}_2 \tag{3-12}$$

或

$$\dot{I}_1 = \dot{I}_m + \left(-\frac{1}{k_i} \dot{I}_2\right) = \dot{I}_m + \dot{I}_{1L} \tag{3-13}$$

$$k_i = \frac{m_1 N_1 k_{w1}}{m_2 N_2 k_{w2}}, \quad \dot{I}_{1L} = -\frac{\dot{I}_2}{k_i}$$

式中 k_i——异步电动机电流变比；

$\dot{I}_{1L}$——定子绕组电流的负载分量。

式（3-9）、式（3-10）、式（3-12）、式（3-13）分别是异步电动机磁动势平衡方程式的不同形式。式（3-9）表明了负载时，定子磁动势 $\overline{F}_1$ 和转子磁动势 $\overline{F}_2$ 合成为气隙磁动势 $\overline{F}_m$，共同产生气隙磁通 $\dot{\Phi}_m$。式（3-10）表明了负载时，定子磁动势 $\overline{F}_1$ 由两部分组成。其中一部分是定子磁动势的励磁分量 $\overline{F}_m$，用来产生气隙磁通 $\dot{\Phi}_m$；另一部分是定子磁动势的负载分量 $\overline{F}_{1L}$，它与转子磁动势 $\overline{F}_2$ 大小相等、方向相反，以抵偿转子磁动势的作用，维持气隙中的主磁通基本不变。

三、转子旋转时的异步电动机

转子以转速 n 旋转后，主磁通 $\dot{\Phi}_m$ 仍以同步速 n_1 切割定子绕组，产生感应电动势 $\dot{E}_1$。定子回路的电动势平衡仍满足式（3-7）。而转子绕组此时以相对速度 $n_2 = n_1 - n$ 切割主磁通

$\dot{\Phi}_{\mathrm{m}}$，则转子感应电动势的频率、大小及漏抗等都会发生相应的变化。

1. 转子感应电动势

由于主磁通以 $n_2 = n_1 - n$ 的转速切割转子绕组，故转子绕组中感应电动势的频率为

$$f_2 = \frac{pn_2}{60} = \frac{p(n_1 - n)}{60} = \frac{psn_1}{60} = sf_1 \qquad (3\text{-}14)$$

sf_1 称为转差频率。由于异步电动机在额定转速下运行时 s 很小，故正常运行时，转子频率也很低，仅为 $0.5 \sim 3\mathrm{Hz}$。

由于频率改变，则此时转子感应电动势 $\dot{E}_2$ 的有效值为

$$E_2 = 4.44 f_2 N_2 k_{\mathrm{w2}} \Phi_{\mathrm{m}} \qquad (3\text{-}15)$$

将式（3-15）与式（3-3）比较，可得

$$E_2 = sE_{20} \qquad (3\text{-}16)$$

2. 转子电动势平衡方程

转子回路的形式不变，其电动势方程为

$$\dot{E}_2 = \dot{I}_2 (r_2 + \mathrm{j}x_2) \qquad (3\text{-}17)$$

只是此时转子回路的频率 $f_2 = sf_1$。另外，由于电抗与频率成正比，故转子旋转时转子每相的漏抗 x_2 为

$$x_2 = 2\pi f_2 L_2 = 2\pi sf_1 L_2 = sx_{20} \qquad (3\text{-}18)$$

3. 转子电流

由式（3-17）可得转子电流

$$\dot{I}_2 = \frac{\dot{E}_2}{r_2 + \mathrm{j}x_2} = \frac{s\dot{E}_{20}}{r_2 + \mathrm{j}sx_{20}} \qquad (3\text{-}19)$$

其有效值为

$$I_2 = \frac{sE_{20}}{\sqrt{r_2^2 + (sx_{20})^2}} \qquad (3\text{-}20)$$

$\dot{I}_2$ 滞后 $\dot{E}_2$ 的相位角即为转子的功率因数角，可表示为

$$\psi_2 = \tan^{-1} \frac{sx_{20}}{r_2} \qquad (3\text{-}21)$$

转子回路的功率因数

$$\cos\psi_2 = \frac{r_2}{\sqrt{r_2^2 + (sx_{20})^2}} \qquad (3\text{-}22)$$

由以上分析可以看出，异步电动机运行时，转子回路的频率、电动势、电流、电抗和功率因数等各物理量与转差率 s 有关，也就是与转子的转速有关。这是异步电动机运行的一个重要特点。

【例 3-2】 一台在频率 $50\mathrm{Hz}$ 下运行的 4 极异步电动机，额定转速 $n_{\mathrm{N}} = 1425\mathrm{r/min}$，转子电路的参数 $r_2 = 0.02\Omega$，$x_{20} = 0.08\Omega$，电动势变比 $k_{\mathrm{e}} = 10$，当 $E_1 = 200\mathrm{V}$ 时，求：

(1) 起动瞬时（$s=1$）转子绕组每相的 E_{20}、I_{20}、$\cos\psi_{20}$ 及转子频率 f_{20}；

(2) 额定转速下转子绕组每相的 E_2、I_2、$\cos\psi_2$ 及转子频率 f_2。

解 (1) 起动瞬时 $f_{20} = f_1 = 50\mathrm{Hz}$

转子电动势 $E_{20}=\dfrac{E_1}{k_e}=\dfrac{200}{10}=20$ （V）

转子电流 $I_{20}=\dfrac{E_{20}}{\sqrt{r_2^2+x_{20}^2}}=\dfrac{20}{\sqrt{0.02^2+0.08^2}}=242.5$ （A）

转子功率因数 $\cos\psi_{20}=\cos\left(\tan^{-1}\dfrac{x_{20}}{r_2}\right)=\cos 75.96°=0.243$

（2）四极异步电动机同步转速 $n_1=1500$r/min，故：

额定转差率 $s_N=\dfrac{n_1-n}{n_1}=\dfrac{1500-1425}{1500}=0.05$

转子电动势 $E_2=sE_{20}=0.05\times20=1$ （V）

转子电流 $I_2=\dfrac{sE_{20}}{\sqrt{r_2^2+(x_{20})^2}}=\dfrac{1}{\sqrt{0.02^2+(0.05\times0.08)^2}}=49$ （A）

转子功率因数 $\cos\psi_2=\cos\left(\tan^{-1}\dfrac{sx_{20}}{r_2}\right)=\cos 11.3°=0.98$

转子频率 $f_2=sf_{20}=0.05\times50=2.5$ （Hz）。

以上计算结果说明，与转子起动状态时相比较，额定状态下运行的异步电动机，转差率 s 较小、转子频率 f_2 较低、转子电流 I_2 较小、功率因数 $\cos\psi$ 较高，具有较好的运行性能。

4. 磁动势平衡方程

转子旋转时，定子磁动势 $\overline{F}_1$ 相对定子的转速仍为 n_1，而频率 $f_2=sf_1$ 的转子电流产生的转子旋转磁动势 $\overline{F}_2$ 的转速 $n_2=\dfrac{60f_2}{p}=\dfrac{60sf_1}{p}=sn_1$，是否此时 $\overline{F}_1$ 和 $\overline{F}_2$ 不再相对静止呢？我们知道，定子、转子磁动势相对静止是电动机产生恒定电磁转矩的必要条件，若 $\overline{F}_1$ 和 $\overline{F}_2$ 有相对运动，则电动机将不能正常运行。

应该注意的是，运行时 $\overline{F}_2$ 的转速 n_2 是相对于转子而言的，而转子本身又以 n 的转速旋转。所以，相对于定子而言，$\overline{F}_2$ 的转速应为转子转速 n 加上 n_2，即 $\overline{F}_2$ 相对定子的转速为 $n+n_2=(1-s)n_1+sn_1=n_1$。由此可见，定子磁动势和转子磁动势在任何转速下都是相对静止的。

转子旋转时，$\overline{F}_1$ 和 $\overline{F}_2$ 仍保持相对静止，说明转子旋转时内部的电磁过程和转子不动时相似，不同的是转子回路的频率，由 f_1 变为 $f_2=sf_1$。

转子旋转时的磁动势平衡方程，仍可写成

$$\overline{F}_m=\overline{F}_1+\overline{F}_2 \tag{3-23}$$

或

$$\overline{F}_1=\overline{F}_m+(-\overline{F}_2)=\overline{F}_m+\overline{F}_{1L} \tag{3-24}$$

也可写成其电流表达式

$$\dot{I}_1=\dot{I}_m+\left(-\dfrac{1}{k_i}\dot{I}_2\right) \tag{3-25}$$

和转子不动时一样，转子旋转时定子电流可分为两个分量，即产生主磁通的励磁分量 $\dot{I}_m$ 和抵偿转子磁动势的负载分量 $\dot{I}_{1L}$。因此，在转子电流发生变化时，定子电流也会发生相应的变化。例如，当转轴上负载增加，$\dot{I}_2$ 和 $\overline{F}_2$ 增加时，由于 $\overline{F}_{1L}=-\overline{F}_2$，故 $\overline{F}_2$ 的增加引起定

子磁动势负载分量 $\overline{F}_{1L}$ 相应增加，使 $\dot{I}_1$ 和 $\overline{F}_1$ 也相应增加。因此，通过磁动势平衡关系实现了异步电动机内机电能量转换和传递。

课题二 异步电动机的等值电路

在分析和计算异步电动机的运行量时，利用其等值电路来代替实际电动机将简便得多。根据转子电动势方程式（3-17）可得到转子等值电路，如图 3-10（a）所示。由于异步电机定子、转子间的电磁关系大体上与变压器的一、二次侧电磁关系相似，所以，可以采用变压器的做法，通过折算，把定子、转子电路连成统一的电路。但应注意到，变压器一、二次侧电路的频率是相同的，可直接进行绕组折算，而异步电动机定子、转子电路频率是不相同的，显然不能连在一起，因此异步电动机的折算应先进行频率折算。

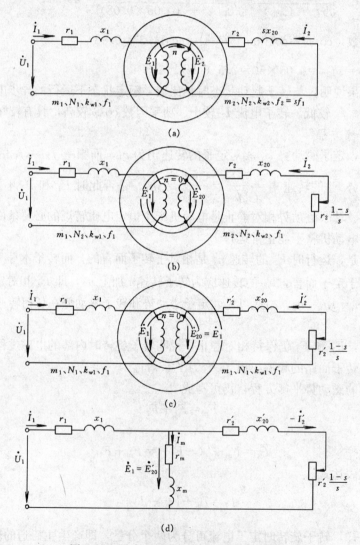

图 3-10 异步电动机 T 形等值电路的形成

（a）定、转子电路实际情况；（b）频率折算后的电路状况；

（c）绕组折算后的电路状况；（d）T 形等值电路

1. 频率折算

所谓频率折算，就是要用一个等值的转子绕组代替实际旋转的转子绕组，而且等值转子绕组的频率为 f_1 与定子绕组有相同的频率。从前面分析可知，把旋转的异步电动机折算为转子不动时的异步电动机，定、转子就有相同的频率 f_1。在频率折算时，从机电能量传递的角度看，折算前后的转子磁动势 $\overline{F}_2$ 不能改变，即静止的等值转子应和实际的旋转转子具有同样的转子磁动势 $\overline{F}_2$（同转速、同转向、同幅值、同相位）。前已证明无论转子转动还是静止状态，定、转子的磁动势 $\overline{F}_1$、$\overline{F}_2$ 之间相对静止，有相同的转速和转向。这样，频率折算时只需考虑折算前后转子磁动势的幅值和相位相同即可。

转子磁动势 $\overline{F}_2$ 是由转子导条电流 $\dot{I}_2$ 产生，$\overline{F}_2$ 的大小和相位也是由 $\dot{I}_2$ 的大小和相位决定的。由于 $\dot{I}_2$ 的大小和相位可从式（3-20）和式（3-21）得到，因此，只要用一个静止的转子（该转子电阻为 R，电抗为 X，转子电动势为 E_{20}，转子电流为 $I_{20}=\dfrac{E_{20}}{\sqrt{R^2+X^2}}$，功率因数角为 $\psi_{20}=\tan^{-1}\dfrac{X}{R}$）来代替待折算的旋转转子（该转子电阻为 r_2，电抗为 sx_{20}，转子电势为 sE_{20}，转子电流为 $I_2=\dfrac{sE_{20}}{\sqrt{r_2^2+(sx_{20})^2}}$，功率因数为 $\psi_2=\tan^{-1}\dfrac{sx_{20}}{r_2}$），若满足 $I_{20}=I_2$、$\psi_{20}=\psi_2$，即完成频率折算，故有

$$\begin{cases} \dfrac{E_{20}}{\sqrt{R^2+X^2}}=\dfrac{sE_{20}}{\sqrt{r_2^2+(sx_{20})^2}} \\[3mm] \tan^{-1}\dfrac{X}{R}=\tan^{-1}\dfrac{sx_{20}}{r_2} \end{cases}$$

即得

$$\begin{cases} \dfrac{E_{20}}{\sqrt{R^2+X^2}}=\dfrac{E_{20}}{\sqrt{\left(\dfrac{r_2}{s}\right)^2+x_{20}^2}} \\[5mm] \tan^{-1}\dfrac{X}{R}=\tan^{-1}\dfrac{x_{20}}{\dfrac{r_2}{s}} \end{cases}$$

解出

$$R=\frac{r_2}{s}; \ X=x_{20}$$

由此可见，旋转转子折算为静止转子时，即进行频率折算后，电动势已由 $E_2=sE_{20}$ 变为 E_{20}，电抗已由 $x_2=sx_{20}$ 变为 $X=x_{20}$，电阻已由 r_2 变为 $R=\dfrac{r_2}{s}$。可见，若将 $\dfrac{r_2}{s}$ 改写为 $r_2+\dfrac{(1-s)r_2}{s}$，要完成频率折算只需在转子回路中串入一个 $\dfrac{(1-s)r_2}{s}$ 的附加电阻即可。附加电阻 $\dfrac{(1-s)r_2}{s}$ 在转子电路中将消耗功率，而在实际电动机的转子中并不存在这项电阻损耗，但要产生轴上的机械功率，那么，转轴上的机械功率应如何体现呢？由于静止的转子应与实际旋转的转子等效，因此，消耗在电阻 $\dfrac{(1-s)r_2}{s}$ 上的功率就代表了实际电动机轴上所

产生的总机械功率$\left[\text{这就是附加电阻}\dfrac{(1-s)\ r_2}{s}\text{的物理意义}\right]$，即$\dfrac{(1-s)\ r_2}{s}$是异步电动机轴上总机械功率的等效电阻。频率折算后的等值电路如图 3-10（b）所示。

频率折算后，定、转子等值电路的频率已相同，但定、转子相数 m，匝数 N，绕组系数 k_w 仍不相同，还要进行绕组折算。

2. 绕组折算

用类似变压器折算的方法，将频率折算后的转子绕组各物理量再折算到定子绕组。绕组折算的原则，仍然是折算前、后转子磁动势 $\overline{F}_2$ 不变，折算前、后转子的各部分功率不变。折算值仍然用原来转子各物理量符号右上角加一撇"′"来表示。

（1）电流的折算值。根据折算前后转子磁动势幅值不变的原则，则有

$$\frac{m_2}{2}\times 0.9\,\frac{N_2 k_{w2}}{p}I_2=\frac{m_1}{2}\times\frac{N_1 k_{w1}}{p}I_2'$$

得折算后的转子电流

$$I_2'=\frac{m_2 N_2 k_{w2}}{m_1 N_1 k_{w1}}I_2=\frac{1}{k_i}I_2 \tag{3-26}$$

将式（3-25）改写为折算后的磁动势方程式为

$$\dot{I}_m=\dot{I}_1+\dot{I}_2'$$

（2）电动势的折算值。根据折算前、后转子磁动势不变的原则，气隙磁通也将不变，且 $N_2'=N_1$，$k_{w2}'=k_{w1}$，故折算后转子静止时的电动势 E_{20}' 与定子电动势 E_1 相等，即

$$E_{20}'=E_1=4.44 f_1 N_1 k_{w1}\Phi_m \tag{3-27}$$

因折算前转子静止时的电动势 E_{20} 为

$$E_{20}=4.44 f_1 N_2 k_{w2}\Phi_m \tag{3-28}$$

将式（3-27）和式（3-28）相比较，得

$$E_{20}'=\frac{N_1 k_{w1}}{N_2 k_{w2}}E_{20}=k_e E_{20} \tag{3-29}$$

（3）漏阻抗的折算值。根据折算前、后转子的电阻上所消耗的损耗不变的原则，可得

$$m_1 I_2'^2 r_2'=m_2 I_2^2 r_2$$

即

$$r_2'=\frac{m_2 I_2^2}{m_1 I_2'^2}r_2=\frac{m_2}{m_1}\left(\frac{m_1 N_1 k_{w1}}{m_2 N_2 k_{w2}}\right)^2 r_2=k_e k_i r_2 \tag{3-30}$$

根据折算前、后转子的漏电抗上所消耗的无功功率不变的原则，可得

$$m_1 I_2'^2 x_{20}'=m_2 I_2^2 x_{20}$$

即

$$x_{20}'=\frac{m_2 I_2^2}{m_1 I_2'^2}x_{20}=\frac{m_2}{m_1}\left(\frac{m_1 N_1 k_{w1}}{m_2 N_2 k_{w2}}\right)^2 x_{20}=k_e k_i x_{20} \tag{3-31}$$

综上所述，将转子各物理量折算到定子时，转子电动势乘以电动势变比 k_e；转子电流除以电流变比 k_i；转子电阻和漏电抗乘以 $k_e k_i$。

3. T 形等值电路

经以上频率折算和绕组折算后，可得如图 3-10（c）所示。折算后 $\dot{E}_1=\dot{E}_{20}'$，然后将电

动势 $\dot{E}_1$ 用励磁阻抗压降表示为

$$\dot{E}_1 = -\dot{I}_{\mathrm{m}}\ (r_{\mathrm{m}} + x_{\mathrm{m}}) = -\dot{I}_{\mathrm{m}} Z_{\mathrm{m}}$$

可得图 3-10（d）所示的异步电动机 T 形等值电路。

根据 T 形等值电路，可以方便地分析异步电动机的运行情况。例如，异步电动机转子静止（即起动瞬间）时 $s=1$，$\dfrac{(1-s)\ r_2'}{s}=0$，异步电动机相当于变压器二次侧短路，这时，转子电流、定子电流都很大。又如，在异步电动机空载运行时，$s \approx 0$，$\dfrac{(1-s)\ r_2'}{s}=\infty$，相当于变压器二次侧开路，这时，转子电流为零，定子电流即为励磁电流。

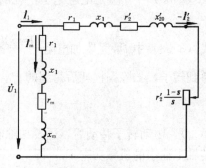

4. 简化等值电路

用 T 形等值电路进行计算比较复杂，为了简化计算，实用中可把 T 形等值电路的励磁支路移到输入端，如图 3-11 所示的简化等值电路。

由于异步电动机与变压器相比，Z_{m} 较小，I_{m} 较大，x_1 也较大，用简化等值电路计算时会引起较大误

图 3-11　异步电动机简化等值电路

差。不过用于中型以上异步电动机时，误差往往不大，工程计算中是允许的。

课题三　异步电动机的电磁转矩及机械特性

异步电动机电磁转矩是进行机电能量转换的重要物理量，由于转动物体的转矩 M 乘以旋转角速度 Ω 等于功率 P，故对电磁转矩的讨论可从异步电动机的功率平衡关系入手。

一、功率平衡关系

由电力系统输入异步电动机的有功功率 P_1 经电动机内电磁作用过程，最后在转子轴上输出机械功率 P_2。在功率的转换和传递过程中，将产生各种损耗。图 3-12 表示出异步电动机内部功率和各种损耗的关系。

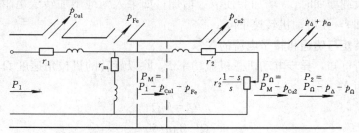

图 3-12　异步电动机功率流程与损耗、电机参数的关系

由于异步电动机内部电磁作用过程中将产生各种损耗，而 T 形等值电路是从分析这种电磁关系后建立的，故功率的分配流程图可以和 T 形等值电路结合起来对应地进行分析。图中用实线画出 T 形等值电路功率流程，用虚线画出了与异步电动机气隙相对应的区域。

电力系统送入的有功功率 P_1 扣除 r_1 上产生的定子铜损耗 p_{Cu1} 和 r_{m} 上的定子铁损耗 p_{Fe}（转子铁损耗由于转子频率很低，可忽略）后经气隙进入转子。从定子传递到转子的功率即为电磁功率 P_{M}，有

$$P_\mathrm{M}=P_1-p_\mathrm{Cu1}-p_\mathrm{Fe} \tag{3-32}$$

由图可见，进入转子的电磁功率 P_M 消耗在转子回路的总电阻 $\dfrac{r_2'}{s}=r_2'+\dfrac{(1-s)\;r_2'}{s}$ 上，故电磁功率 P_M 可表示为

$$P_\mathrm{M}=m_1 I_2'^2\frac{r_2'}{s}=m_1 I_2'^2 r_2'+m_1 I_2'^2 r_2'\frac{1-s}{s}=p_\mathrm{Cu2}+P_\Omega \tag{3-33}$$

式（3-33）中 p_Cu2 是电阻 r_2' 上消耗的功率，即转子铜损耗

$$p_\mathrm{Cu2}=m_1 I_2'^2 r_2' \tag{3-34}$$

式（3-33）中 P_Ω 是附加电阻 $\dfrac{(1-s)\;r_2'}{s}$ 上消耗的功率。由图 3-12 的功率流程图可知，P_M 传递到转子，扣除铜损耗后得到的 P_Ω 就是驱使转子转动的总机械功率，即

$$P_\Omega=m_1 I_2'^2 r_2'\frac{1-s}{s} \tag{3-35}$$

P_Ω 驱动转子转动后，还要扣除转子旋转时的机械损耗 p_Ω 和附加损耗 p_Δ，余下的才是转轴上输出的机械功率 P_2，即

$$P_2=P_\Omega-p_\Delta-p_\Omega \tag{3-36}$$

利用式（3-34）和式（3-35）与式（3-33）相比可得到下列两个重要关系式即

$$\frac{p_\mathrm{Cu2}}{P_\mathrm{M}}=\frac{m_1 I_2'^2 r_2'}{m_1 I_2'^2 \dfrac{r_2'}{s}}=s \tag{3-37}$$

以及

$$\frac{P_\Omega}{P_\mathrm{M}}=\frac{m_1 I_2'^2 r_2'\dfrac{1-s}{s}}{m_1 I_2'^2 \dfrac{r_2'}{s}}=1-s \tag{3-38}$$

异步电动机运行时的转差率 s 等于铜损耗 p_Cu2 与电磁功率 P_M 之比。转差率越大，电磁功率中消耗在转子铜损耗上的部分越大。电磁功率一定时，转差率 s 与转子铜损率 p_Cu2 成正比。当电动机负载增加时，s 增加会使 p_Cu2 增加；如果人为地增加转子电阻 r_2，p_Cu2 相应地增加，也会增加 s，使电动机转速下降。

二、电磁转矩与磁通和转子电流的关系

由以上分析可知，异步电动机总机械功率 P_Ω 除以旋转的机械角速度 Ω，就是作用在转子上的电磁转矩 M，即

$$P_\Omega=M\Omega \tag{3-39}$$

$$\Omega=2\pi n/60$$

式中 M——转子上的电磁转矩；

Ω——转子旋转的机械角速度。

或

$$M=\frac{P_\Omega}{\Omega}=\frac{m_1 I_2'^2 r_2'\dfrac{1-s}{s}}{2\pi\dfrac{n}{60}}=\frac{m_1 I_2'^2 r_2'\dfrac{1-s}{s}}{2\pi\dfrac{n_1}{60}\,(1-s)}=\frac{m_1 I_2'^2\dfrac{r_2'}{s}}{2\pi\dfrac{n_1}{60}}=\frac{P_\mathrm{M}}{\Omega_1} \tag{3-40}$$

式中 Ω_1——旋转磁场的同步角速度。

Ω_1 可表达为

$$\Omega_1=\frac{2\pi n_1}{60}=\frac{2\pi}{60}\times\frac{60f_1}{p}=\frac{2\pi f_1}{p}$$

式（3-40）说明，电磁转矩 M 既可由总机械功率 P_Ω 除以转子旋转的机械角速度 Ω 得到，也可由电磁功率 P_M 除以同步角速度 Ω_1 得到。利用图 3-12 中的等值电路，还可以在 P_M 传入处的端口电动势 E'_{20} 和电流 I'_2 以及转子回路的功率因数 $\cos\psi_2$ 中得到

$$P_M=m_1 E'_{20} I'_2 \cos\psi_2 \tag{3-41}$$

将式（3-41）代入式（3-40）有

$$M=\frac{P_M}{\Omega_1}=\frac{m_1 E'_{20} I'_2 \cos\psi_2}{2\pi f_1/p}=\frac{m_1\times4.44f_1 N_1 k_{w1}}{2\pi f_1/p}\Phi_m I'_2\cos\psi_2=C_M\Phi_m I'_2\cos\psi_2 \tag{3-42}$$

$$C_M=\frac{4.44m_1 p N_1 k_{w1}}{2\pi}$$

式中　C_M——异步电动机结构决定的常数；

　　　　Φ_m——气隙磁场的每极磁通量；

　　　　I'_2——转子电流的折算值；

　　　$\cos\psi_2$——转子功率因数。

由式（3-42）可知，电磁转矩 M 与气隙磁通 Φ_m、转子电流 I'_2 以及转子功率因数 $\cos\psi_2$ 的乘积成正比。以下就 $\cos\psi_2$ 对 M 的影响作出物理解释。

决定转子功率因数 $\cos\psi_2$ 的是转子的阻抗角 ψ_2，图 3-13 中画出了 $\psi_2=0°$ 和 $\psi_2\neq0°$ 两种情况时，M 产生过程的示意图。

图 3-13（a）是 $\psi_2=0°$ 时的情况，$\dot E_2$ 与 $\dot I_2$ 同相，这时转子导条中的电流都位于表示 Φ_m 的等效磁极正下方，相应产生的电磁转矩也最大。

$\psi_2\neq0°$ 时，$\dot I_2$ 滞后 $\dot E_2$，这说明 $\dot I_2$ 将在 $\dot E_2$ 达最大值后再经过 ψ_2 相角才达到最大值。如果转子导条中的电流分布仍像图 3-13(a)那样，则表示 Φ_m 的等效磁极必须从图 3-13(a)（$\dot E_2$ 达最

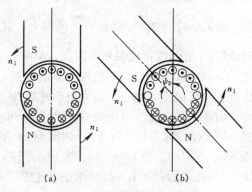

图 3-13　M 与 ψ_2 的关系

(a) $\psi_2=0°$；(b) $\psi_2\neq0°$

大值)的情况下再转过 ψ_2 空间电角度。这时转子导条中的电流 $\dot I_2$ 与 Φ_m 等效磁极的关系如图 3-13(b)所示。从图中可见，表示 Φ_m 的等效磁极下已有部分转子导条中的电流为零，甚至部分导条电流反向，这显然会使异步电动机的 M 减小。如果 $\psi_2=90°$，等效磁极正下方的转子导条中的电流一半流进，一半流出，将使 $M=0$。可见，转子功率因数角 ψ_2 越大使 $\cos\psi_2$ 越小，必然导致电磁转矩 M 减小。

式（3-42）中的 $I'_2\cos\psi_2$ 是转子电流 I'_2 的有功分量，故电磁转矩也可理解为：异步电动机电磁转矩与气隙磁通和转子电流的有功分量成正比。

式（3-42）在进行深入地运行分析时并不方便。为此，还需导出 M 的参数表达式，由式（3-40）得

$$M=\frac{P_M}{\Omega_1}=\frac{m_1 I'^2_2\dfrac{r'_2}{s}}{2\pi f_1/p} \tag{3-43}$$

式中 I_2' 可近似地由图 3-11 中简化等值电路求得

$$I_2' = \frac{U_1}{\sqrt{\left(r_1 + \dfrac{r_2'}{s}\right)^2 + (x_1 + x_{20}')^2}} \tag{3-44}$$

将式（3-44）代入式（3-43）得 M 的参数表达式为

$$M = \frac{m_1 p U_1^2 \dfrac{r_2'}{s}}{2\pi f_1 \left[\left(r_1 + \dfrac{r_2'}{s}\right)^2 + (x_1 + x_{20}')^2\right]} \tag{3-45}$$

式（3-45）表明了电磁转矩和电压、频率、参数和转差率的关系。

三、电磁转矩与转差率的关系

运行中的异步电动机，电力系统电压 U_1 和频率 f_1 为常数，且电动机的电阻和漏电抗可以认为不变时，则电磁转矩与转差率 s 有关。此时电磁转矩与转差率之间的关系曲线 $M = f(s)$，如图 3-14 所示。

$M = f(s)$ 曲线的形状，可由式（3-45）得到解释。当 s 值较大（如 $s \approx 1$）时，$\dfrac{r_2'}{s}$ 的值较小，式（3-45）分母中 $(x_1 + x_{20}') \gg \left(r_1 + \dfrac{r_2'}{s}\right)$，即 $\left(r_1 + \dfrac{r_2'}{s}\right)$ 可以忽略，M 近似地与 s 成反比关系。因此，$M = f(s)$ 曲线中对应这一段的形状，应接近于表达反比关系的双曲线。当 s 值很小时（如 $s \approx 0$ 时），$\dfrac{r_2'}{s}$ 值很大，式（3-45）分母中的 r_1 和 $x_1 + x_{20}'$ 都可以忽略，此时 M 与 s 近似成正比关系，因此，$M = f(s)$ 曲线中对应这一段的形状，应接近于表示正比关系的曲线。在以上双曲线和直线交接过渡的区间，M 的变化是连续平滑的，故必然会出现一个极值点，此点由最大电磁转矩 M_{max} 和临界转差率 s_m 来表示。

$M = f(s)$ 曲线可用来分析异步电动机的运行性能。从图 3-14 可知，起动时，$s = 1$，$M = M_{st}$（M_{st} 称为起动转矩）。如果 M_{st} 大于负载转矩 M_L，转子开始转动升速，随着 s 减小，则 M 不断增加。当 $s = s_m$（s_m 称为临界转差率）时，M 达到最大值 M_{max}（称为最大电磁转矩）。在此之后，随着 s 继续减小转速继续升高，M 反而减小，当 M 减至与 M_L 相等时，异步电动机便在 a 点稳定运行。

通常，也可将 $M = f(s)$ 曲线画为 $n = f(M)$ 曲线，称此为机械特性曲线。如图 3-15 所示。

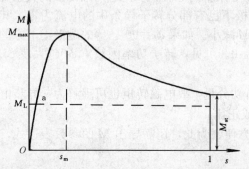

图 3-14　异步电动机的 $M = f(s)$ 曲线

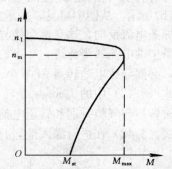

图 3-15　异步电动机的机械特性曲线

四、最大电磁转矩、起动转矩、额定转矩

1. 最大电磁转矩 M_{max}

由图 3-14 的 $M=f(s)$ 曲线可见，电磁转矩有一个最大的电磁转矩 M_{max} 的值。当负载转矩 M_L 大于 M_{max} 时，电动机将停止转动，这是不允许的。M_{max} 只需将式（3-45）对 s 求一次导数，并令它等于 0 求得，即用表示 $M=f(s)$ 曲线的式（3-45），取 $\dfrac{dM}{ds}=0$，求得对应于 M_{max} 时的转差率 s_m（称为临界转差率），则有

$$s_m = \frac{r_2'}{\sqrt{r_1^2 + (x_1 + x_{20}')^2}} \tag{3-46}$$

若忽略 r_1，式（3-46）可近似地写成

$$s_m \approx \frac{r_2'}{x_1 + x_{20}'} \tag{3-47}$$

将 s_m 代入式（3-45）可得最大电磁转矩

$$M_{max} = \frac{m_1 p U_1^2}{4\pi f_1 \left[r_1 + \sqrt{r_1^2 + (x_1 + x_{20}')^2} \right]} \tag{3-48}$$

若忽略 r_1，式（3-48）可近似地写成

$$M_{max} \approx \frac{m_1 p U_1^2}{4\pi f_1 (x_1 + x_{20}')} \tag{3-49}$$

由式（3-47）和式（3-49）可知：

（1）最大电磁转矩 M_{max} 与外加电压 U_1 的平方成正比，但 M_{max} 对应的临界转差率 s_m 与 U_1 无关。由图 3-16 可知，U_1 减小（$U_{11}>U_{12}>U_{13}$）时，对应的 M_{max} 也相应减小（$M_{max1}>M_{max2}>M_{max3}$），曲线下降，但不同电压下临界转差率 s_m 却不改变。

（2）最大电磁转矩 M_{max} 与转子电阻 r_2' 无关，但临界转差率 s_m 与 r_2' 成正比。如图 3-16 所示，当转子电阻增加（$r_{23}'>r_{22}'>r_{21}'$）时，临界转差率相应增加（$s_{m3}>s_{m2}>s_{m1}$），曲线极值点往右移，但不同转子电阻下最大电磁转矩 M_{max} 不变。

2. 起动转矩 M_{st}

起动转矩 M_{st} 的大小决定着电动机的起动性能。可在表示 $M=f(s)$ 曲线的式（3-45）中将 $s=1$ 代入，则有

$$M_{st} = \frac{m_1 p U_1^2 r_2'}{2\pi f_1 \left[(r_1 + r_2')^2 + (x_1 + x_{20}')^2 \right]} \tag{3-50}$$

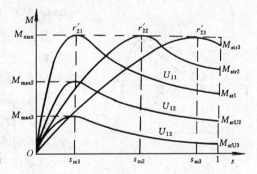

图 3-16 M_{max} 和 M_{st} 随 U_1、r_2' 的变化情况

由式（3-50）可知：

（1）起动转矩 M_{st} 与外加电压 U_1 的平方成正比。从图 3-16 中可知，电压减小（$U_{11}>U_{12}>U_{13}$）时，M_{st} 也减小（$M_{stU1}>M_{stU2}>M_{stU3}$），曲线下降。

（2）要增加起动转矩，可在转子回路中串入电阻。如图 3-16 所示，当串入转子电阻增加（$r_{23}'>r_{22}'>r_{21}'$）时，起动转矩相应增加（$M_{str3}>M_{str2}>M_{str1}$）。要使起动时有最大转矩，即 $M_{st}=M_{max}$，可令 $s_m=1$，求得实现 $M_{st}=M_{max}$ 时转子回路应串入的电阻为

$$r'_{st} = x_1 + x'_{20} - r'_2 \qquad (3\text{-}51)$$

同时，由图 3-16 可见，在 $r'_2 = x_1 + x'_{20}$ 的基础上再增大串入的电阻，$M = f(s)$ 曲线的最大值继续往右移，起动转矩 M_{st} 反而减小。

3. 额定转矩

额定转矩 M_N 是指异步电动机带额定负载时输出的机械转矩，此时转差率为额定转差率 s_N。M_N 可由铭牌上标出的额定功率 P_N（kW）和额定转速 n_N（r/min）代入式（3-39）得到

$$M_N = \frac{P_N}{\Omega_N} = \frac{1000 P_N}{2\pi n_N / 60} \qquad (\text{N} \cdot \text{m}) \qquad (3\text{-}52)$$

五、过载能力与起动转矩倍数

1. 过载能力

正常运行时，M_N 必须小于 M_{max}，电动机才能正常运行，M_{max} 比 M_N 大得越多，电动机承受短时过载能力也越强。过载能力用 k_m 表示为

$$k_m = \frac{M_{max}}{M_N} \qquad (3\text{-}53)$$

k_m 是异步电动机的重要性能指标，Y 系列笼式电动机 k_m 在 2～2.2 范围内。

2. 起动转矩倍数

如果起动转矩 M_{st} 太小，在一定负载下电动机可能起动不起来，通常用 M_{st} 与 M_N 的比值 k_{st} 来表示电动机的起动转矩倍数，比值为

$$k_{st} = \frac{M_{st}}{M_N} \qquad (3\text{-}54)$$

k_{st} 是异步电动机又一重要性能指标，Y 系列笼式电动机 k_{st} 在 1.7～2.2 范围内。

六、稳定运行工作区

异步电动机只有当转差率在一定范围内运行才是稳定的，取图 3-17 的 M-s 曲线来分析。设负载转矩为 M_L，根据转矩平衡条件，电动机可能有两个运行点，即 a 和 b。

如果由于某种原因，负载转矩增加 ΔM_L，此时，电动机的制动转矩大于驱动转矩，转子将减速，转差率 s 增加，而在 a 点，随着转差率的增加电磁转矩也增加，这样，驱动转矩与制动转矩可重新达到平衡。反之，若负载转矩减小 ΔM_L，则转子加速，转差率减小，最后转矩也可达到新的平衡。可见，a 点是稳定运行点。对于运行点 b，如果由于某种原因负载转矩增加 ΔM_L，则转子减速，转差率增加，但是，对于 b 点，随着转差率的增加电磁转矩反而减小，驱动转矩与制动转矩达不到新的平衡，最后电机将停转。分析负载转矩减小 ΔM_L 情况，可得出运行点将逐渐移到 a 的结论，所以 b 点是不稳定运行点。

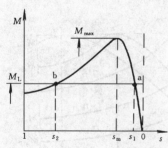

图 3-17　$M = f(s)$ 曲线上的稳定区和不稳定区

就整个曲线而言，在 s 由 0～s_m 范围内的电磁转矩是随着转差率增大而增大的，所以这个区间是稳定工作区。在 s 由 s_m～1 范围内，转矩随着转差率的增加而减小，这个区间是不稳定工作区。

单元小结

异步电动机定子、转子之间的电磁关系与变压器一、二次侧的电磁关系很相似，定子相当于变压器一次侧，转子相当于二次侧。因此，异步电动机的分析方法和变压器的分析方法也基本一样。

只是异步电动机的磁场是旋转的，同时定、转子回路的频率在运行时也不同，因此，分析过程比变压器复杂些。另外，异步电动机存在能量转换，转轴上输出机械功率，还必须重点分析其电磁转矩。为了学好本单元内容，可先复习变压器运行时的电磁过程、基本方程式和等值电路。在学习中，还需注意以下几个问题。

（1）在异步电动机中，不管转子的转速如何，定子磁动势和转子磁动势总保持相对静止。这是产生恒定电磁转矩，实现能量转换的前提。

（2）要作出异步电动机的等值电路，必须进行频率折算和绕组折算。频率折算实际上是用静止的转子串入一个附加电阻 $\dfrac{(1-s)\,r_2}{s}$ 来等效替代实际旋转的转子，附加电阻 $\dfrac{(1-s)\,r_2}{s}$ 就是电动机的总机械功率的等效电阻。

（3）两个电磁转矩的公式为

$$M = C_M \Phi_m I_2' \cos\varphi_2$$

$$M = \frac{m_1 p U_1^2 \dfrac{r_2'}{s}}{2\pi f_1 \left[\left(r_1 + \dfrac{r_2'}{s} \right)^2 + (x_1 + x_{20}')^2 \right]}$$

这两个表达式可在不同场合下，分析异步电动机的运行情况。

（4）由参数表达式可画出 $M=f(s)$ 曲线，用它可分析异步电动机 M_{max}、M_{st} 和 M_N 这几个重要的运行性能指标，$M=f(s)$ 曲线上分稳定和不稳定运行区，最大转矩 M_{max} 处是这两个区的分界点。

 **习 题**

1. 写出异步电动机的感应电动势公式和变压器的电动势公式，比较其各量的物理意义的异同。

2. 异步电动机的磁动势平衡和变压器的磁动势平衡有何异同？与同步电机的电枢反应又有何异同？

3. 为什么异步电动机转子各物理量与转差率有关？转差率 s 影响到转子的哪些物理量？

4. 什么是异步电动机的频率折算？频率折算与绕组折算有何异同？

5. 异步电动机 T 形等值电路与变压器 T 形等值电路有何异同？说明异步电动机等值电路中各参数的意义？等值电路中附加电阻 $\dfrac{(1-s)\,r_2}{s}$ 能不能用电感或电容代替？为什么？

6. 从磁通与电抗的对应关系看，异步电动机等值电路中励磁电抗 x_m、定子漏抗 x_1 与同步电机的哪些电抗相对应？

7. 什么是异步电动机的 $M=f(s)$ 曲线？画出在 $M_N=\frac{1}{2}M_{max}$，$M_{st}>M_N$ 情况下的 $M=f(s)$ 曲线并标出 M_{max}、M_{st}、M_N、s_m、s_N 及稳定运行的工作点。若负载转矩不变，电源电压下降 20%，画出此时的 $M=f(s)$ 曲线，并说明电机的 M_{max}、M_{st}、Φ_m、I_2 和 s 会怎样变化。

8. 一台异步电动机，带额定负载运行且负载不变，$k_m=2$，现若因故障电网电压降至 $80\%U_N$，问此时电动机能否继续运行，为什么？

9. 一台六极的异步电动机，已知 $P_N=28kW$，$n_N=950r/min$，$U_N=380V$，Y 接，$k_m=2.8$，试求 M_N、s_N、M_{max}。

第三单元　三相异步电动机的起动与调速

异步电动机投入运行，首先遇到的是起动问题。电动机转子从静止开始旋转，升速直至稳定运行于某一转速，这一过程称为起动过程。起动过程时间虽短，但起动时电流很大，若起动方法不当，易损坏电机并影响到电网中其他电气设备的正常运行。

调节电动机的转速，是工农业生产中某些机械的要求。调速性能好的电动机，不仅能满足各种生产场合和控制系统的要求，并且能达到节能的目的。如发电厂的风机、水泵，将调节风、水量的方法由挡板、限流阀改为电动机调速后，可节能 20%～30%。

课题一　异步电动机的起动电流与起动转矩

一、起动性能

标志异步电动机起动性能的主要指标是：①起动电流倍数 I_{st}/I_N；②起动转矩倍数 M_{st}/M_N；③起动时间；④起动设备的简易性和可靠性。其中最重要的是起动电流和起动转矩的大小。

在为各种生产机械选配电动机时，既要求电动机具有足够大的起动转矩，使生产机械能够很快地达到额定转速而正常工作；又希望起动电流不要太大，以免电网产生过大的电压降落而影响同一电网上其他用电设备的正常工作。但是，这两个要求往往又难以同时满足。

二、起动问题

对一般笼式电动机，I_{st}/I_N 值一般为 4～7，M_{st}/M_N 值一般为 0.9～1.3。可见，异步电动机的起动电流较大而起动转矩又不大，即起动性能较差。

起动电流大的原因可用等值电路来说明。如图 3-18 所示，正常运行时，s 在 0.01～0.06 范围，所以 $\frac{r_2'}{s}$ 很大，从而限制了定、转子电流。但起动时，$s=1$，此时的起动电流为

$$I_{st}=\frac{U_1}{\sqrt{(r_1+r_2')^2+(x_1+x_{20}')^2}} \tag{3-55}$$

由式（3-55）可看出，起动电流的大小仅受电阻和漏抗的限制，而电动机的漏阻抗是很小的，所以起动电流很大。

起动电流大而起动力矩不大，可用转矩公式 $M=C_M\Phi_mI_2'\cos\psi_2$ 来解释。由于起动时 $s=1$，

$f_2 = f_1$, $x_{20} \gg r_2$, 使转子功率因数角 $\psi_2 = \tan^{-1}\dfrac{x_{20}}{r_2}$ 很大, $\cos\psi_2$ 很小, 所以尽管 I_2' 很大, 但其有功分量 $I_2'\cos\psi_2$ 却不大。另外, 由于起动电流很大, 定子绕组的漏阻抗压降增大, 使感应电动势 E_1 减小, 主磁通 Φ_m 也相应减小。这两个因素使得虽然起动电流很大, 而起动转矩却不大。

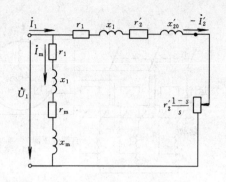

图 3-18 异步电动机起动时近似等值电路

起动电流大将造成不良影响: ①使电网电压降低而影响其他用电设备; ②使电动机过热而加速绕组绝缘老化; ③过大的电磁力冲击使电动机定子绕组端部变形等。因此, 必须设法降低起动电流。由式 (3-55) 可看到, 减小 I_{st} 的方法主要有: ①降低异步电动机电源电压 U_1; ②增加异步电动机定子、转子阻抗。

课题二 笼式异步电动机的起动

笼式异步电动机起动方法, 主要有直接起动和降压起动两种。

一、直接起动

直接起动是用普通开关 (隔离开关、铁壳开关、空气开关等) 将电动机直接接入电网的起动方式。这时, 电动机施加额定电压, 故又称为全压起动。

直接起动时, 起动电流大, 对电动机本身及其所接电力系统都有可能产生不利影响。笼式电动机起动时间不长, 一般不至于因 I_{st} 过大而烧坏, 这时主要考虑的是 I_{st} 过大而产生的电压降落对同一电网的其他设备的影响。具体说, 直接起动方法的使用受供电变压器容量的限制。供电变压器容量越大, 起动电流 I_{st} 在供电回路中引起的电压降越小。一般说, 只要直接起动电流在电力系统中引起的电压降不超过 $(10\% \sim 15\%) U_N$ (对于经常起动的电动机取 10%), 就可以采取直接起动。

直接起动操作简单, 起动设备的投资和维修费较小, 在可能的情况下应优先采用。在发电厂中, 由于供电容量大, 一般都采用直接起动。若供电变压器的容量不够大, 则应采用降压起动。

二、降压起动

降压起动是使电动机起动时定子绕组上所加的电压低于额定电压, 从而减小 I_{st}。常用的降压起动方法有如下几种。

1. 定子回路串电抗器起动

起动时, 在异步电动机定子回路中串入电抗器, 该电抗器对电源电压起分压作用、电动机定子绕组所加的电压降低, 故减小了起动电流 I_{st}。起动完毕, 切除电抗器, 电动机进入正常运行。

采用这种方法起动, 如果电动机所加电压降至 $\dfrac{1}{k} U_N$ ($k > 1$) 时, 则由式 (3-55) 可知, 降压后起动电流 I_{st} 将是全压起动电流的 $\dfrac{1}{k}$ 倍, 由式 (3-50) 可知, 起动转矩也将是全压起动转矩的 $\dfrac{1}{k^2}$ 倍。

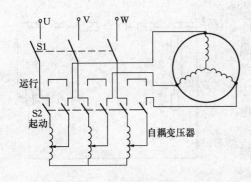

图 3-19 自耦变压器降压起动

2. 利用自耦变压器降压起动

利用自耦变压器降压起动的原理接线图如图 3-19 所示。起动时，合上电源开关 S1，将 S2 接至"起动"位置。自耦变压器高压侧接电源，异步电动机定子回路接入自耦变压器低压侧，降低了电动机定子绕组所加的电压。起动完毕，开关 S2 接至"运行"位置，切除自耦变压器，电动机进入正常运行。

这种降压起动方法的起动性能可分析如下：设自耦变压器变比为 k_a（$k_a > 1$），开关 S2 置于"起动"位置，电动机端电压为 $\dfrac{U_N}{k_a}$，电动机内流过的起动电流 I_{2st} 是全压起动电流 I_{st} 的 $\dfrac{1}{k_a}$ 倍，即 $I_{2st} = \dfrac{I_{st}}{k_a}$。要注意到，$I_{2st}$ 是自耦变压器的二次侧电流，而电源供给的起动电流 I_{1st} 在自耦变压器的一次侧，即

$$I_{1st} = \frac{1}{k_a} I_{2st} = \frac{1}{k_a^2} I_{st} \tag{3-56}$$

式（3-56）说明，利用这种方法起动，电动机端电压降至 $\dfrac{1}{k_a} U_N$ 时，由于自耦变压器的变流作用，降压后起动电流减小到全压起动电流的 $\dfrac{1}{k_a^2}$ 倍。由于起动转矩与电压的平方成正比，所以，起动转矩也将减小至直接起动时的 $\dfrac{1}{k_a^2}$ 倍。显然，与串入电抗器降压起动比较，相同起动转矩下，采用自耦变压器降压起动的起动电流要小。

实际使用中，由自耦变压器构成的起动设备称为补偿器。它设有几个抽头可调 k_a 值，因此可根据电源容量和负载情况灵活地选用自耦变压器的不同抽头。采用补偿器起动的缺点是设备投资较大，且较易损坏。

3. 星形—三角形换接起动（Y—△起动）

Y—△起动是用改变电动机定子绕组的接法来实现降压起动的方法。其原理接线图见图 3-20（a）。电动机正常运行时为△形接法，起动时为 Y 形接法。起动时开关 S1 合上电源，开关 S2 接至"起动"位置为 Y 形接法，起动完毕，开关 S2 接至"运行"位置为△形接法时正常运行。

如图 3-20（b）所示，设电源电压为 U_N，定子绕组每相阻抗为 Z，则 Y 形和△形接法下，起动电流分别为 $I_\triangle$ 和 I_Y，即

$$I_Y = \frac{U_N}{\sqrt{3} Z} \tag{3-57}$$

$$I_\triangle = \sqrt{3} I_{\triangle ph} = \sqrt{3} \frac{U_N}{Z} \tag{3-58}$$

式中　$I_{\triangle ph}$——△形接法起动时的相电流。

比较式（3-57）和式（3-58）得

$$\frac{I_Y}{I_\triangle} = \frac{1}{3}$$

可见，Y形接法起动时，由电源供给的起动电流减小到只有原来用△形接法直接起动时的1/3。同理，由于起动转矩与电压的平方成正比，所以Y形接法起动时的起动转矩也减小到只有△形接法时的 $\left(\frac{1}{\sqrt{3}}\right)^2 = \frac{1}{3}$，即 $\frac{M_{Yst}}{M_{\triangle st}} = \frac{1}{3}$。

上述三种降压起动方法，用自耦变压器降压起动和Y—△起动的性能优于串电抗器降压起动。Y—△降压起动使用的设备简单可靠，起动性能也较好，在生产中使用较多，但它只能用于正常运行时△形接法的小容量异步电动机。因不能抽头调压，使用灵活性也比用自耦变压器差。

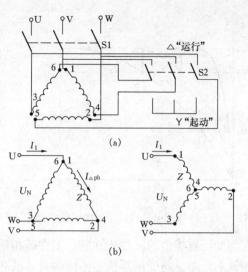

图 3-20 Y—△起动
(a) 原理接线图；(b) Y形和△形接法的原理图

以上几种降压起动方法，在减小起动电流 I_{st} 的同时，也减小了起动转矩 M_{st}，所以只适用于电动机轻载和空载起动的场合。在重负载起动时，较为常用的是绕线式电动机转子回路串电阻起动以及用深槽式和双笼式电动机起动。

课题三　绕线式异步电动机的起动

绕线式电动机转子三绕组的端头引线接到集电环上经电刷串入外加电阻。从式（3-50）和图 3-16 对起动转矩 M_{st} 的分析中，已明确了转子回路串入电阻将使 M_{st} 增加，在转子回路总电阻等于定子、转子总漏电抗（$x_1 + x'_{20}$）时，M_{st} 达最大值 M_{max}。另外，由式（3-55）可知，转子电阻增大也会使起动电流 I_{st} 减小。故绕线式电动机转子回路串入电阻起动是一种起动性能较好的起动方法。

串入转子回路的起动设备通常有起动变阻器和频敏变阻器。

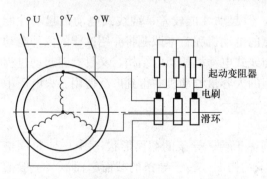

图 3-21 绕线式转子串入起动变阻器起动

一、串入起动变阻器起动

绕线式转子串入起动变阻器起动的接线图如图 3-21，起动时，通过集电环、电刷串入起动变阻器。开始起动后，随着转速上升逐步切除所串入的起动电阻。起动完毕，退出起动变阻器，电动机进入正常运行。

转子串入电阻起动情况可由图 3-22 中 $M = f(s)$ 曲线说明。图中曲线 1 是转子串入起动电阻后的 $M = f(s)$ 曲线。可见，串入起动电阻后 M_{st} 很大，转子很快升速，随着转速上升，s 下降，M_{st} 将沿曲线逐渐减小，为了缩短起动过程，增大 M_{st}，可逐段切除起动电阻。当 M_{st} 下降到等于切换转矩 M_T 的 b 点时，切除一段起动电阻，此时 M_{st} 由 b 点

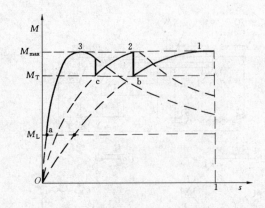

图 3-22 绕线式电动机转子串电阻起动过程

增大到曲线 2，然后 s 继续减小，转速继续上升，M_{st} 将沿曲线 2 逐渐减小。这样逐段逐段的切除，起动电阻被完全短路，起动变阻器退出工作，此时随着 s 减小，转速继续上升，M_{st} 沿曲线 3 变化，直至 $M_{st} = M_L$ 而稳定在 a 点为止。这时电动机起动完毕，进入正常运行。

二、串入频敏变阻器起动

频敏变阻器串入转子回路与图 3-21 的起动变阻器相同，不同的是随着转子转速升高、转子频率下降而自动改变频敏变阻器的电阻。

图 3-23（a）是频敏变阻器原理示意图。它有与变压器类似的三柱式铁芯，但在每相铁芯柱上各绕有一个绕组，构成一个特殊结构的三相铁芯线圈。与变压器铁芯不同的是，铁芯间有可调节的气隙，而且为了增大铁损耗，其铁芯用厚钢板叠成。可以利用与变压器类似的分析方法，画出其等值电路如图 3-23（b）所示。

电动机接上电源，在起动瞬间，转子频率 $f_2 = 50\text{Hz}$，频敏变阻器铁芯中涡流损耗大，故等值电路中电阻 r_m 也大，限制了起动电流，增大了起动转矩。随着转速升高，f_2 逐渐降低，频敏变阻器铁芯损耗随之逐渐减小，r_m 也逐渐减小。这样，串入转子回路的电阻 r_m 自动减小，使起动过程迅速而平稳地进行。

绕线式电动机转子串入电阻起动虽然起动性能好，可以在重载下起动，但设备较复杂，投资较高、维护工作较多。

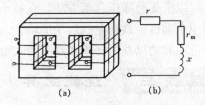

图 3-23 频敏变阻器原理图
(a) 结构示意图；(b) 等值电路

课题四 深槽式和双笼式异步电动机

从以上的分析可知，笼式电动机结构简单，但起动性能较差；绕线式电动机起动性能好，但结构复杂，成本高。是否有综合二者优点的电动机呢？本课题将介绍这样的两种电动机——深槽式电动机和双笼式电动机。它们有与笼式电动机相似的结构，又具有随起动过程自动改变转子电阻的性能，在需要较大起动转矩的大容量电动机中得到广泛使用。火电厂中的风机、排粉机的电动机就属此类电动机。

一、深槽式电动机

深槽式电动机与普通笼式电动机的主要区别在于转子导条的截面形状，图 3-24 是深槽式电动机的转子结构图。转子导条的截面窄而深（一般槽深与槽宽之比为 10～12）。如果在导条中流过电流，深槽式电动机转子槽漏磁通分布如图 3-25（a）所示。由图看出，如果把整个转子导条看作由上、下部的若干导体并联而成，导条下部导体所交链的漏磁通远比上部导体的要多，则下部导体漏抗大，上部导体漏抗小。起动时，由于转子

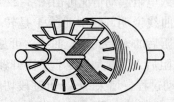

图 3-24 深槽式电动机转子

电流频率高（$f_2 = f_1$），转子导条的漏抗比电阻大得多，这时转子导条中电流的分配主要决定于漏抗。因此，导条的下部漏抗大、电流小，上部导体漏抗小、电流大。这样在相同的电动势作用下，转子导条中电流密度的分布如图 3-25（b）所示，这种现象称为电流的"集肤效应"。其效果相当于减小导条截面，使 r_2 增大，从而增大了起动转矩，改善了起动性能。

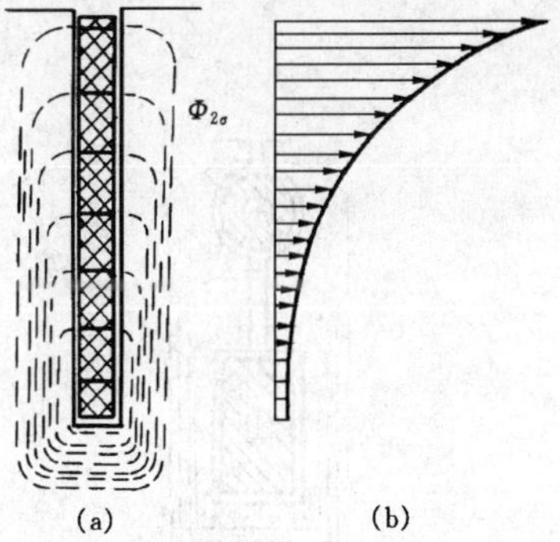

正常运行时，转子导体中电流频率很低，转子导条的漏抗比电阻小得多，这时"集肤效应"基本消失，电流将近于均匀分布，转子导条截面增大，使 r_2 自动变小。电动机仍具有良好的运行性能。

与普通笼式异步电动机相比，深槽式电动机具有较大的起动转矩和较小的起动电流。

图 3-25 深槽式转子导条中
漏磁通及电流分布
(a) 槽形及槽漏磁通分布；
(b) 电流密度分布

二、双笼式电动机

双笼式电动机与深槽式电动机的差别在于把转子矩形导条分成了上、下两部分，图 3-26 是双笼式电动机的转子结构图。转子导条的上部称为上笼，下部称下笼，上、下笼的导条都由端环短接构成双笼绕组。

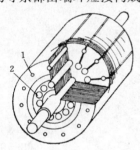

图 3-26 双笼式电动机转子
1—上笼；2—下笼

双笼式电动机的上笼用电阻系数较大的材料（黄铜或青铜）制成，且截面较小；下笼用电阻系数较小的材料（紫铜），且截面较大。转子导条截面及槽形如图 3-27 所示。从图中可见上、下笼导条之间有一窄缝，其作用是使主磁通与下笼交链以及改变槽漏磁通分布，使下笼漏抗大、上笼漏抗小。

双笼式与深槽式电动机起动原理相似，起动时，由于"集肤效应"，转子电流的分配主要决定于导条的漏抗，此时转子电流流过电阻系数较大、截面较小的上笼，使导条的电阻增大，从而增大起动转矩，减小起动电流，改善了起动性能。正常运行时，转子电流的分配主要取决于导条的电阻，此时转子电流流过电阻系数较小、截面较大的下笼，使导条的电阻减小，电动机仍具有良好的运行性能。

起动时上笼起主要作用，又称为起动笼；正常运行时下笼起主要作用，又称运行笼。实际上，上、下笼都同时流过电流，电磁转矩由两者共同产生。因此，可以把双笼式电动机的 $M = f(s)$ 曲线看作是转子电阻大小不同的两台普通笼式电动机 $M = f(s)$ 曲线的叠加。这种叠加关系如图 3-28 所示。图中曲线 1 为上笼的 $M = f(s)$ 曲线，由于上笼的电阻大，M_{max} 对应的 s 值也大。曲线 2 为下笼的 $M = f(s)$ 曲线，下笼的转子电阻小，曲线形状与普通笼式电动机相同。曲线 3 是曲线 1 和曲线 2 的叠加，是双笼式电动机的 $M = f(s)$ 曲线。可见，双笼式电动机起动转矩较大，一般可重负载起动。

深槽式和双笼式电动机也有一些缺点。由于导条截面的改变使它们的槽漏磁通增多，转子漏抗比普通笼式电动机增大。这将使电动机的功率因数、过载能力比普通笼式电动机稍差。

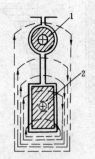

图 3-27 双笼式转子
导条截面及槽形
1—上笼;2—下笼

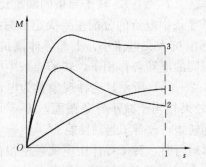

图 3-28 双笼式电动机
的 $M=f(s)$ 曲线
1—上笼 $M=f(s)$ 曲线；2—下笼
$M=f(s)$ 曲线；3—双笼 $M=f(s)$ 曲线

课 题 五   异步电动机的调速

异步电动机驱动转轴带动负载时，除要求它输出转矩和功率外，往往对它的转速也有一定要求。调速性能好的异步电动机，应当是调速范围广（最高转速与最低转速之比大）、调速平滑性好（转速不是分级跃变的，而是平滑渐变的）、所用调速设备简单、调速中损耗小。这些要求也正是选择异步电动机调速方法的基本原则。

一、异步电动机调速方法

由异步电动机的转速关系式

$$s=\frac{n_1-n}{n_1}$$

可得

$$n=n_1(1-s)=\frac{60f_1}{p}(1-s) \tag{3-59}$$

式（3-59）说明，异步电动机可通过改变转差率 s、极对数 p 及电源频率 f_1 来调速。相应的调速技术方案如下：

（1）变极调速是通过改变笼式电动机定子绕组的极对数，使电动机同步转速改变来实现调速的。显然，这种调速是分级的，平滑性差。由于电动机只有在定、转子绕组极对数相同时才能正常运行，故这种调速方法不适用于转子极对数固定的绕线式电动机，仅适用于笼式电动机。

（2）改变转差率调速可通过改变定子电压和改变转子电阻来实现。由图 3-29 可见，定子电压下降后，$M=f(s)$ 曲线 1 变为曲线 2，转差率由 s_1 增至 s_2，故实现了调速。但这种调速方法转差率变化不大，还减小了最大转矩 M_{max}，实际调速效果较差。对于绕线式电动机，如果增加转子电阻，则 $M=f(s)$ 曲线 1 变为曲线 3，重负载下转

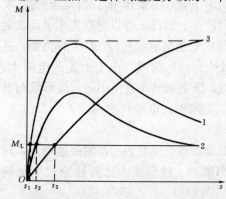

图 3-29 改变定子电压和转子电阻调速

差率 s 变化较多，而最大转矩 M_{max} 并未减少，容易实现平滑的调速。

在负载转矩 M_L 恒定不变时调速，$M = M_L = $ 常数。由式（3-45）可见，若参数 r_1、x_1 和 x'_{20} 皆不变，欲保持 M 不变，则应有 $\frac{r'_2}{s}$ 不变。这说明恒转矩调速时，转差率 s 将随转子回路总电阻（$r'_2 + r'_{dj}$）成正比例变化（r'_{dj} 为绕线式电动机转子回路串入的调速电阻，其值已折算到定子侧）。这时，可用公式计算出保持某一转速（相应 s'）工作时的外加电阻 r'_{dj} 为

$$\frac{r'_2}{s} = \frac{r'_2 + r'_{dj}}{s'}$$

但是 r'_{dj} 长期流过转子负载电流，将增加功率损耗，使效率降低，不过这种调速方法优点也很明显。

（3）变频调速可获得很好的调速效果，长期以来，复杂的调频设备限制了这一方法的使用。随着晶闸管技术的长足进步，近年来异步电动机的交流变频调速得到飞跃发展，逐渐进入实用中。异步电动机的交流变频调速系统既有直流电动机调速系统的高性能、高精度，又有交流电动机调速的固有优点，应用前景十分广阔。变频调速的内容这里不再进行深入讨论。

二、电磁调速异步电动机

电磁调速异步电动机实际上是由普通笼式电动机和电磁调速转差离合器组成，在调速过程中，笼式电动机运行的转速始终接近于额定转速，并拖动电磁转差离合器的主动转子转动，如图 3-30 所示。离合器内，主动转子通过直流磁通与从动转子相联系，带动着从动转子旋转，如果改变离合器内直流磁通的大小，便可平滑地调节从动转子转速。

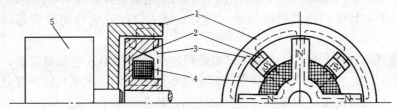

图 3-30　电磁转差离合器原理结构

1—主动转子（电枢）；2—从动转子（磁极）；3—磁通；4—励磁线圈；5—电动机

电磁调速异步电动机调速的关键在于电磁转差离合器是如何工作的，现分析如下：

图 3-30 是电磁转差离合器的原理结构图。离合器主动转子 1 与拖动异步电动机 5 之间为刚性连接。主动转子是一个钢制的杯状圆筒，称为电磁转差离合器的电枢。从动转子由爪状磁极 2 固定在从动轴上。主动转子 1（电枢）和从动转子 2（爪极）之间有气隙。爪极中部绕有励磁线圈 4，线圈由另一直流电源供给直流电流产生直流磁通，铁芯一端呈 N 极，另一端呈 S 极。由图中可见，铁芯两端成爪状交叉，形成 N、S 交替的爪极结构。

由于电枢和爪极间的气隙比 N、S 爪极之间的距离小得多，磁通经过的磁路在图中用虚线画出，即 N 爪极—气隙—电枢—气隙—S 爪极—从动转子铁轭—N 爪极。当电动机带动主动转子电枢转动时，电枢切割爪极磁场产生涡流，像异步电动机转动原理那样，电枢中的涡流与爪极磁场相互作用产生转矩，使从动转子随主动转子以同一方向旋转，其转速低于主动转子转速，两者之间存在转差（故称此为电磁转差离合器）。当励磁线圈内直流电流大时，

联系主动和从动转子的磁通强，两者之间转差小，离合器输出转速就高；反之，直流电流小输出转速就低。故可以通过调节励磁线圈中的直流电流大小来调节转速。

电磁调速异步电动机的优点是结构简单、运行可靠、调速平滑性好，缺点是电磁转矩要靠钢筒的涡流来传递，涡流损耗较大，效率较低。其一般用于发电厂中功率较小的给粉机等场合。

 单元小结

（1）异步电动机起动存在的主要问题是起动电流大。笼式电动机可采用降压起动来减小起动电流，但这也同时减小了起动转矩。而绕线式电动机则可通过转子回路串入电阻来改善起动性能。

（2）深槽式和双笼式电动机均是利用转子导体集肤效应原理，调节起动过程中转子回路电阻，从而达到改善起动性能的目的。

（3）电力生产中常用的异步电动机调速方法有变极调速、改变转差率调速、变频调速。

 **习 题**

1. 为什么普通笼式电动机起动电流大而起动转矩却不大？试分析说明。

2. 异步电动机在额定负载和空载时起动，起动电流和起动转矩是否相同？

3. 绕线式电动机起动时，在转子回路中串入附加电阻能降低起动电流且增大起动力矩，那么，是不是串入转子回路的电阻值越大越好？串入电抗或电容能改善起动性能吗？为什么？

4. 一台笼式电动机，$M_{st}/M_N=1.1$，如采用定子电路中串入电抗器起动，使电动机起动电压降到 $80\%U_N$。试问，当负载转矩为额定转矩的 85% 时，电动机能否起动？

5. 发电厂中输煤皮带使用异步电动机 $2p=4$，$P_N=36kW$，$M_{st}/M_N=2.2$，△形接法。现需带动负载转矩为 $65\%M_N$ 的输煤皮带起动，问采用 Y—△换接能否起动？

6. 一台笼式电动机，$P_N=10kW$，$n_N=1460r/min$，Y 形接法，$U_N=380V$，$\eta_N=0.868$，$\cos\varphi_N=0.88$，$M_{st}/M_N=1.5$，$I_{st}/I_N=6.5$，试求：

（1）额定电流；

（2）采用自耦变压器降压起动，使 $M_{st}=0.8M_N$，试确定所选的抽头（设三个抽头：$100\%U_N$，$80\%U_N$，$60\%U_N$）；

（3）电网供给的起动电流。

7. 一台绕线式电动机，$P_N=155kW$，$I_N=294A$，$2p=4$，$U_{1N}=380V$，Y 形接法。$r_1=r_2'=0.012\Omega$，$x_1=x_{20}'=0.06\Omega$，$k_e=k_i=1.1$，该电动机起动时，要求起动电流限制为 $3.5I_N$，试问：

（1）转子回路中每相应接入多大的电阻？

（2）起动转矩有多大？

第四单元　单相异步电动机

单相异步电动机广泛用于容量小于1kW及只有单相电源的场合，常用于带动电动工具、鼓风机、自动装置以及家用电器等。

一、工作原理及起动问题

单相异步电动机转子与三相异步电动机一样，仍是笼式转子。现对它的旋转原理分析如下。

前已述及，定子单相绕组流过单相交流电流将产生一个脉振磁场，单相脉振磁场可分解为两个幅值相等、转速相同而转向相反的旋转磁场。故单相异步电动机的运行可以看作是这两个磁场分别对转子作用后的叠加。按对三相异步电动机的分析方法，可以画出正向旋转和反向旋转磁场产生的 M-s 曲线。将两者画在同一坐标系统中，如图 3-31 所示。图中，转差率范围取 0～2。曲线Ⅰ表示正向旋转磁场与转子感应电流作用产生的正向转矩 M^+ 与转差率的关系，曲线Ⅱ表示反向旋转磁场与转子感应电流作用产生的反向转矩 M^- 与转差率的关系，曲线Ⅰ和曲线Ⅱ叠加而得到的曲线Ⅲ便是单相异步电动机的 M-s 曲线。

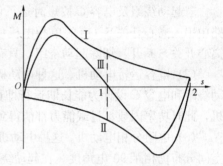

图 3-31　单相异步电动机
$M=f(s)$ 曲线

由曲线Ⅲ可知：①单相异步电动机的起动转矩为零，因为 $s=1$ 时合成转矩 $M=0$。②当外来的作用转矩使转子正转时，合成转矩 M 为正，转子能维持正向转动；当外来的作用转矩使转子反转时，合成转矩为负，维持转子反向转动，即此时电动机的转向由外力决定。

显然，定子上只有一个工作绕组的单相电动机是不能自行起动的，必须采取措施才能解决起动问题。

二、起动方法及单相异步电动机的类型

单相异步电动机获得起动转矩的方法，是使脉动磁场变为旋转磁场。显然，定子只设有一个单相绕组是不能做到这一点的，必须在定子加设辅助绕组。在前面已讨论过，对称多相绕组通入对称多相电流可以产生旋转磁场。例如，当辅助绕组（也称起动绕组）与原来的单相绕组（也称工作绕组）在空间相距 90°电角度，分别通入两绕组有 90°相位差的两相交流电流，便能满足绕组和电流都对称的条件，就可在电动机内产生理想的旋转磁场。实用中，绕组和电流并不能完全满足对称的条件。这时，虽然产生的旋转磁场不很理想，但仍然能产生起动转矩。

根据获得旋转磁场的方法不同，单相异步电动机可分为以下几类。

1. 分相电动机

分相电动机将起动绕组设在与工作绕组相距 90°电角度的位置上，在单相交流电压的作用下，使用各种方法，让工作绕组通入有不同相位的两相交流电流，以便获得旋转磁场和起动转矩。根据交流电流"分相"方法的不同，有电容起动电动机、电容运转电动机和电阻分相电动机这三种类型。

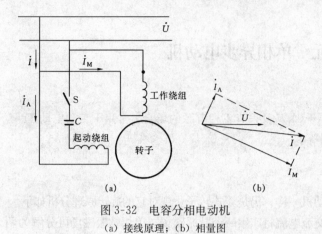

图 3-32 电容分相电动机

(a) 接线原理；(b) 相量图

（1）电容起动电动机。接线原理如图 3-32（a）所示。起动绕组和工作绕组施加同一交流电压 $\dot{U}$。起动绕组回路串入电容 C，使起动绕组流过的电流 $\dot{I}_A$ 超前 $\dot{U}$，而工作绕组流过的电流 $\dot{I}_M$ 滞后 $\dot{U}$。图 3-32（b）画出了 $\dot{U}$、$\dot{I}_A$、$\dot{I}_M$ 以及电源供给电动机总电流 $\dot{I}$ 的相量图。合理选择两绕组参数及电容 C，可使 $\dot{I}_A$、$\dot{I}_M$ 之间的相位差为 90°，以获得满意的分相效果。

若起动绕组及电容 C 按短时运行设计，不能长期接入电力系统运行，则在起动绕组回路中串入离心开关 S（有的单相电机使用起动断电器）。当转速升至（70%～80%）n_N 时，离心开关 S 断开，切除起动绕组，只有工作绕组单独运行。

（2）电容运转电动机。这种电动机又称电容电动机。这时，只需把电容起动电动机的起动绕组和电容 C 设计为能长期运行即可。因此，单相异步电动机实质上成为两相异步电动机，此时功率因数、过载能力都能得到提高。

（3）电阻分相电动机。这种电动机的分相方法比电容分相简单，起动绕组与工作绕组的空间分布仍相距 90° 电角度。在起动绕组中不再串入电容，而是通过设计使两个绕组具有不同的阻抗值。例如，将工作绕组放置在定子槽底部（增大电抗），选用较粗的导线（减小电阻），将起动绕组放置在定子槽上部（减小电抗），选用较细的导线（增大电阻）。因此，电动机的起动绕组和工作绕组流过的电流滞后电力系统电压 $\dot{U}$ 的相位角就不相等。图 3-33 画出了 $\dot{U}$、工作绕组电流 $\dot{I}_M$、起动绕组电流 $\dot{I}_A$ 的相量图。可见，由于 $\dot{I}_A$ 滞后 $\dot{U}$ 的相位角比 $\dot{I}_M$ 小，使 $\dot{I}_A$ 和 $\dot{I}_M$ 存在相位差 φ，实现电阻分相。

电阻分相虽简单，但 φ 角小，分相效果较差，起动转矩也不大，只用于对起动转矩要求不高的场合。

分相电动机的转向，由旋转磁场的方向决定，总是从电流超前的绕组的轴线转向电流滞后绕组的轴线。因此，要改变电动机的转向，只需将起动绕组的接线端头调换即可。

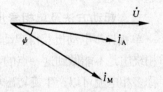

图 3-33 电阻分相的相量图

2. 罩极电动机

罩极电动机的起动绕组比电阻分相电动机更为简单，转子仍为笼式结构，定子一般为凸极集中绕组，见图 3-34（a）。工作绕组是集中绕组，套在凸极上。在凸极极靴表面 $\frac{1}{3} \sim \frac{1}{4}$ 处开有一凹槽，把凸极分为两部分，起动绕组（又称罩极绕组）是一个短路铜环，罩在极靴较窄的那部分上。

容量较大的罩极电动机，定子槽内放置着分布的工作绕组，定子上的罩极绕组也是分布的并自行短路。

现以图 3-34 所示的罩极电动机说明其工作原理。

电动机通入交流电后，工作绕组（集中绕组）产生的交变磁通在凸极内分为两部分：一部分 $\dot{\Phi}_1$ 不穿过罩极绕组（短路环），另一部分 $\dot{\Phi}_2$（图中未画出）穿过罩极绕组。交变磁通 $\dot{\Phi}_2$ 将在短路的罩极绕组中感应电动势 $\dot{E}_s$ 和产生电流 $\dot{I}_s$。图 3-34（b）画出了 $\dot{\Phi}_1$、$\dot{\Phi}_2$、$\dot{E}_s$、$\dot{I}_s$ 的相量图。短路环中的电流 $\dot{I}_s$ 将滞后 $\dot{E}_s$ 一个相位角。$\dot{I}_s$ 在短路环中流通又会产生交变磁通 $\dot{\Phi}_s$，$\dot{\Phi}_s$ 与 $\dot{I}_s$ 同相。这样，实际穿过

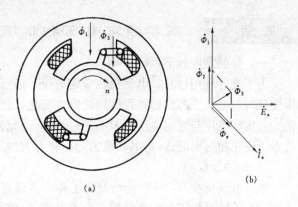

(a)

(b)

图 3-34 罩极电动机的磁通及相量图
(a) 磁通分布；(b) 相量图

短路环的总磁通 $\dot{\Phi}_3 = \dot{\Phi}_2 + \dot{\Phi}_s$。可见，$\dot{\Phi}_3$ 在时间上滞后 $\dot{\Phi}_1$ 一个相位角。同时，由图 3-34 (b) 可看出，由于罩极部分与其他极面中心线在空间上也相差一个相位角，因此能够产生旋转磁场，使电动机转动。其转向为由未罩极转向罩极方向。

罩极电动机结构简单，运行可靠，但起动转矩较小，一般用于风扇等对起动转矩要求不高而转向不需改变的小型电动机中。

 单元小结

单相异步电动机因单相绕组产生的是脉振的磁场，因而没有起动转矩，解决的方法是设置一个空间上相差一定角度的绕组，分别通入不同相位的电流，用以产生旋转磁场。按磁场获得的方式不同，可分为分相电动机和罩极电动机。

习 题

1. 为什么单相异步电动机没有起动转矩？解决起动转矩的途径是什么？

2. 一台轻载运行的三相异步电动机，发生一相断线，电机仍能旋转，这是为什么？如果在起动时电源已有一相断线，电动机能不能起动？为什么？

第五单元 异步电动机的异常运行

异步电动机在实际运行中，电源电压或频率不等于额定值，三相电压或三相负载不对称的可能性是存在的。例如，有功不平衡会引起频率的波动，无功不平衡会引起电压的波动，带单相负载或一相断线，或发生两相短路或单相对地短路等，都将使电动机处于不对称运行状态，此状态称为电动机的异常运行状态。

在非额定电压和非额定频率下的运行

一、非额定电压下运行

为了充分利用材料，电动机在额定电压下运行时，铁芯总是处于接近饱和的状态。当电压变化时，电机铁芯的饱和程度随之发生变化，这将引起励磁电流、功率因数和效率等的变化。若实际电压与额定电压之差不超过±5％是允许的，对电动机的运行不会有显著的影响；若电压变化超过±5％，对电动机的运行将有大的影响。

1. 当 $U_1 > U_N$ 时

如果电动机在 $U_1 > U_N$ 的情况下工作，主磁通 Φ_m 将增加，由于此时磁路的饱和程度也增加，在磁通增加不多的情况下，励磁电流 I_m 将大大增加，使电机的功率因数下降，同时铁芯损耗随 Φ_m 的增加而增加，导致电机效率的下降，温升提高。

2. 当 $U_1 < U_N$ 时

如果异步电动机在 $U_1 < U_N$ 的情况下工作，主磁通 Φ_m 将减小，励磁电流 I_m 随之减小，铁芯损耗也减少。如果负载一定，电动机的转速将下降，转差率增大，转子电流增加，转子铜损耗也随之增加。

若异步电动机轻载运行，由于转子电流和转子铜损耗较小，在定子电流的励磁分量 I_m 和负载分量 I_{1L} 中，I_m 起主要的作用，从而定子电流 I_1 随 I_m 的减小而减小，定子的功率因数提高。同时轻载时的铁芯损耗起主要作用，效率随铁芯损耗的减小而略有提高。可见，轻载运行时，U_1 的降低对电动机的运行是有利的。在实际应用中，丫—△起动的电动机，在轻载时常接成丫形，以改善电动机的功率因数和效率。

在正常负载的情况下，U_1 的降低对电动机的运行是不利的。因为此时的定子电流两个分量中，负载分量 I_{1L} 起主要作用，定子电流将随 I_2 的增加而增加。虽然由于磁通减小使铁芯损耗降低，但因铜损耗随电流的平方增加，因此铜损耗起主要作用。所以，总的损耗还是增加，引起绕组的发热加剧，效率降低。另外，由于电动机的最大转矩正比于电压的平方，若电压下降太多，还可能出现最大转矩小于负载转矩而使电机停转。可见，如果电动机的负载在额定值附近时，端电压的下降，将使定子和转子的电流增大，电机绕组发热，效率下降。所以，运行规程规定，电动机额定负载下运行时，电压波动不能超过额定电压的±5％。一般电动机也都有低压保护装置。

二、非额定频率下运行

在大多数的情况下，电网的频率都是保持额定的。但有时由于发电量不足或电网发生故障，频率会发生变化。如果频率的变化不超过额定值的±1％，对电动机的运行不会造成严重的影响。但如果频率偏差太大，则会影响电动机的运行。

根据前面所述，在不计定子绕组的阻抗压降时，$U_1 = 4.44 f_1 N_1 k_{w1} \Phi_m$，则 $U_1 \propto f_1 \Phi_m$。当保持电压不变（$U_1 = U_N$）时，主磁通 Φ_m 将与频率 f_1 成反比。

当频率高于额定频率（$f_1 > f_N$）时，主磁通 Φ_m 将减少，励磁电流随之减小。同时，定子电流也减小，转速 n 上升，对电动机的功率因数、效率和通风冷却都会有所改善。

当频率低于额定频率（$f_1 < f_N$）时，主磁通 Φ_m 将增大，励磁饱和程度增加，励磁电流显著增大，从而定子电流也增大，电动机的铁芯损耗和铜损耗也增大，引起电机的功率因数及效率的降低。同时，电动机的转速减小，使通风冷却条件变差，温升提高。此时，电动机

必须减小负载，使电动机在轻载下运行，防止电机过热。

课题二　在电压不对称下异步电动机运行

异步电动机的不对称运行分析常用对称分量法。由于异步电动机定子绕组为Ｙ形无中性线或△形接线，电机内不存在零序电压、零序电流和零序磁场。分析时只需分解为正序和负序分量。

对称的正序电流产生正序旋转磁动势 F^+，以同步速 $n_1 = \dfrac{60f_1}{p}$ 正向旋转，转子绕组切割此磁动势建立的磁场产生正序感应电流，正序转子电流与正向旋转磁场相互作用，产生正向电磁转矩 M^+，此时，正序系统的转差率为

$$s_+ = s = \frac{n_1 - n}{n_1}$$

对称的负序电流产生负序的旋转磁动势 F^-，以同步速 $n_1 = \dfrac{60f_1}{p}$ 反向旋转，在转子绕组中感应负序电流，负序转子电流与负序的旋转磁场相互作用，产生负序的电磁转矩 M^-，其方向与转子的转向相反，为制动转矩。

因为负序磁场反转，转速为 $-n_1$，故负序电流的转差率为

$$s_- = \frac{-n_1 - n}{-n_1} = \frac{n_1 + n}{n_1} = \frac{2n_1}{n_1} - \frac{n_1 - n}{n_1} = 2 - s$$

在负序等值电路中，经折算后的转子等效电阻为 $\dfrac{r_2'}{2-s}$。由于负序阻抗较小，将产生较大的负序电流，从而使不对称运行的铜损耗增加，效率降低。并可能引起电机过热。另外，负序转矩为制动转矩将使电动机输出功率减小。

可见，电动机在不对称运行时，其性能将变差。不对称运行对电机有弊而无利，负序分量越大，其后果越差。

课题三　一相断线的运行

三相异步电动机断相运行，是烧坏电机绕组的最主要原因之一。异步电动机断相运行有几种类型，如图 3-35 所示，图 3-35 (a)、(c) 是电源一相断线，图 3-35 (b)、(d) 是绕组一相断线。其中图 3-35 (a)、(b)、(c) 的一相断线，电动机为单相运行，图 3-35 (d) 为两相运行。

断相运行可以看作是不对称运行的一种。由于负序分量的存在使电机的运行性能变差。当电机在额定负载下断相时，由于断相后负序转矩的存在使电机的过载能力下降，如果电机最大转矩小于负载转矩，将发生停机事故；如果电机的最大转矩大于负载转矩，电动机仍可继续运行，但此

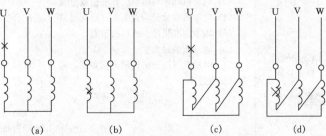

图 3-35　三相异步电动机的一相断线
(a)、(c) 电源一相断线；(b)、(d) 绕组一相断线

时转速将降低，同时定子、转子电流增大，电机温升提高，若长时间运行可能烧坏绕组。

若是空载或轻载下断相，转速下降不多，断相稳态电流也不大。

课题四　异步电动机的常见故障及处理

电动机发生故障的原因是多种多样的，既与电动机的设计水平和制造质量有关，也与电动机的使用条件、工作方式、正确安装和维护水平等因素有着密切关系。一般在正常运行情况下，电动机的使用寿命可达 15 年以上。但由于使用不当或缺乏必要的日常维护保养，就很容易发生故障而造成损坏，以致缩短电动机的使用寿命。这些常见故障产生的原因及处理方法，见表 3-3。

表 3-3　　　　　　　　　　异步电动机常见故障产生原因及处理办法

故 障 现 象	产 生 原 因	处 理 方 法
绝缘电阻过低	（1）电动机的绕组受潮或有水滴入电动机的内部 （2）电动机绕组上有灰尘、油污等杂物 （3）绕组引出线的绝缘或接线盒绝缘接线板损坏或老化 （4）电动机绕组绝缘整体老化	（1）可将电动机的定转子绕组作加热烘干处理 （2）绕组上有灰尘、油污时，可先用汽油清洗绕组表面后再刷漆烘干处理 （3）若引出线绝缘损坏则可在损坏处加包绝缘，接线板绝缘损坏应更换新的接线板 （4）如果定子绕组绝缘已整体老化时，在一般情况下均需要更换新绕组。但对容量较小的电动机，可根据情况采用浸漆方式进行绝缘处理
电动机的空载电流偏大	（1）电动机的电源电压偏高 （2）定子绕组星形（Y）接法误接为三角形（△）接法，或者应串联的线圈组错接成并联 （3）电动机的定、转子铁芯轴向错位，致使铁芯有效长度减小 （4）定子绕组每相串联匝数不够或线圈节距嵌错 （5）电动机的轴承严重损坏或转轴弯曲而造成定、转子相擦	（1）当电源电压偏高时，可降低电源电压，以尽可能接近额定电压为好 （2）如星形（Y）与三角形（△）接法接错时，应按铭牌的规定改正接线。若为绕组内部的线圈组接错，则应按绕组展开图或接线原理重新接线 （3）定、转子铁芯若轴向错位时，则应拆开电动机，将定、转子铁芯压回到正确位置，并以电焊点止动 （4）若定子绕组的每相串联匝数不够或线圈节距嵌错时，则只有拆除旧绕组重新绕制嵌入新绕组 （5）电动机的轴承严重损坏时，只有更新轴承。转轴弯曲故障则应拆开电动机，然后调直、校正转轴
电动机轴承异常发热	（1）电动机轴承磨损或轴承内进入异物 （2）电动机两侧端盖或轴承盖未装平，或轴承盖内侧偏心 （3）电动机轴承与转轴配合过松或过紧 （4）电动机轴承与端盖配合过松或过紧 （5）轴承润滑脂过少或油质很差 （6）轴承盖油封太紧 （7）电动机与传动机构的连接偏心，或传动皮带过紧	（1）仔细清洗电动机轴承，磨损严重的轴承应予以更换 （2）将端盖或轴承盖打入止口并用螺钉紧固到位 （3）轴承与转轴配合过松时，可在转轴上镶套；若配合过紧时则可将转轴的轴承位加工到合适的配合尺寸 （4）轴承与端盖配合过松时，可在端盖上进行镶套；配合过紧时，则可将端盖轴承孔加工到合适的配合尺寸 （5）可以清洗轴承和换、加合格的润滑脂，并应使润滑脂充填到轴承室容积的 1/2～2/3 （6）更换油封重新垫入轴承盖内 （7）调整电动机与传动机构的安装位置，对准其中心线，皮带传动装置应调整皮带的张力

续表

故障现象	产生原因	处理方法
电动机温升过高	（1）电源电压过低，使电动机在额定负载下造成温升过高 （2）电动机过载或负载机械润滑不良，阻力过大而使电动机发热 （3）电源电压过高，当电动机在额定负载下，因定子铁芯磁密过高而使电动机的温升过高 （4）电动机起动频繁或正、反转次数过多 （5）定子绕组有小范围短路或有局部接地，运行时引起电动机局部发热或冒烟 （6）笼式转子断条或绕线式转子绕组接线松脱，电动机在额定负载下转子发热而使电动机温升过高 （7）电动机通风不良或环境温度过高，致使电动机温升过高 （8）电动机定、转子有碰擦现象	（1）如因电源电压过低而出现温升过高时，可用电压表测量负载及空载时的电压。如负载时电压降过大，则应换用较粗的电源线以减少线路压降。如果是空载电压过低，则应调整变压器供电电压 （2）如果故障原因为电动机过载，则应减轻负载，并改善电动机的冷却条件（例如用鼓风机加强散热）或换用较大容量的电动机，以及排除负载机械的故障和加润滑脂以减少阻力等 （3）若电源电压超出规定标准，则应调整供电变压器的分接头，以适当降低电源电压 （4）适当减少电动机的起动及正、反转次数，或者更换能适应于频繁起动和正、反转工作性质的电动机 （5）定子绕组短路或接地故障，可用万用表、短路侦察器及绝缘电阻表找出故障确切位置后，视故障情况分别采取局部修复或绕组整体更换 （6）笼式转子断条故障可用短路侦察器结合铁片、铁粉检查，找出断条位置后作局部修补或更换新转子。绕线式转子绕组断线故障可用万用表检测，找出故障位置后重新焊接 （7）仔细检查电动机的风扇是否损坏及其固定状况，认真清理电动机的通风道，并且隔离附近的高温热源和不使其受日光的强烈曝晒 （8）用锉刀细心锉去定、转子铁心上硅钢片的突出部分，以消除相擦。如轴承严重损坏或松动则需更换轴承，若转轴弯曲，则需拆出转子进行转轴的调直校正
电动机运行时声音不正常	（1）定子绕组内部连接错误、局部短路以及△形接法或多路丫形接法时，每相绕组中串联匝数不同等，均有可能因造成三相电流不平衡而引起噪声 （2）定、转子铁芯槽配合不当（一般发生在改极后的电动机中），因而产生电磁噪声，当切断电源后则声音马上消失 （3）制造过程中电动机定、转子铁芯装压过松，使电动机运行时发出沉闷的响声 （4）轴承中进入异物、严重缺少润滑脂，或者轴承损坏而产生异音 （5）电动机转子摩擦绝缘纸或槽楔	（1）用短路侦察器、万用表等检查电动机绕组，视故障具体情况采取改正接线、局部修复或重换线圈等方式予以处理 （2）可适当车小转子铁芯外圆以及调整定子绕组的跨距和更换槽配合适宜的新转子 （3）将定子加浸绝缘漆并烘干，情况严重时拆除绕组将定、转子铁芯重新压紧 （4）必须清洗轴承并重加润滑脂应使润滑脂充填至轴承室容积的 1/2～2/3。轴承质量不好或已损坏时，则需更换新轴承 （5）应修剪绝缘纸或槽楔，如果槽楔已松动时则需更换新槽楔

 单元小结

（1）电压的升高将使铁芯损耗增加，效率下降，功率因数减小；电压的降低，在额定负载左右时将使铜损耗增加，效率下降，功率因数减小，若降低太多，还可能引起停转，甚至烧坏。而在轻载下降压则是有利的。

（2）当频率略高于额定值，对改善电机的功率因数、效率和通风冷却条件是有利的；而频率的降低将引起电机功率因数和效率降低，同时通风冷却条件变差使温升提高，可能导致过热。

为了保证电动机的安全、经济运行，运行规程规定，电压的波动不能超过额定值的±5％，频率的波动不超过额定值的±1％。

习　题

1. 为什么异步电动机轻载时，电压低对电机的运行有利，而带额定负载时，电压过低会引起电机发热甚至烧坏电机？

2. 一台 60Hz 的三相异步电动机能否在 50Hz 的三相额定电压下运行？其空载电流、转速、转矩、温升、效率将如何变化？

直 流 电 机

直流电机是机械能和直流电能相互转换的旋转电机。它既可用作发电机将机械能转换成电能,又可用作电动机将直流电能转换为机械能。

直流发电机具有电压波形好、过载能力大的特点,主要用作水轮发电机和10万 kW 以下汽轮发电机的励磁机以及电池的充电机等。

直流电动机具有良好的起动性能和调速性能,主要用于某些工业部门,火电厂的给粉电动机也常采用,直流电动机在输配电自动装置中,作为动力应用较为广泛。

直流电机的一个主要弱点是存在电流换向问题,这个问题的存在使其制造成本高,运行维护较困难。目前,由于晶闸管技术的迅速发展,直流电机有逐步被替代的趋势。

本模块将简要介绍直流电机的工作原理和基本结构,分析直流发电机和直流电动机的共同性问题,并对直流发电机和直流电动机的电磁过程和工作特性分别加以讨论。

第一单元 直流电机的基本工作原理和结构

本单元主要介绍直流发电机和直流电动机的工作原理、主要结构部件的构造和作用以及铭牌数据。

课题一 直流电机的基本工作原理

一、直流发电机

图 4-1 表示直流发电机的模型图。在定子主磁极 N、S 之间有一转动的电枢铁芯。电枢铁芯与主磁极之间的间隙称为空气隙。电枢铁芯表面放置线圈 abcd,线圈的引线分别连接到两片半圆弧形的铜片(称换向片)上。换向片之间相互绝缘构成一整体,称为换向器。它固定在转轴上,并与转轴绝缘。为了将电枢和外电路接通,在定子上放置两个固定不动的电刷 A 和 B,并压在换向器上,使之滑动接触,当电枢旋转时,线圈所感应的电动势可以从电刷引出。

当发电机的电枢被原动机驱动,线圈 abcd 按顺时针方向转动时,线圈的有效边 ab 和 cd 切割磁力线,根据电磁感应定

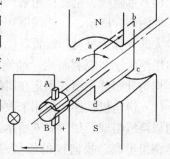

图 4-1 直流发电机的工作原理图

律,线圈有效边感应电动势在图 4-1 所示的瞬时,用右手定则可确定电动势方向为 a→b→c→d。于是,对外电路来说,电刷 B 正电位极性为"＋",电刷 A 负电位极性为"－"。

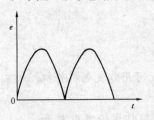

图 4-2 一个电枢线圈电动势
换向后的波形

线圈 abcd 随电枢继续转动,当转过半周时,即 ab 处于 S 极下,dc 处于 N 极下,线圈有效边感应电动势的方向为 d→c→b→a。由于电刷 B 始终与转到 S 极下的有效边相接触,电刷 A 始终与转到 N 极下的有效边相接触,所以,对外电路来说,电刷的电位始终不变,B 刷为"＋",A 刷为"－"。

由此可见,线圈中的感应电动势虽已改变方向,但电刷引出的电动势方向却始终不变,即为直流电动势。显然,只有一个线圈的直流发电机,电刷间的电动势是脉动电动势,如图4-2 所示,其电动势的波动太大。实际上,直流电机的电枢上有较多的线圈和换向片。这样,就可在正、负电刷间获得波形平稳的直流电动势。

二、直流电动机

直流电动机的基本结构和直流发电机的一样,图 4-3 是直流电动机的模型图。电刷 A、B 接上直流电源,电流从正电刷 B 流入,由负电刷 A 流出,在图 4-3 所示瞬时,线圈中电流方向为 d→c→b→a,根据电磁力定律,用左手定则决定电枢线圈将受到顺时针方向的转矩作用,该转矩称为电磁转矩。当电枢转过半周时,线圈有效边 dc 处于 N 极下,ab 处于 S 极下,但在线圈中流过的电流方向也改变了,即 a→b→c→d。所以,线圈仍然受到顺时针方向电磁转矩的作用。电枢始终保持同一旋转方向。

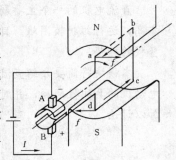

图 4-3 直流电动机的工作原理图

直流电动机的电枢实际上是由许多线圈组成的,这些线圈产生的电磁转矩驱动电枢旋转,带动转轴上的机械负载。

课 题 二 直流电机的基本结构

直流电机的内部结构如图 4-4 所示。可见,直流电机可分为固定的定子和转动的转子两大部分。

一、定子

定子由主磁极、换向磁极、机座和端盖以及电刷装置等组成。

(1) 主磁极。主磁极用来产生主磁场,使电枢绕组感应电动势。它由铁芯和励磁绕组组成,如图 4-5 所示。铁芯用厚 0.5～1.5mm 的低碳钢板冲成,叠装后用铆钉铆紧。靠近气隙的扩大部分称为极靴,极靴对励磁绕组起支撑作用,且使气隙磁通有较好的波形分布。励磁绕组用绝缘铜线绕制而成,经绝缘浸渍处理,然后套在磁极铁芯上。主磁极 N、S 交替布置,均匀分布并用螺钉固定在机座的内圆上。

(2) 换向极。换向极用来改善直流电机的换向,又称附加极。它由铁芯和套在铁芯上的换向极绕组组成,如图 4-6 所示。铁芯常用整块钢或厚钢板制成,匝数不多的换向极绕组与电枢绕组串联。换向极的极数一般与主磁极的极数相同。换向极与电枢之间的气隙可以调整。

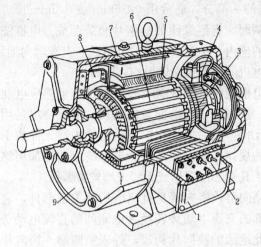

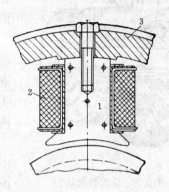

图 4-4 直流电机的内部结构图

1—出线盒；2—接线板；3—换向器；4—电刷装置；

5—主磁极；6—电枢；7—机座；8—风扇；9—端盖

图 4-5 主磁极

1—主极铁芯；2—励磁绕组；

3—机座

（3）机座和端盖。机座既是电机的外壳，又是电机磁路的一部分，一般用低碳钢铸成或用钢板焊接而成。机座的两端有端盖。中小型电机前后端盖都装有轴承，用于支承转轴。大型电机则采用座式滑动轴承。

（4）电刷装置。电刷装置的作用是使转动部分的电枢绕组与外电路接通，将直流电压、电流引出或引入电枢绕组。电刷装置由电刷、刷握、刷杆座和汇流条等零件组成，如图 4-7 所示。电刷一般采用石墨和铜粉压制焙烧而成。它放置在刷握中，由弹簧将其压在换向器的表面上，电刷杆数一般等于主磁极的数目。

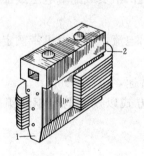

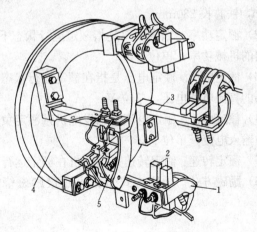

图 4-6 换向极

1—换向极铁芯；2—换向绕组

图 4-7 直流电机的电刷装置

1—刷握；2—电刷；3—刷杆；

4—刷杆座；5—弹簧压板

二、转子

转子由电枢铁芯、电枢绕组和换向器等部件组成。

（1）电枢铁芯。电枢铁芯作为电机磁路的一部分，通常用 0.35mm 或 0.5mm 厚、冲有齿和槽的两面涂有绝缘漆的硅钢片叠装而成。电枢绕组放置在铁芯的槽内。小容量电机的电枢铁芯上有轴向通风孔，而大容量电机的还有径向通风沟。

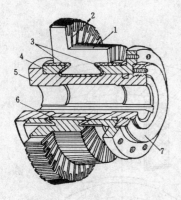

图 4-8　换向器结构图

1—换向片；2—云母片；3—V 形云母环；
4—V 形钢环；5—钢套；6—绝缘套筒；
7—螺旋压圈

（2）电枢绕组。电枢绕组的作用是产生感应电动势和电磁转矩，从而实现机电能量的转换。电枢绕组是用绝缘铜线制成元件，然后嵌放在电枢铁芯槽内，元件的引线端头按一定的规律与换向片连接。电枢绕组的槽部用绝缘的槽楔压紧，其端部用钢丝或无纬玻璃丝带绑扎。

（3）换向器。换向器是直流电机的关键部件，它将电枢绕组内部的交流电动势转换为电刷间的直流电动势。换向器由彼此绝缘的换向片构成，外表呈圆形。换向片用硬质电解铜（铜镉合金）制作。换向片间垫以 0.4～1.0mm 厚的云母绝缘，整个圆筒的端部用 V 形压环夹紧，换向片与 V 形压环之间亦用云母绝缘，如图 4-8 所示。每片换向片的端部有凸出的升高片，用来与绕组元件引线端头连接。

课题三　直流电机的铭牌数据

直流电机的铭牌标明了电机的型号和额定值，主要项目如下。

（1）型号。目前，我国生产的直流电机系列和型号很多，型号中的第一个字母 Z 表示直流电机。一般用途的直流发电机的类型代号为 ZF，直流电动机的类型代号为 ZD。在电机类型代号后的数字表示电机的尺寸和规格。如 ZF423/230 表示直流发电机电枢铁芯外径 423mm，铁芯长 230mm。

（2）额定功率。额定功率是指额定运行状态下，发电机向负载输出的电功率或电动机轴上输出的机械功率，单位 kW。

（3）额定电压。额定电压是指在额定运行状态下，发电机供给负载的端电压或加在电动机两端的直流电源电压，单位 V。

（4）额定电流。额定电流是指发电机带额定负载时的输出电流，或电动机带额定机械负载时的输入电流，单位 A。

（5）额定转速。额定转速是指电机在额定运行状态下的转速，单位 r/min。

（6）励磁方式。励磁方式是指主磁极励磁绕组供电的方式以及它与电枢绕组的连接方式。

 单元小结

直流电机的结构包括定子和转子两大部件。定子的主要部件有主磁极、换向极、机座和电刷装置，主磁极产生主磁场，而换向极则起改善换向的作用。转子的主要部件是换向器、电枢铁芯和电枢绕组。换向器与电刷配合起整流作用，电枢绕组在运行时产生感应电动势和电磁转矩，实现机电能量的转换。

习 题

1. 试判断下列情况下，两电刷间的电动势是交流的还是直流的？

（1）磁极固定，电刷和电枢同时旋转；

（2）电枢固定，电刷和磁极同时旋转；

（3）电刷固定，磁极和电枢以不同速度同时旋转。

2. 试述直流电机各主要部件的作用。

3. 为什么直流电机的电枢铁芯要由硅钢片叠成，而作为定子磁轭的机座却可用整块钢板焊接而成？

4. 一台直流发电机，$P_N = 3.2\text{kW}$，$U_N = 230\text{V}$，试求 I_N。一台直流电动机，$U_N = 220\text{V}$，$I_N = 22.3\text{A}$，$\eta_N = 82\%$，试求 P_N。

第二单元 直流电机的基本理论

本单元主要介绍直流电机的电枢电动势和电磁转矩、电枢反应及其换向。

课题一 直流电机的电枢电动势和电磁转矩

一、电枢绕组的构成

直流电机的电枢绕组是双层的，所有绕组元件连接成一闭合回路，按照连接规律的不同，可分为叠绕组和波绕组两类。

直流电枢绕组是由许多形状相同的绕组元件（即线圈）组成，如图4-9所示。每个绕组元件的两端头分别与两换向片相连接，而每个换向片也与两个属于不同绕组元件的端头相连接。所以，换向片数 K 和绕组元件数 S 是相等的，即

$$K = S \tag{4-1}$$

绕组元件放在电枢铁芯槽内，如图4-10所示。由于电枢绕组是双层的，每个槽将放置不同绕组元件的上元件边和下元件边，而每个绕组元件有两个元件边，因此绕组元件数等于

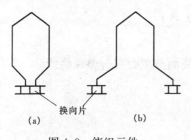

图 4-9　绕组元件

（a）叠绕组；（b）波绕组

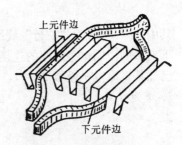

图 4-10　电枢绕组元件
在槽中的位置

槽数。实际上，每个槽的上层和下层均放置若干元件边，习惯上常将槽内每层一个元件边称为一个"虚槽"，而电枢铁芯表面实际的槽称为"实槽"。在计算和进行绕组的排列时均用虚槽数来表示，设 Z 为实槽数，Z_u 为虚槽数，每个"实槽"包含的"虚槽"数为 u，则有

$$Z_u = uZ \tag{4-2}$$

因为每一虚槽有上、下两个有效边，所以绕组元件数 S 应与虚槽数 Z_u 相等，即

$$Z_u = S = K \tag{4-3}$$

为了正确地将电枢绕组安放在电枢槽内并与换向片相连接，必须确定电枢绕组和换向器上的各种节距。此外，为简化讨论，本课题中认为实槽数等于虚槽数，即 $Z = Z_u$。

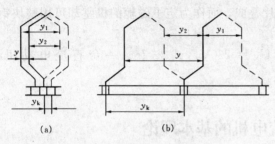

图 4-11　绕组元件的节距
(a) 单叠；(b) 单波

1. 第一节距 y_1

同一绕组元件的两个元件边在电枢表面所跨的距离，称绕组的第一节距，以虚槽数表示，如图 4-11 所示。为了使元件感应的电动势最大，第一节距 y_1 应等于或接近于一个极距，即

$$y_1 = \frac{Z_u}{2p} \pm \varepsilon \tag{4-4}$$

其中 ε 是用来凑成 y_1 为整数的小数。取"一"号为短距元件，取"＋"号为长距元件，$\varepsilon = 0$ 时为整距元件。一般不采用长距元件。

2. 第二节距 y_2

同一换向片连接的两个元件边在电枢表面所跨的距离称绕组的第二节距，以虚槽数表示。

3. 合成节距 y

前一绕组元件和后一绕组元件的对应元件边在电枢表面所跨的距离称绕组的合成节距，以虚槽数表示则有

$$y = y_1 \pm y_2 \tag{4-5}$$

4. 换向节距 y_k

同一绕组元件的两端所连接的两片换向片之间在换向器表面上所跨的距离，称换向节距，用换向片数表示，则有

$$y_k = y \tag{4-6}$$

以下只分析单叠绕组。

二、单叠绕组

单叠绕组连接的特点是换向节距等于1，即

$$y_k = y = \pm 1 \tag{4-7}$$

其中，"＋"号为"右行"绕组，"一"号为"左行"绕组。

下面举例说明单叠绕组的连接方法及其特征。

已知某直流电机极数 $2p = 4$，$S = Z = K = 16$，要求绕制一单叠右行整距绕组。

1. 节距计算

取

$$y = y_k = 1$$

$$y_1 = \frac{Z_u}{2p} \pm \varepsilon = \frac{16}{4} \pm 0 = 4$$

$$y_2 = y_1 - y = 4 - 1 = 3$$

2. 画绕组展开图

图 4-12 所示展开图按下列步骤画出：

（1）将 16 个槽和 16 个绕组元件编上序号，每个槽画实线的为上层元件边，画虚线的为下层元件边。画出 16 片换向片并编上序号，使绕组元件上层边及其所在的槽，以及元件上层边所接的换向片的序号相同。

（2）根据绕组的节距 $y_1 = 4$，作出第一个绕组元件的上层边在 1 号槽，下层边在 5 号槽，其首端和末端分别接在 1 号和 2 号换向片上。

第二个元件紧接着与第一个元件串联。根据 $y = 1$ 第二个元件的上层边应放在 2 号槽，元件下层边据此 $y_2 = 3$ 应放在 6 号槽，

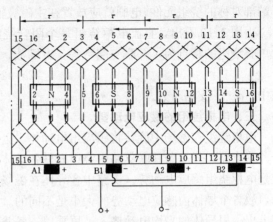

图 4-12　单叠绕组展开图（$2p = 4$，$s = k = 16$）

第二个元件的首、末端应分别接在 2 号和 3 号换向片上。如此依次连接，绕完 16 个元件后又回到第 1 个元件，串联成闭合绕组。

（3）画出 N、S 极交替均匀分布的四个主磁极。若 N 极磁力线进入纸面，S 极磁力线由纸面穿出，箭头标出了电枢绕组的转向，可用右手定则，标出此瞬间各元件边感应电动势的方向。

（4）确定电刷位置并标明正负电刷。从展开图中可看出，整个闭合绕组中每一极距应为一极区，则相邻极区的绕组元件感应电动势方向不同，如图 4-13（a）所示共有 $2p$ 个区域。若要将每个极区内相串联的绕组元件的电动势引出，就需要 $2p$ 个电刷置于换向器上，即电刷数等于极数。由图 4-13(b) 可以看出，根据绕组元件相串联所构成的支路中电动势的方向可确定电刷的电位。本例中四个电刷均匀地安置在换向器的圆周上，其中两个为正电刷，另两个为负电刷。将同电位的电刷并联，其公共点为电枢绕组的引出端头。确定电刷位置的原则应是正、负电刷之间获得最大电动势。为此，电刷应与电动势为零的元件 1、5、9、13 所连接的

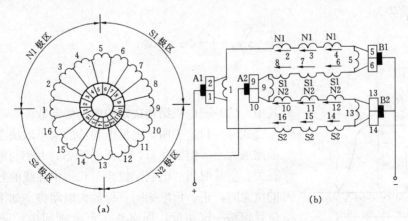

图 4-13　单叠绕组电路图和支路图

（a）电枢电路图；（b）并联支路图

换向片相接触,即电刷应放在与几何中性线上的元件所连接的换向片相接触的位置。显然,对于端部对称的绕组元件,电刷就应放置在主磁极轴线的位置上。

由图 4-13 看出,直流电枢绕组是个闭合绕组,电刷将闭合绕组分割成四条并联支路,故单叠绕组的特点为,并联支路数等于电刷数,也等于主极数,即

$$2a = 2p \tag{4-8}$$

式中 a——支路对数。

三、电枢绕组的感应电动势

电枢绕组在磁场中旋转将感应出电动势。上述已知,闭合的电枢绕组通过电刷形成了多个并联支路,任一条并联支路中绕组元件各导体电动势之和即为正、负电刷间的电动势,也就是电枢绕组感应电动势。支路中各导体在磁场中分布于各个不同的位置上,如图 4-14 所示,故各个导体内感应电动势的大小是不同的。所以,计算支路电动势时,为简便起见,可先求出一根导体的平均电动势 e_p,再乘以一条并联支路中的导体数以求得支路电动势,则电枢电动势为

$$E_a = \frac{N}{2a} e_p \tag{4-9}$$

式中 N——电枢绕组的总导体数;

e_p——每根导体的平均电动势;

$2a$——支路数。

见图 4-14,根据电磁感应定律,并取每极下的平均磁通密度为 B_p,于是每根导体的平均电动势为

$$e_p = B_p l v = B_p l \times 2p\tau n/60 = 2p\Phi n/60 \tag{4-10}$$

$$v = 2p\tau n/60$$

式中 l——导体的有效长度,即绕组元件边在铁芯中的长度;

v——电枢外表面的线速度;

n——电枢转速;

Φ——每极磁通,它是穿过主磁极下截面积 τl 的磁通量。

于是电枢电动势为

$$E_a = \frac{N}{2a} e_p = \frac{pN}{60a} \Phi n = C_e \Phi n \tag{4-11}$$

$$C_e = \frac{pN}{60a}$$

式中 C_e——电机结构决定的电动势常数。

式(4-11)表明,电枢电动势的大小取决于转速和每极磁通大小。但要注意,电枢电动势的大小与电刷的位置有关。空载时当"电刷"位于与几何中性线的导体相接触的位置时,正、负电刷间获得最大电动势。如果电刷自该位置偏移一定角度,那么正、负电刷间电动势将相应降低。为了获得最大电枢电动势,当绕组元件端部对称时,

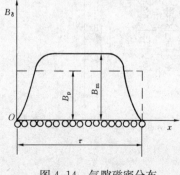

图 4-14 气隙磁密分布

具有换向极的直流电机应将电刷置于主磁极的轴线上。

四、电磁转矩

直流电机的电磁转矩是由载流的电枢导体与气隙磁场相互作用产生的。根据电磁力定律，电枢绕组每一导体在一个极距范围内的气隙磁场中所受到的平均电磁力为

$$f = B_p i_a l \tag{4-12}$$

式中　B_p——每极下的气隙磁密平均值；

　　　i_a——导体中电流；

　　　l——导体有效长度。

气隙磁密平均值与每极磁通 Φ 的关系为

$$B_p = \frac{\Phi}{\tau l} \tag{4-13}$$

导体中电流与电枢电流 I_a 的关系为

$$i_a = \frac{I_a}{2a} \tag{4-14}$$

电机有 N 根导体，则电机的电磁转矩应为

$$M = Nf\frac{D}{2} = N\frac{\Phi}{\tau l} \times \frac{I_a}{2a} l \frac{p\tau}{\pi} = \frac{Np}{2a\pi} I_a \Phi = C_M I_a \Phi \tag{4-15}$$

$$C_M = \frac{Np}{2a\pi}$$

式中　D——电枢外径；

　　　C_M——电机结构决定的转矩常数。

式（4-15）表明，电磁转矩与每极磁通和电枢电流乘积成正比。根据左手定则，电磁转矩的方向由每极磁通 Φ 和电枢电流 I_a 的方向共同决定。Φ、I_a 任一方向的改变，电磁转矩的方向随之改变。此外，电磁转矩对发电机来说是制动转矩，而对电动机来说则是驱动转矩。

课 题 二　直流电机电枢反应

电枢反应是指负载运行时电枢绕组中电流产生的电枢磁动势对主磁场的影响。

在分析电枢反应前，先了解主磁场和电枢磁场在气隙中的分布情况。

1. 主磁场

直流电机空载时，电枢绕组没有电流通过，气隙磁场是由励磁磁动势产生的，称为主磁极磁场。其分布情况如图 4-15 所示。图中可见，主磁极磁通密度的分布为平顶波，主磁场对称于主磁极 Y'-Y 轴线，相邻两主磁极之间的中心线称几何中性线，中性线上的主磁极磁通密度为零。

2. 电枢磁场

当电机带负载时，由于电枢绕组有电流

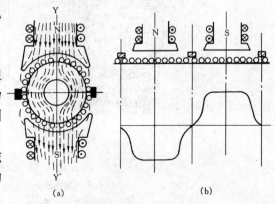

(a)　　　　　　　　(b)

图 4-15　主磁极磁场

(a) 主磁场；(b) 主磁场磁通密度分布曲线

流过，就建立了电枢磁动势。电枢磁动势产生的电枢磁场，如图 4-16 所示。由图可见，电枢磁场对称于正、负电刷相连的轴线上，换句话说，电刷的位置决定了电枢磁场的轴线。

图 4-16（a）是去掉换向器后的直流电机模型，将电刷放置在几何中性线上，电枢导体中电流的方向是以电刷相连的轴线为界。现在也就是以几何中性线为界，电枢上半部分和下半部分导体中的电流方向相反。由全电流定律可知，几何中性线上的电枢磁动势有最大值，主磁极轴线上的电枢磁动势则为零，电枢磁动势沿空间呈三角波分布，如图 4-16（a）中曲线 1 所示。从电枢磁动势在气隙中的分布，可得电枢磁通密度沿气隙中的分布曲线 2。由于

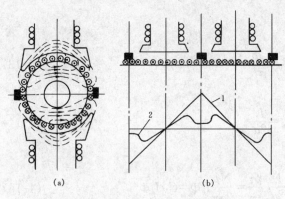

几何中性线的气隙很大，磁阻也很大，虽然此时几何中性线上磁动势有最大值，但磁通密度迅速减小，故电枢磁通密度沿气隙分布曲线呈马鞍形。

由上述分析可知，电枢磁动势及其磁场的分布情况，是不因电枢旋转而改变的，电枢磁动势及其磁场的轴线就在电刷相连的轴线位置上。

3. 电刷处于几何中性线上的电枢反应

电刷位于几何中性线，电枢磁动势轴线也就在几何中性线上，即处于交轴

图 4-16 电枢磁场

（a）电枢磁场；（b）电枢磁场展开

1—电枢磁动势曲线；2—磁通密度曲线

（直轴为主磁极的轴线）位置，称此为交轴电枢磁动势。

如果将图 4-16 所示的电枢磁场叠加在图 4-15 所示的主磁场上，便可得到直流电机负载时交轴电枢反应的磁场分布情况，如图 4-17 所示。该图还表示了发电机和电动机两种运行方式的电枢反应。由于已确定了图示中主磁场方向和电枢电流方向，所以两种运行方式的电枢旋转方向应相反。从图 4-17 中可见，主磁极下的磁场，一半被削弱，一半被加强（图中

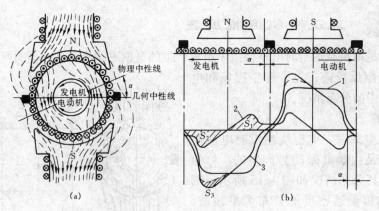

图 4-17 交轴电枢反应

（a）合成磁场的分布；（b）磁通密度的分布曲线

1—主磁场磁通密度分布曲线；2—电枢反应磁场磁通密度分布曲线；

3—合成磁场磁通密度分布曲线

面积 S_1 和 S_2)。作发电机运行时，主磁极的前极尖（迎着电枢进入）的气隙磁场被削弱，后极尖（电枢退出）被加强，物理中性线（负载时沿电枢表面的磁场等于零处所连接的直线）顺转向移过 α 角；而作电动机运行时情况正好相反，即主磁极的前极尖气隙磁场被加强，后极尖被削弱，物理中性线则逆向移过 α 角。

当电机磁路未饱和时，每个磁极的前、后极尖的磁通增加和减少相等，每极的磁通量保持不变，但是电机正常运行时磁路常接近饱和，助磁的极尖更趋饱和，于是半个磁极内磁通的增加不足以补偿另半个磁极磁通的减少，如图 4-17 （b）曲线 3 上的阴影部分，因此交轴电枢磁动势不仅使气隙磁场发生畸变，而且对主磁极起一定的去磁作用。总之，交轴电枢反应使气隙磁场发生畸变，并使每极磁通量稍有减少。

课题三　直流电机的换向

在分析电枢绕组时知道，电枢绕组连接构成一个闭合绕组。当电枢旋转时，组成电枢绕组每条支路的绕组元件，在依次循环地轮换，即绕组元件从一条支路经过电刷时被短路，随后将转入另一支路。由于被电刷分割的相邻支路中绕组元件的电流方向是相反的，因此在绕组元件由一条支路经电刷短路后转入另一条支路的短暂过程中，绕组元件里的电流就要改变一次方向，被电刷短路的绕组元件内电流改变方向的过程称为换向。

换向是直流电机运行的关键问题。换向不良，将在电刷与换向器之间产生有害的火花，甚至使电机不能正常运行。然而换向过程又是一个十分复杂的问题，产生火花的原因也是多方面的，既有电磁的又有机械和电化学等方面的，但最基本的还是电磁方面的原因，在此仅从电磁方面进行分析。

1. 换向过程

从一条支路转入另一条支路而被电刷短路的绕组元件称为换向元件。图 4-18 表示换向元件的换向过程。假设电刷和换向片的宽度相等，换向片间绝缘层的厚度略去不计，电枢绕组为单叠绕组，i_a 为支路电流。所要分析的换向元件 K 用粗线表示。

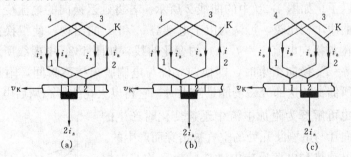

图 4-18　换向元件的换向过程

(a) 换向开始瞬间；(b) 换向过程中任一瞬间；(c) 换向终结

图 4-18 （a）表示换向即将开始的瞬间，电刷与换向片 1 接触，相邻两条支路汇来的电流 $2i_a$，经过换向片 1 流入电刷，此时换向元件属于右侧支路并流过电流 i_a，方向从元件边 2 流向元件边 1，这时的电流定为 $+i_a$。

图 4-18 （c）表示换向终了的瞬间，电刷与换向片 2 接触，从相邻两条支路来的电流仍为 $2i_a$，经过换向片 2 流入电刷，此时换向元件 K 已属于电刷左侧支路并流过电流 i_a，方向

从元件边 1 流向元件边 2，对换向元件 K 来说电流方向改变了，其值为 $-i_a$。

图 4-18（b）表示换向过程中任一瞬间，整个过程电刷与换向片 1 和 2 接触，换向元件 K 中的电流 i 在被电刷短路的过程中经历了从 $+i_a$ 到 $-i_a$ 的变化过程，即换向过程。

换向过程所经过的时间称为换向周期 T_K，换向周期是极短暂的，只有千分之几秒。如果换向过程中换向元件不产生电动势，则换向元件中电流 i 的变化规律如图 4-19 所示，即所谓直线换向。但实际上，在换向过程中，换向元件会产生几种电动势，这些电动势的存在将影响换向元件中电流的变化规律。

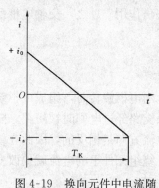

图 4-19　换向元件中电流随
时间的变化（$\Sigma e = 0$ 时）

2. 换向元件的电动势

（1）电抗电动势 e_r。换向元件中的电流 i 在很短的时间内从 $+i_a$ 变到 $-i_a$。由于换向元件本身就是一个线圈，线圈必然具有自感 L，以及一般电刷宽度大于换向片宽度，同时进行换向的元件不止一个，换向元件之间也存在互感 M，因而换向元件中的电流快速变化时，必然在换向元件中产生自感电动势 e_L 和互感电动势 e_M，这两个电动势之和称为电抗电动势 $e_r = -(L+M)\dfrac{\mathrm{d}i}{\mathrm{d}t}$。根据楞次定律，电抗电动势总是阻碍换向元件中电流变化的，故 e_r 与 $+i_a$（换向前电流）方向相同。

（2）电枢反应电动势 e_a。在具有换向极的直流电机中，电刷的位置一般放置在与几何中性线处的导体相接触的位置，换向元件也处在几何中性线上。虽然几何中性线处的主磁极磁场等于零，但此处的电枢磁场的磁通密度不等于零，如图 4-17 中曲线 3 所示，换向元件切割该磁场产生电动势，称此为电枢反应电动势 e_a。根据电磁感应定律，按右手定则，可确定电动势 e_a 的方向，也是与换向前的电流方向相同，故 e_a 也是阻碍换向元件中电流变化的。

由于换向元件中存在阻碍换向的电抗电动势 e_r 和电枢反应电动势 e_a，使得换向元件中电流 i 的变化延迟了。如图 4-20 中的曲线 2 所示。若将延迟换向的电流变化曲线 2 与直线换向的电流变化曲线 1 相比较，可认为由于电动势 e_r 和 e_a 的出现，使得换向元件中产生附加换向电流 i_K。附加换向电流 $i_K = f(t)$ 的变化曲线，如图 4-20 中虚线所示，称此为延迟换向。可见，当 $t = T_K$ 换向结束时，即换向元件与电刷脱离接触瞬间，附加换向电流不为零，换向元件中所储存的这部分磁场能量够大时，它将以火花的形态从后电刷边放出。附加电流引起火花，也可解释为附加电流中迅速变化时产生的电抗电动势使换向片与电刷断开处的空气被击穿而产生的。

显然，电抗电动势和电枢反应电动势的大小均与电枢电流和电机转速成正比。因此，大电流高转速的电机会给换向带来更大的困难。

这里还需指出，换向火花的产生除上述电磁原因外，还有机械原因，如换向器偏心，换向片间云母绝缘凸出，电刷分布不均、接触不良，电刷在换向器上的压力不适当等。还有化学原因，如高空氧气不足，换向器表面难以形成电阻较大有利于换向的氧化亚铜薄膜，或受化学气体侵

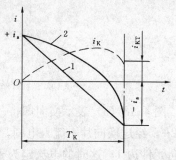

图 4-20　换向元件中电流随
时间变化情况

蚀破坏，也会造成换向不良。

3. 改善换向的主要方法

不良换向严重时将影响电机的正常运行，因此必须采取措施改善换向。常用的方法是装设换向极。

为了减少换向元件中的附加换向电流，可以在换向元件中增加一个与 e_r 和 e_a 方向相反的切割电动势 e_K，使换向元件中合成电动势尽可能少，最好为零，即 e_K 与 $e_r + e_a$ 两者大小相等方向相反。为此，在主磁极之间的几何中性线上装设一个换向极，如图 4-21 所示。换向极产生的磁动势在换向极区建立一个换向极磁场，使换向元件切割换向极磁场产生切割电动势 e_K，e_K 的方向与 e_r、e_a 相反，理想情况是完全抵消 e_r、e_a，获得直线换向。若 e_K 值过大，将出现超越换向。超越换向时，$e_r + e_a$ 小于 e_K，则附加换向电流的方向与延迟换向相反，其结果是 $t = 0$ 换向开始时，电刷的前刷边可能产生火花，造成换向不良。

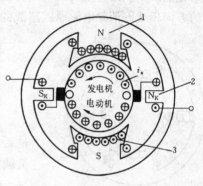

图 4-21　直流电机换向极的位置
1—主磁极；2—换向极；
3—补偿绕组

综上所述，要改善换向，e_K 方向应与 e_a 相反，就是说换向极的极性应与该处的电枢磁场的极性相反。因此，由图 4-21 可见，对发电机来讲，换向极的极性应与换向元件即将进入的主磁极的极性相同，而电动机则相反。

由于换向元件中电抗电动势 e_r 和电枢反应电动势 e_a 均与电枢电流成正比，所以产生切割电动势 e_K 的换向极磁场也应与电枢电流成正比例。为此，产生换向极磁场的换向极绕组应与电枢绕组串联，使其流过同一电枢电流；同时换向极铁芯通常处于不饱和状态，为的是使换向极磁动势及其磁场具有正比关系，这样才能在不同负载时，仍然能够满足换向元件中附加电流为零的要求。

 单元小结

（1）电枢绕组是产生感应电动势和电磁转矩，实现机电能量转换的主要部件。直流电机绕组是由若干绕组元件和换向片按一定规律连接成闭合绕组。电枢绕组由电刷分割成若干并联支路，并通过电刷与外电路连接。为获得正、负电刷间的最大电动势，电刷应放置在与几何中性线上的导体相接触的位置。单叠绕组的特点是：换向节距 $y_K = \pm 1$，一个极下的所有元件串联为一个支路，故并联支路数等于主磁极数 $2a = 2p$。

（2）电枢电动势是直流电机的主要物理量，其大小为

$$E_a = \frac{pN}{60a} \Phi n = C_e \Phi n$$

（3）负载时电枢磁场对主磁场的影响称为电枢反应。由于电刷的位置决定了电枢磁场的轴线，故电枢反应的性质取决于电机的运行方式和电刷的位置。当电刷放在几何中性线上，电枢磁场轴线与主磁场轴线成正交，此时的电枢反应称为交轴电枢反应。电枢反应使气隙磁场发生畸变，物理中性线偏离几何中性线，同时，由于磁路饱和的影响使每极气隙磁通量稍

有减少而呈去磁作用。

(4) 换向是直流电机运行的关键问题之一，换向不良的电磁原因主要在于换向元件中存在电抗电动势 e_r 和电枢反应电动势 e_a。它们使换向元件中产生附加换向电流，从而导致换向火花的产生。改善换向的常用方法是装设换向极，使换向极磁动势的方向与交轴电枢磁动势的方向相反以消除电磁原因造成的火花。

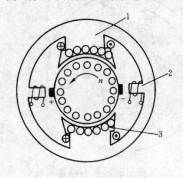

图 4-22 习题 4 附图
1—主极；2—换向极；
3—补偿绕组

习 题

1. 有一台四极直流电机，采用单叠绕组，试问：

(1) 如取去相邻的两组电刷，只用另外的相邻两组电刷是否可以？电刷间的电压有何变化？此时发电机能带多大的负载？（以额定负载的百分数表示）

(2) 如有一元件断线，电刷间的电压有何变化？电流有何变化？

(3) 如只用相对的两组电刷，电机是否能运行？

2. 什么叫电枢反应？直流电机电枢反应的性质由什么决定？直流发电机和直流电动机的电枢反应有何异同？

3. 什么叫换向？换向元件在换向过程中产生哪些电动势？它们对换向有何影响？影响这些电动势的大小有哪些因素？

4. 图 4-22 为一台直流发电机，要求换向良好，试标明：①电枢绕组导体中的电流方向；②根据电刷的极性画出换向极绕组与电刷的连接方法。

第三单元 直 流 发 电 机

本单元将专门研究直流发电机，首先介绍其励磁方式，再主要讨论并励直流发电机的自励建压和基本方程式，然后按不同的励磁方式分析其运行特性。

课 题 一 **直流发电机的励磁方式**

直流发电机的主磁场是由主磁极的励磁绕组通以直流励磁电流产生的，根据励磁绕组获得励磁电流方式的不同，直流发电机可分为自励和他励两类，自励又分为并励、串励和复励三种。

一、他励发电机

如图 4-23 (a) 所示，他励发电机的励磁电流由另一独立的直流电源供给，其特点是励磁电流与电枢电压和负载无关。一般他励发电机的励磁功率约为额定功率的 1%～3%。

二、并励发电机

如图 4-23 (b) 所示，并励发电机的励磁绕组并联在电枢两端，由自身发出的电压来建

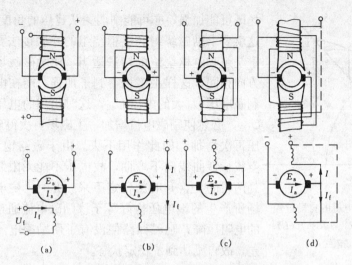

图 4-23 直流发电机按励磁方式分类

(a) 他励;(b) 并励;(c) 串励;(d) 复励

立励磁电流。它的特点是励磁电流随电枢电压的变化而变化。其励磁绕组匝数多、电流小,所消耗功率约为电机额定功率的 2%~10%。

三、串励发电机

如图 4-23(c)所示,串励发电机励磁绕组与电枢绕组串联,励磁电流等于电枢电流。励磁绕组匝数少,电流大。

四、复励发电机

如图 4-23(d)所示,复励发电机的主磁极上绕有并励和串励绕组,所以兼有并励和串励发电机的特点。通常以并励绕组为主,串励绕组为辅,并励和串励绕组建立的磁动势相加的称为积复励,磁动势相减的称为差复励。

课 题 二　并励直流发电机的自励条件

并励发电机是应用较广泛的直流发电机,图 4-24 为并励发电机接线图。由图可见它的励磁电流取自发电机本身。但是发电机运行时,要电枢绕组中有电动势,才能使励磁绕组获得励磁电流,而发电机投入运行时,励磁绕组中无电流,电枢绕组又如何产生电动势呢? 这就是并励发电机如何自励建压的问题。

直流发电机有自励的可能性,在于主磁极铁芯有剩磁,才能产生最初的电动势,获得最初的励磁电流。

图 4-25 中曲线 1 表示发电机空载时端电压 U 和励磁电流 I_f 关系的空载特性曲线 $U = f(I_f)$,直线 2 是表示励磁回路两端电压 U 和励磁电流 I_f 关系的场阻线 $U = I_f R_f$。其中 R_f 是励磁回路的总电阻,它包括励磁绕组的电阻 r_f 和磁场调节电阻 r_j,曲线 1 和直线 2 交于 F 点。

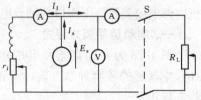

图 4-24　并励发电机的接线图

S—开关;r_j—磁场调节电阻;

R_L—负载电阻

当发电机由原动机驱动以额定转速旋转时,电枢绕组切割剩磁产生一个数值不大的剩磁电压 U_r。该电压在励磁绕组中产生一个不大的励磁电流,此电流产生的磁动势对剩磁磁

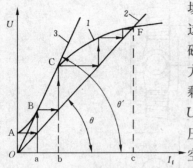

图 4-25　并励发电机的自励过程
1—$U=f(I_f)$；2—$U=I_fR_f=f(I_f)$；
3—临界场阻线

场既可能加强，亦可能削弱。从建压的角度要求应是加强，这就要求励磁绕组和电枢绕组的并联接法要恰当。如果励磁绕组和电枢绕组的接法适当，使励磁磁场和剩磁磁场的方向相同，这样主磁场得到了加强，能在电枢绕组得到比剩磁电压 U_r 大的电压 U_{aB}，这时出现的电压差 $\Delta U=U_{aB}-U_{OA}$，必然使励磁电流增加，主磁场再次得到增强，电枢电压再次增加，如此作用下去。由于磁路饱和现象的存在，空载特性曲线向下弯曲，故电压不能无限制地升高，当升到两线的交点 F 时就稳定下来。此时励磁电流建立的主磁场所产生的端电压恰好等于该励磁电流通过励磁回路所需的电阻压降，励磁回路便没有了使励磁电流再增加的电压差，故自励达到了稳定状态。

从图 4-25 也可看出场阻线的斜率 $\tan\theta=R_f$，即等于励磁回路总电阻 R_f。当增大 R_f 时，θ 角增大，交点 F 左移，即稳定时电枢电压要降低。若 R_f 继续增大到场阻线恰与空载特性的直线部分相切，如图中直线 3，此时场阻线与空载特性没有固定的交点，因此自励所建立的电压不能稳定在某一数值上。通常把此时励磁回路的电阻值称为临界电阻。当 R_f 高于临界电阻时，所得电压很低，与剩磁电压相差无几，即发电机不能自励了。顺便指出，不同的转速可得不同的空载特性，对应于不同的转速有不同的临界电阻值。

综上所述，并励发电机自励建压的条件如下：

（1）电机磁路要有剩磁。若无剩磁，可用另外的直流电源向励磁绕组充磁。

（2）励磁绕组与电枢绕组的连接要正确，使励磁电流产生的磁场方向与剩磁方向一致。若发现接入后电枢端电压比剩磁电压还要低，表示接法不正确，此时只要将励磁绕组接到电枢的两出线对调即可。

（3）励磁回路的电阻应小于电机运行转速相对应的临界电阻。

课题三　直流发电机的基本方程

电动势、功率、转矩平衡方程式是表征直流电机运行状态的基本方程式，综合反映了电机内部电磁关系。下面以并励发电机为例说明。

一、电动势平衡方程式

图 4-26 为并励直流发电机示意图。按图 4-26 (b) 中规定的各物理量方向，可得电枢回路的电动势方程式为

$$E_a=U+I_aR_a \qquad (4-16)$$

式中　R_a——电枢回路的总电阻，包括电枢绕组、换向绕组、补偿绕组的电阻以及电刷和换向器间的接触电阻等。

对于并励发电机有

$$I_a=I+I_f \qquad (4-17)$$
$$I_f=U/R_f$$

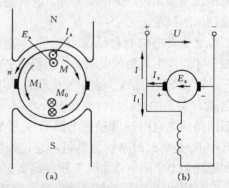

图 4-26　并励发电机的电动势和电磁转矩
(a) 发电机电磁转矩；(b) 电动势和电流方向

式中 I——输出的负载电流；

I_f——励磁电流。

由式（4-16）可见 $E_a > U$，即发电机的电动势 E_a 一定大于其端电压 U，且 E_a 与 I_a 同方向。

二、功率平衡方程式

并励发电机的功率流程图如图 4-27 所示。图中，P_1 为原动机输入发电机的机械功率，输入功率的小部分消耗在机械损耗 p_Ω、铁损耗 p_{Fe} 和附加损耗 p_Δ 中，其余部分转换为电磁功率 P_M。从电磁功率中减去电枢回路的铜损耗 p_{Cua} 和励磁回路的铜损耗 p_{Cuf}，便是输出功率 P_2。

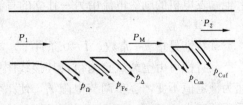

图 4-27 并励直流发电机的功率流程图

根据功率平衡关系有

$$P_M = P_1 - (p_\Omega + p_{Fe} + p_\Delta) = P_1 - p_0 \tag{4-18}$$
$$p_0 = p_\Omega + p_{Fe} + p_\Delta$$
$$P_2 = P_M - (p_{Cua} + p_{Cuf}) \tag{4-19a}$$

或
$$P_2 = P_1 - \Sigma p \tag{4-19b}$$
$$\Sigma p = p_\Omega + p_{Fe} + p_\Delta + p_{Cua} + p_{Cuf}$$

式中 p_0——空载损耗；

Σp——并励发电机的总损耗。

电磁功率可用电磁转矩表示为

$$P_M = M\Omega = E_a I_a \tag{4-20}$$
$$\Omega = \frac{2\pi n}{60}$$

式中 Ω——机械角速度。

由式（4-20）可见，电磁功率 P_M 一方面表现为电功率 $E_a I_a$，另一方面表现为机械功率 $M\Omega$。两者同时存在又互相转化。因此，电磁功率 P_M 表明了直流电机通过电磁感应实现了机电能量的转换。

三、转矩平衡方程式

式（4-18）可写成

$$P_1 = P_M + p_0$$

将 $P_1 = M_1\Omega$，$P_M = M\Omega$ 和 $p_0 = M_0\Omega$ 代入可得

$$M_1 = M + M_0 \tag{4-21}$$

式中 M_1——原动机输入的转矩；

M——发电机的电磁转矩；

M_0——发电机的空载转矩。

式（4-21）说明，原动机输入的驱动转矩被两个制动转矩所平衡，一个是空载时就存在的空载转矩，一个是有了电枢电流才存在的电磁转矩。

课题四 直流发电机的运行特性

直流发电机运行时，通常可测得的物理量有：①端电压 U；②负载电流 I；③励磁电流

I_f；④转速 n。其中转速 n 一般要求保持为额定值不变。因此当上述前三个物理量之一保持不变时，另两个物理量之间的关系即构成发电机的运行特性，即空载特性 $U_0 = f(I_f)$、外特性 $U = f(I)$ 和调节特性 $I_f = f(I)$。

运行特性与励磁方式有关，下面将着重介绍他励和并励发电机的空载特性和外特性。

一、他励发电机的特性

他励发电机的励磁电流由另一独立的直流电源供给，有 $I_a = I$，如图 4-28 所示。

1. 空载特性

空载特性是指 n＝常数、$I = 0$ 条件下，端电压 U 与励磁电流 I_f 的关系曲线 $U = f(I_f)$。

空载特性可由空载试验测得，其接线图如图 4-28 所示。实验时开关 S 打开。保持电机转速为额定值不变，逐步调节电阻 r_j，使 I_f 从零逐渐增加，直到 $U =(1.1 \sim 1.3)U_N$ 为止，然后逐渐减少 I_f 至零，记下相应的 U_0 和 I_f 值，作出空载特性的上、下两分支曲线，如图 4-29 所示，取两分支曲线的平均值作为空载特性曲线，如图中虚线所示。

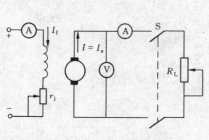

图 4-28　他励发电机的接线图

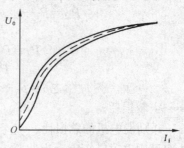

图 4-29　他励发电机的空载特性

空载特性曲线是电机最基本的特性曲线，它反映了电机磁路的饱和情况，发电机额定电压工作点一般在曲线弯曲处。

2. 外特性

外特性是指 n＝常数、I_f＝常数时，端电压 U 与负载电流 I 的关系曲线 $U = f(I)$。

按图 4-28 所示接线作外特性试验，应将开关 S 合上，保持电机转速为额定值，调节负载电阻 R_L 和励磁电流，使发电机达到额定状态（即 $U = U_N$、$I = I_N$），此时的励磁电流称为额定励磁电流 I_{fN}，保持 $I_f = I_{fN}$ 不变，调节负载电流大小，记录相应的 I 和 U 值，可得外特性曲线如图 4-30 所示。

由图 4-30 可见，外特性是一条稍下垂的曲线，说明负载增大时，端电压降低。其原因由电动势方程 $U = E_a - I_a R_a$ 和电动势公式 $E_a = C_e \Phi n$ 可知：①电枢回路电阻引起的电压降；②电枢反应的去磁作用使电动势降低。

发电机端电压随负载变化而变化的程度，可用电压变化率 ΔU 来衡量。他励发电机的额定电压变化率是指 $n = n_N$，$I_f = I_{fN}$ 时，发电机从额定负载过渡到空载时，端电压变化值对额定电压的百分比，即

$$\Delta U = [(U_0 - U_N)/U_N] \times 100\% \qquad (4-22)$$

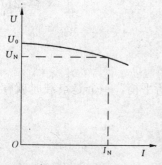

图 4-30　他励发电机的外特性

他励发电机的电压变化率 ΔU 约为 $5\% \sim 10\%$，说明变化

不大。

外特性是一条重要的曲线，它是选用发电机的依据之一。

二、并励发电机的特性

并励发电机空载运行时，$I_a = I_f$，由于I_f很小则I_a也很小，电枢回路电阻压降$I_a R_a$也很小，可认为$E_a = U_0$。因此，并励发电机的空载特性可用他励发电机接线图试验测定。

作并励发电机外特性的试验接线如图4-24所示。与他励发电机不同的是，并励发电机的外特性是在保持R_f＝常数的条件下而不是保持在I_f＝常数的条件下得出的，因此励磁电流会随端电压的变化而变化。

测定外特性试验时，首先使电机自励建压，然后合上S，同时调节励磁回路电阻和负载电阻，使发电机达到额定状态，然后保持额定状态下的磁场调节电阻不变，测定不同负载电流I时的发电机端电压U，即可得并励发电机外特性曲线，如图4-31曲线2所示。

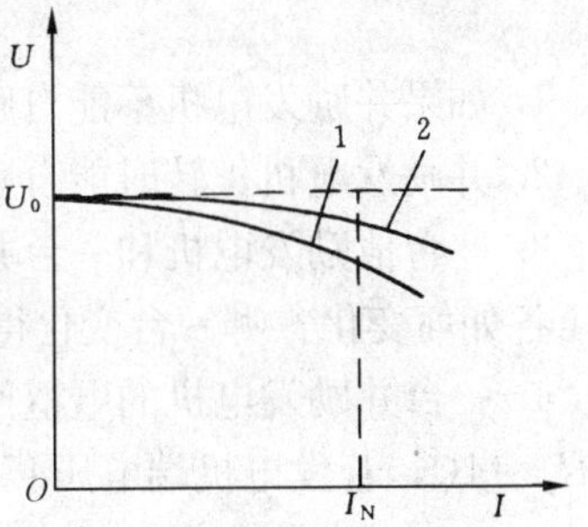

图 4-31 并励发电机的外特性

由图4-31可见，并励发电机外特性下降的幅度比他励发电机要大。这是由于他励发电机的励磁电流不变，而并励发电机只是磁场调节电阻不变，励磁电流会随端电压而变化，端电压随着负载增大而下降时，励磁电流也将相应减小，从而使并励发电机的端电压下降更低。可以说，I_f的减小是并励发电机端电压下降的第三个原因。

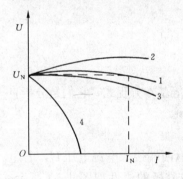

图 4-32 复励发电机的外特性

三、复励发电机的外特性

复励发电机是在并励发电机的基础上多加了一个串励绕组构成的，其外特性如图4-32所示。串励绕组与并励绕组所产生的励磁磁动势相加时称为积复励；反之，称为差复励。

在积复励发电机中，并励绕组起主要作用，串励绕组是用来补偿负载时电枢反应去磁作用和电枢回路电阻压降的影响。按串励绕组补偿的程度不同又可分为平复励、过复励和欠复励（分别如图中曲线1、2、3所示），差复励的外特性如图中曲线4。

积复励发电机的用途较广，特别是平复励发电机作为直流电源最为合适。

 单元小结

（1）直流电机的性能与其励磁方式有十分密切的关系。直流发电机的励磁方式主要有自励和他励，其中自励又分为串励、并励和复励。

（2）并励发电机自励建压必须满足三个条件：①要有剩磁；②励磁绕组并联到电枢绕组的连接要正确；③励磁回路的电阻应小于运行转速相应的临界电阻。其中条件①是基本前提，条件②是励磁电流能逐渐增大、电压能逐步上升的原因，而条件③实际上是自励过程达到稳定状态的条件。

（3）直流发电机的电动势方程 $E_a=U+I_aR_a$，应体会到 $E_a>U$，并注意 R_a 包括哪些电阻；而电磁转矩公式 $M=C_M\Phi I_a$ 也应掌握，同时明确 M 在发电机中是制动性质的。

（4）作直流电源的发电机，实用中常需考虑其外特性，应明确因励磁方式的不同而使外特性有较大的差异，并能进行比较和说明。

习 题

1. 如果并励发电机不能自励建压，可能有哪些原因？应如何处理？

2. 并励发电机正转时能自励，反转时能否自励？为什么？

3. 一台他励发电机和一台并励发电机，如果其他条件不变，将转速提高 20%，问空载电压各如何变化？哪一台变化得更多？为什么？

4. 一台并励发电机的电枢回路总电阻 R_a 为 0.025Ω，励磁回路电阻 $R_f=44\Omega$，负载电阻 $R_L=4\Omega$，若发电机端电压 $U=220V$。试求：①电动势 E_a；②电枢电流 I_a。

第四单元 直流电动机

本单元主要讨论直流电动机的电动势、功率、转矩平衡方程式、机械特性、起动和调速等问题。

课题一 直流电动机的基本方程式

同直流发电机一样，直流电动机也有电动势、功率和转矩等基本方程式，它们是分析直流电动机各种运行特性的基础。下面以并励电动机为例进行讨论。

一、电动势平衡方程式

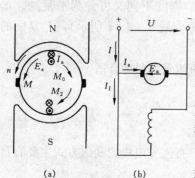

直流电动机运行时，电枢两端接入电源电压 U，若电枢绕组的电流 I_a 方向以及主磁极的极性如图 4-33 所示。可由左手定则决定电动机产生的电磁转矩 M 将驱动电枢以转速 n 旋转，旋转的电枢绕组又将切割主磁极磁场感应电动势 E_a，可由右手定则确定电动势 E_a 方向与电枢电流 I_a 方向是相反的。各物理量的方向按图 4-33（b）所示，可得电枢回路的电动势方程式为

$$U=E_a+I_aR_a \qquad (4-23)$$

图 4-33 并励电动机的电动势和电磁转矩
(a) 电动势作用原理；
(b) 电动势和电流方向

式中 R_a——电枢回路的总电阻，包括电枢绕组、换向极绕组、补偿绕组的电阻，以及电刷与换向器间的接触电阻等。

对于并励电动机的电枢电流有

$$I_a=I-I_f \qquad (4-24)$$

$$I_f = U/R_f$$

式中 I——输入电动机的电流；

I_f——励磁电流；

R_f——励磁回路的电阻。

由于电动势 E_a 与电枢电流 I_a 方向相反，故称 E_a 为反电动势，反电动势 E_a 的计算公式与发电机相同。

式（4-23）表明，加在电动机的电源电压 U 是用来克服反电动势 E_a 及电枢回路的总电阻压降 $I_a R_a$ 的。可见 $U > E_a$，电源电压 U 决定了电枢电流 I_a 的方向。

二、功率平衡方程式

并励电动机的功率流程图，如图 4-34 所示。图中 P_1 为电动机从电源输入的电功率，$P_1 = UI$，输入的电功率 P_1 扣除小部分在励磁回路的铜损耗 p_{Cuf} 和电枢回路铜损耗 p_{Cua} 便得到电磁功率 P_M，$P_M = E_a I_a$。电磁功率 $E_a I_a$ 全部转换为机械功率 $M\Omega$。此机械功率扣除机械损耗 p_Ω、铁损耗 p_{Fe} 和附加损耗 p_Δ 后，即为电动机转轴上输出的机械功率 P_2，故功率方程式为

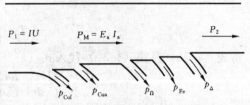

图 4-34 并励电动机的功率流程图

$$P_M = P_1 - (p_{Cua} + p_{Cuf}) \tag{4-25}$$

$$P_2 = P_M - (p_\Omega + p_{Fe} + p_\Delta) = P_M - p_0 \tag{4-26}$$

$$P_2 = P_1 - \Sigma p = P_1 - (p_{Cuf} + p_{Cua} + p_\Omega + p_{Fe} + p_\Delta) \tag{4-27}$$

$$p_0 = p_\Omega + p_{Fe} + p_\Delta$$

$$\Sigma p = p_{Cuf} + p_{Cua} + p_\Omega + p_{Fe} + p_\Delta$$

式中 p_0——空载损耗；

Σp——电动机的总损耗。

三、转矩平衡方程式

将式（4-26）除以电动机的角速度 Ω，可得转矩方程式

$$\frac{P_2}{\Omega} = \frac{P_M}{\Omega} - \frac{p_0}{\Omega}$$

即

$$M_2 = M - M_0$$

或

$$M = M_2 + M_0 \tag{4-28}$$

电动机的电磁转矩 M 为驱动转矩，其值由式（4-15）决定。转轴上机械负载转矩 M_2 和空载转矩 M_0 是制动转矩。式（4-28）表明，电动机在转速恒定时，驱动性质的电磁转矩 M 与负载制动性质的转矩 M_2 和空载转矩 M_0 相平衡。

课题二 直流电动机的机械特性

电磁转矩 M 和转速 n 是表征电动机机械性能的两个重要物理量，而机械特性正是表征转速 n 和电磁转矩 M 的关系曲线。下面以并励电动机为例，说明两者的关系。

当电动机的电源电压 U、励磁电流 I_f 为常数，电枢回路的电阻不变时，电动机转速 n

与电磁转矩 M 的关系曲线 $n=f(M)$ 称为电动机的机械特性。图 4-35 为并励电动机的机械特性。

下面对并励电动机的机械特性作如下分析：

因

$$E_a=C_e\Phi n$$

即

$$n=\frac{E_a}{C_e\Phi} \qquad (4-29)$$

又因

$$M=C_M\Phi I_a$$

即

$$I_a=\frac{M}{C_M\Phi} \qquad (4-30)$$

将式（4-23）及式（4-30）代入式（4-29）中，即可求得机械特性方程式为

$$n=\frac{E_a}{C_e\Phi}=\frac{U}{C_e\Phi}-\frac{I_aR_a}{C_e\Phi}=\frac{U}{C_e\Phi}-\frac{R_a}{C_eC_M\Phi^2}M \qquad (4-31)$$

由式（4-31）可知，当忽略电枢反应的影响时，Φ 为常数，则机械特性为一直线。如果 $M=0$，则电动机转轴上没有负载制动转矩和空载制动转矩，这时的电动机转速以 n_0 表示，$n_0=\dfrac{U}{C_e\Phi}$ 称为理想空载转速。式中，若用一个系数 $\beta=\dfrac{R_a}{C_eC_M\Phi^2}$ 表示时，机械特性方程式可改写成

$$n=n_0-\beta M \qquad (4-32)$$

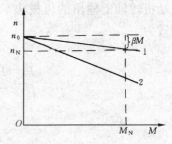

图 4-35 并励电动机机械特性
1—自然机械特性；
2—人工机械特性

根据式（4-32）作得图 4-35 中直线 1，这条直线稍向下倾斜，这是因为 β 值很小（R_a 很小）的缘故，所以直线的斜率很小，称此为自然机械特性。可见，当负载转矩 M 增加时，转速 n 只稍微下降。若在电枢回路中串入附加电阻 R_{st}，式中的系数 β 将增大，直线的斜率增大，如图中曲线 2，称此为人工机械特性。此时，电磁转矩 M 增加将使转速 n 显著下降。

课题 三　直流电动机的起动与转向的改变

一、直流电动机的起动

电动机接入电源后，转子从静止状态转动到稳定运行时称为起动过程。在起动过程中既要求电动机有足够大的起动转矩，又要限制其起动电流不超过允许范围。

电动机接入电源的瞬间，转子还未转动，$E_a=0$，由式（4-33）可知，起动电流 I_{st} 为

$$I_{st}=\frac{U}{R_a} \qquad (4-33)$$

如果电动机在额定电压下直接起动，由于电枢回路的电阻 R_a 很小，起动时电枢电流非常大，一般高达额定电流的 10～20 倍。这不但会使电动机的换向情况恶化，而且会因过大的起动电流产生过大的起动转矩，使电动机本身和它所驱动的生产机械遭受巨大的冲击以致破坏。

因此，一般电动机起动时，要使起动电流限制在额定电流的 $2\sim2.5$ 倍，起动转矩为额定转矩的 $1.2\sim2$ 倍。所以只有容量很小的直流电动机才能直接起动，而一般的直流电动机都要在起动时设法对电枢电流加以限制。为保证有足够的起动转矩和不使起动时间过长，一般将起动电流限制在 $(2\sim2.5)I_N$ 范围之内。同时在起动前将磁场调节电阻短路，使起动时气隙磁通尽可能大些，以便使电枢电流最有效地产生起动转矩。下面讨论几种起动方法。

二、直流电动机的起动方法

由式（4-33）可知，限制起动电流 I_{st} 的方法有两种，即增加电枢回路的电阻或降低电枢端电压。

1. 电枢回路中串接起动电阻

电动机起动时，将起动电阻 R_{st} 串入电枢回路限制起动电流，如图 4-36 所示。

起动时，先接通励磁回路，将调节电阻 r_j 短路，同时接通串入的全部起动电阻 R_{st}（开关 S1、S2 全开）的电枢回路，起动电流为

$$I_{st}=\frac{U}{R_a+R_{st1}+R_{st2}}=\frac{U}{R_a+R_{st}} \qquad (4-34)$$

$$R_{st}=R_{st1}+R_{st2}$$

式中　R_{st}——电枢回路的全部起动电阻。

若起动电阻 R_{st1}、R_{st2} 选择适当，就能限制起动电流在允许范围之内。电动机起动过程分析如下：当电动机接上电源时，起动电阻 R_{st1} 和 R_{st2} 串入电枢回路。由于 $n=0$、$E_a=0$、起动电流 $I_{st}=\dfrac{U}{R_a+R_{st}}$，根据 $M_{st}=C_M\Phi I_{st}$，显然

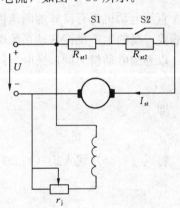

图 4-36　并励电动机起动原理图

起动转矩 M_{st} 大于电动机制动转矩 M_L（包括负载转矩 M_2 和空载转矩 M_0），电机转速 n 将很快上升，转速 n 的上升使反电动势 E_a 随之增大，起动电流 I_{st} 随之减小，起动转矩 M_{st} 也将随之减小。为了加速起动过程，必须适时地切除起动电阻 R_{st1}，在切除电阻瞬间因电枢惯性的原因，电动机转速来不及变化，而 I_{st} 由于 R_{st1} 的切除而增加，使 M_{st} 增加，起动转矩 M_{st} 与制动转矩 M_L 的差值再次加大，电动机转速将继续加速。当转速上升到适当时刻再次切除起动电阻 R_{st2}，电动机转速来不及变化，而起动转矩又一次加大，电动机加速到转矩平衡点稳定运行。此时，电动机转速为 n_N，转矩 $M=M_N$，起动过程结束。顺便指出，起动时串入电枢回路的起动电阻一般是按短时工作情况设计的，不应长期串接在电枢回路中，以免烧坏。

2. 降低电枢端电压起动

这种起动方法应将并励电动机改接成他励方式，并为电动机的电枢回路增设一套可调电压的直流电源。

由式（4-33）可见，起动时降低电枢端电压，可有效地减少电动机的起动电流，随后根据转速的升高，适时地提高电枢端电压，直至额定电压为止，起动即告结束。这种起动方法一般应用在要求电动机兼有调速和反转的场合。

三、改变直流电动机的转向

如图 4-33（a）所示，由于直流电动机的电磁转矩是驱动性质的，改变电动机的转向，实质上就是改变电动机的电磁转矩的方向。而电磁转矩的方向决定于主磁极磁通和电枢电流

的相互作用。因此，对于并励电动机，改变电磁转矩的方向有两种方法。一是调换励磁绕组接入电源的两出线端，即改变励磁电流的方向，也就是改变主磁极磁通的方向；二是调换电枢绕组接入电源的两出线端，即改变电枢电流的方向。实际应用中，常采用改变电枢电流的方向来使电动机反转，这是因为励磁回路的电感大，切换时易感应较高的电动势，对励磁绕组的绝缘构成威胁。

对于复励电动机，一般也用改变电枢电流方向的方法来改变转向，不过要注意保持串励绕组流过的电流方向不能改变，否则将使积复励电动机变为差复励电动机，导致电动机反转时不能稳定工作。

课 题 四 直流电动机的调速

直流电动机具有良好的调速性能，能在宽广的范围内平滑而经济地调速。因此，在调速性能要求高的生产机械拖动系统中仍然得到广泛的应用。

以并励电动机为例，当电枢回路中串入可调电阻 R_{dj} 时，因为

$$E_a = C_e \Phi n$$

即

$$n = \frac{E_a}{C_e \Phi}$$

又

$$E_a = U - I_a (R_a + R_{dj}) \tag{4-35}$$

将式（4-35）代入式（4-29）中，即可得转速

$$n = \frac{U - I_a (R_a + R_{dj})}{C_e \Phi} \tag{4-36}$$

从式（4-36）可见，为了达到调速目的，可采用下列三种方法：改变串入电枢回路中的电阻 R_{dj}；改变电枢端电压 U；改变励磁电流来改变磁通。

1. 改变串入电枢回路的电阻调速

图 4-37 为并励电动机电枢回路串入电阻的调速原理图。

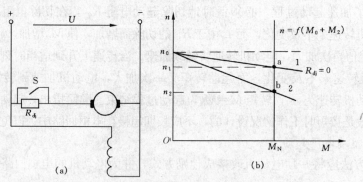

图 4-37　改变串入电枢回路的电阻调速
(a) 接线原理图；(b) 机械特性图

调速前开关 S 闭合，电动机稳定运行于转速 n_1（a 点）。设调速前后负载转矩不变。当开关 S 断开时，电枢回路中接入调节电阻 R_{dj}，转速 n 及电枢电动势 E_a 一开始不能突变，电枢电流 $I_a = \dfrac{U - E_a}{R_a + R_{dj}}$ 将减小，使电磁转矩 $M = C_M \Phi I_a$ 随之减小，由于驱动的电磁转矩小于负

载转矩，使电动机减速，电枢电动势随转速下降而减小，而电枢电流及电磁转矩不断回升。当电磁转矩与负载转矩平衡时，电动机重新达到稳定状态（b 点），但此时的转速 $n_2 < n_1$。

这种调速方法以 $R_{dj} = 0$ 时的额定转速为最高转速。故此法只能"调低"不能"调高"。同时，由于接入的电阻将增加铜损耗，因此，这种调速方法虽然简单，但不经济。

2. 改变电枢端电压调速

改变电枢端电压又不能改变其励磁电流，故并励电动机必须改接成他励方式。他励式直流电动机均采用调压调速。

3. 改变励磁电流调速

并励电动机励磁电流的改变，是通过调节串入励磁回路的电阻 r_j 来实现的。图 4-38 是改变励磁电流的调速原理图。当电枢端电压保持恒定，增加串入励磁回路的电阻 r_j，此时励磁电流 I_f 将减小，主磁极磁通 Φ 也相应减少。在 Φ 减小瞬间，电动机转速因惯性不能突变，因此电枢电动势 $E_a = C_e\Phi n$ 减小，使电枢电流 $I_a = \dfrac{U - E_a}{R_a}$ 增加。由于电枢回路电阻压降仅占外施电压的很小部分，这使得电枢电流的增大程度总较每极磁通的减小程度为大，故电磁转矩 $M = C_M\Phi I_a$ 增加，电动机转速因此而增加。当转速上升时，电枢电动势 E_a 增大，电枢电流开始减小，电磁力矩随之减小，直至与负载转矩重新达到平衡，此时的转速则比原转速高。

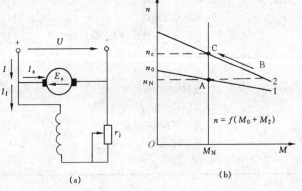

图 4-38 并励电动机改变励磁电流调速
(a) 电路图；(b) 机械特性图

这种调速方法以励磁回路电阻 $r_j = 0$ 时的转速为最低转速，故此法为"调高"。这种调速方法简单经济，还可做到平滑调速，是最常用的一种调速方法。

课 题 五　直流电动机的常见故障及处理

直流电动机的常见故障、可能原因及处理方法见表 4-1。

表 4-1　　　　　　　　直流电动机的常见故障、产生原因及处理方法

故障现象	可 能 原 因	处 理 方 法
不能起动	(1) 电源无电压或电压过低 (2) 励磁回路存在故障 (3) 电枢绕组回路存在故障 (4) 过载严重	(1) 检查供电电源线路、开关及电压值 (2) 检测励磁绕组接法是否正确，并检查励磁绕组有否断路或短路故障 (3) 检查电枢绕组回路及电刷与换向器接触情况，电枢回路是否断路 (4) 减载后重新起动

续表

故障现象	可 能 原 因	处 理 方 法
转速不正常	(1) 电源电压不符 (2) 电刷偏离几何中性线 (3) 电枢绕组存在短路、接地故障 (4) 励磁绕组匝间短路、极性接错或调节电阻不正确	(1) 检查电源电压值 (2) 调整刷杆位置 (3) 利用检测仪检查电枢绕组的短路故障点，测量直流电阻及绝缘电阻 (4) 利用检测仪检查励磁绕组的短路点，检查和纠正励磁绕组端头接法，检查测量励磁回路的电阻
电机过热	(1) 电动机过载或不符规定的频繁起动 (2) 冷却条件恶化 (3) 电源电压问题 (4) 电枢绕组、磁极绕组、换向器故障	(1) 调整负载到其额定值，减少和避免不符规定的频繁起动 (2) 消除风道堵塞、风扇损坏等故障 (3) 检查电压是否为额定值 (4) 分别检查是否存在短路、接地及接触不良等故障
火花大	(1) 换向极极性接错 (2) 换向极绕组短路 (3) 电刷偏离几何中性线过多 (4) 换向器和电刷接触不良 (5) 电动机过载 (6) 电压过高	(1) 检查并改正接法 (2) 消除短路或更换线圈 (3) 调整电刷位置 (4) 调整弹簧压力、更换电刷及换向器维修 (5) 调整负载 (6) 调整电源电压

 单元小结

（1）直流电机既可作电动机运行，也可作发电机运行。作发电机运行时，$E_a > U$，电磁转矩为制动转矩；作电动机运行时，$E_a < U$，电磁转矩为驱动转矩。

（2）直流电动机起动时因 E_a 为零，起动电流很大，为了限制起动电流，通常采用在电枢回路中串入起动电阻，起动时应将磁场调节电阻短路。

（3）并励电动机的调速方法有三种：①改变励磁电流，转速"调高"；②改变电枢端电压；③改变串入电枢回路的电阻。

习 题

1. 比较直流电动机与直流发电机的功率、转矩和电动势平衡方程式，并说明电磁转矩和电动势的作用、性质有何不同？

2. 直流电动机起动时，为什么要将串联在励磁回路的电阻短接？若在起动时，励磁回路内串入较大的电阻或者断开励磁回路，会发生什么情况？若在运行中励磁回路突然断开，将出现什么结果？

3. 直流电动机的调速方法有哪几种？主要特点是什么？

参 考 文 献

[1] 许实章. 电机学（上、下册）（修订本），北京：机械工业出版社，1990.

[2] 周鹗. 电机学. 3 版. 北京：中国电力出版社，1995.

[3] 李发海，等. 电机学. 2 版. 北京：科学出版社，1991.

[4] 邬基烈. 电机学（上、下册）. 上海：上海交通大学出版社，1988.

[5] 牛维扬. 电机学. 2 版. 北京：中国电力出版社，2012.

[6] 谢明琛，张广溢. 电机学. 重庆：重庆大学出版社，2004.